统计与数据科学丛书 3

应用非参数统计

(第二版)

薛留根 编著

科学出版社

北京

内 容 简 介

本书介绍非参数统计的基本概念和方法, 其内容包括预备知识、U统计量、基于二项分布的检验、列联分析、秩检验、检验的功效与渐近相对效率、概率密度估计、非参数回归. 每一章内容都着重阐述非参数统计推断的一般处理技术和原则, 并给出一些典型例子. 各章后面的习题侧重于应用. 本书的特点是侧重于介绍非参数统计在各应用领域中的常用方法, 尽可能简化公式推导并淡化理论证明. 此外, 本书有选择地安排一些模拟计算和实际数据分析, 其主要程序放在附录 A 中.

读者只需具有高等数学和概率统计的基本知识即可读懂本书的主要内容. 本书可以作为大学高年级本科生或硕士研究生的教材, 也可以作为科研工作者自学的参考书.

图书在版编目(CIP)数据

应用非参数统计/薛留根编著. —2 版. —北京: 科学出版社, 2021.5
(统计与数据科学丛书; 3)

ISBN 978-7-03-068740-1

Ⅰ. ①应… Ⅱ. ①薛… Ⅲ. ①非参数统计 Ⅳ. ①O212.7

中国版本图书馆 CIP 数据核字 (2021) 第 082839 号

责任编辑: 李 欣 李香叶 / 责任校对: 杨 赛
责任印制: 吴兆东 / 封面设计: 无极书装

科学出版社 出版
北京东黄城根北街 16 号
邮政编码: 100717
http://www.sciencep.com
北京中石油彩色印刷有限责任公司 印刷
科学出版社发行 各地新华书店经销
*
2013 年 8 月第 一 版 开本: 720×1000 1/16
2021 年 5 月第 二 版 印张: 15 1/2
2024 年 1 月第五次印刷 字数: 312 000

定价: 98.00 元

(如有印装质量问题, 我社负责调换)

“统计与数据科学丛书”序

统计学是一门集收集、处理、分析与解释量化的数据的科学. 统计学也包含了一些实验科学的因素, 例如通过设计收集数据的实验方案获取有价值的数据, 为提供优化的决策以及推断问题中的因果关系提供依据.

统计学主要起源对国家经济以及人口的描述, 那时统计研究基本上是经济学的范畴. 之后, 因心理学、医学、人体测量学、遗传学和农业的需要逐渐发展壮大, 20 世纪上半叶是统计学发展的辉煌时代. 世界各国学者在共同努力下, 逐渐建立了统计学的框架, 并将其发展成为一个成熟的学科. 随着科学技术的进步, 作为信息处理的重要手段, 统计学已经从政府决策机构收集数据的管理工具发展成为各行各业必备的基础知识.

从 20 世纪 60 年代开始, 计算机技术的发展给统计学注入了新的发展动力. 特别是近二十年来, 社会生产活动与科学技术的数字化进程不断加快, 人们越来越多地希望能够从大量的数据中总结出一些经验规律, 对各行各业的发展提供数据科学的方法论, 统计学在其中扮演了越来越重要的角色. 从 20 世纪 80 年代开始, 科学家就阐明了统计学与数据科学的紧密关系. 进入 21 世纪, 把统计学扩展到数据计算的前沿领域已经成为当前重要的研究方向. 针对这一发展趋势, 进一步提高我国的统计学与数据处理的研究水平, 应用与数据分析有关的技术和理论服务社会, 加快青年人才的培养, 是我们当今面临的重要和紧迫的任务. “统计与数据科学丛书” 因此应运而生.

这套丛书旨在针对一些重要的统计学及其计算的相关领域与研究方向作较系统的介绍. 既阐述该领域的基础知识, 又反映其新发展, 力求深入浅出, 简明扼要, 注重创新. 丛书面向统计学、计算机科学、管理科学、经济金融等领域的高校师生、科研人员以及实际应用人员, 也可以作为大学相关专业的高年级本科生、研究生的教材或参考书.

朱力行

2019 年 11 月

"统计与数据科学丛书"序

[illegible]

第二版前言

本书自 2013 年出版以来, 我们一直作为统计学专业的教材来使用. 在 7 年多的教学实践中, 我们不断对原有内容进行加工、凝练和润色, 并吸收全国许多同行的意见和建议, 从而形成了现在的这一版呈现给广大读者.

本次再版是在第一版的基础上作了如下修改: 一是仔细修改了书中的个别错误, 润色了语言文字, 并进一步规范了行文, 以提高书中内容的可读性; 二是增加了一些内容, 主要是在实践中常用的方法, 如 2×2 列联表的 Fisher 精确检验、联合几个 2×2 列联表的 Mantel-Haenszel 检验、Simpson 悖论、基于 χ^2 统计量的中位数检验等, 另外还增加了若干例题和习题; 三是进一步发展本书原有的特点, 即侧重基本方法而淡化理论证明, 结合实例分析来体现实际应用, 力图文字严谨又不失简明易懂, 当然仍保持本书原有的体系和面貌. 作者在修改本书的过程中颇费心思, 有些地方需反复推敲, 为弄清一些问题的所以然而查阅大量参考文献, 唯恐书中哪点考虑不周而影响读者的求知和求学. 如果本书能给读者提供帮助, 在学习中有所收获, 并能起到抛砖引玉的作用, 作者将十分高兴. 期待能够实现这个愿望, 也渴望学习或喜欢非参数统计的朋友越来越多.

本书第一版自出版以来全国统计界的许多同行给予了鼓励和建议, 本次再版得到了科学出版社李欣编辑的帮助和支持, 并得到了国家自然科学基金 (编号: 11971001, 11571025) 和北京市自然科学基金 (编号: 1182002) 的资助, 作者谨在此深表谢意.

虽然本书在第一版出版之后作为教材使用了多年, 并经过反复修改, 但由于作者水平所限, 书中难免有不当之处, 敬请同行和广大读者不吝指教.

薛留根

2020 年 9 月

第一版前言

本书是为概率统计专业的学生及相关专业的学生和统计工作者编写的教科书. 阅读本书的读者只需具有高等数学和概率统计的基本知识. 读完本书即可进入非参数统计各相关领域的学习. 本书可以作为大学高年级本科生或硕士研究生的教材, 也可以作为实际工作者自学或查阅非参数统计方法的参考书.

全书共八章, 依次为预备知识、U 统计量、基于二项分布的检验、列联分析、秩检验、检验的功效与渐近相对效率、概率密度估计、非参数回归. 本书着重阐述非参数统计推断的一般处理技术和原则, 并给出一些典型例子. 各章后面的习题侧重于应用.

本书的前身是一本讲义, 作者曾在北京工业大学概率统计学科部作为研究生的 "非参数统计" 课程的教材使用了多年. 该讲义虽经过作者多次修改, 但总感不足. 这次趁出版之机, 对本书的一些章节作了较大的修改, 充实了一些新的内容, 在叙述上进行了加工, 尽量使内容既有新意, 又易于理解. 书中丰富的例子着力说明非参数统计的方法和应用, 配置的习题能够让读者得到各种基本训练.

非参数统计的一个特点是它的使用面广, 因为它讨论的模型中分布族没有通过有限个实参数去刻画, 模型使用的范围更大. 因此, 该统计学分支在经济、金融、生物、医学等领域有着广泛的应用. 非参数统计的另一个特点是大样本方法占重要位置. 可以说, 绝大多数常用的非参数统计方法都是基于有关统计量的某种渐近性质. 因此, 某些定理的论证很烦琐, 初学者往往感到困难. 考虑到非参数统计这两个特点, 本书在取材与写作上作了三点努力: 一是侧重于介绍非参数统计在各应用领域中的基本方法, 理论的推导和证明尽可能简化; 二是有选择地安排一些模拟计算和应用实例, 强调统计学与计算机相结合; 三是在语言叙述上力求简明易懂、严谨系统, 便于阅读和自学.

本书的撰写与出版得到了科学出版社陈玉琢编辑的鼓励和关心, 得到了北京工业大学研究生课程建设项目和北京市优秀博士学位论文指导教师科技项目 (编号: 20111000503) 的资助, 并得到了冯三营、刘娟芳和张景华等同志的帮助, 作者谨在此一并表示衷心感谢.

虽然本书在正式出版之前曾作为教材使用了多年, 但由于作者水平有限, 书中不妥之处在所难免, 欢迎国内同行及广大读者不吝指正.

薛留根
2013 年 4 月

目　　录

第 1 章　预备知识

本章主要介绍一些预备知识, 其内容包括非参数统计概述、数据类型、检验的 p 值、次序统计量及其分布、分位数的估计.

1.1　非参数统计概述

非参数统计是统计学的一个重要分支. 在学习这门课程之前, 首先要明白什么是"非参数统计", 了解这个分支的一些基本特点, 从而可以对它有初步的认识, 对学习这门课程产生兴趣.

在统计学中, 统计推断的两个最基本的形式是: 参数估计和假设检验, 其大部分内容是和正态理论相关的, 人们称之为参数统计. 在参数统计中, 总体分布的形式或分布族往往是给定的, 而诸如均值和方差的参数是未知的. 人们的任务就是对这些参数进行估计或检验. 当假定分布为真时, 其推断有较高的精度. 然而, 在实际问题中, 对总体分布的假定并不是总成立的, 也就是说, 有时数据并不是来自所假定分布的总体. 因此, 在假定的总体分布下进行推断, 其结果可能会背离实际. 于是, 人们希望在不假定总体分布的情况下, 尽量从数据本身获得所需要的信息. 这就是非参数统计的初衷. 看下面的例子.

例 1.1.1 (概率密度估计)　设随机变量 X 有概率密度函数 $f(x)$, 它属于某个确定的密度族 $\mathcal{F}$. 令 $X_1, \cdots, X_n$ 为来自总体 X 的样本, 要通过样本来估计 $f(x)$.

如果 $\mathcal{F}$ 的形式已知, 如正态分布族 $\{N(\mu, \sigma^2), -\infty < \mu < \infty, \sigma^2 > 0\}$, 则只需对分布中的参数 μ 和 σ^2 作出估计, 就可得到概率密度函数 $f(x)$ 的估计, 这是一个参数统计问题. 我们可以利用极大似然估计法来估计 μ 和 σ^2.

如果对 $\mathcal{F}$ 只施加一般性的假定, 如 $f(x)$ 对称, 且具有连续的二阶导数等, 则这是一个非参数统计问题. 我们可以利用多种方法对非参数概率密度函数 $f(x)$ 进行估计, 例如, 核估计法、最近邻估计法、小波估计法等. 这些估计方法已成为现代非参数统计的重要内容.

例 1.1.2 (回归函数估计)　设随机变量 Y 与 X 之间存在着某种相关关系, 这里 X 可以是控制或可以精确观测的变量. 如果在 $X = x$ 的条件下, Y 的数学期望 $E(Y|X = x)$ 存在, 记为 $m(x)$, 则称 $m(x)$ 为 Y 关于 X 的回归函数. 设 $(X_1, Y_1), \cdots, (X_n, Y_n)$ 为来自 (X, Y) 的样本, 要通过样本来估计 $m(x)$.

在一元线性回归模型中, 假定 $m(x)$ 为 x 的线性函数, 即 $m(x) = a + bx$, 且在给定 $X = x$ 的条件下, Y 的分布为正态分布 $N(a + bx, \sigma^2)$. 这个模型由三个实参数 a, b 和 σ^2 所刻画, 而要估计的回归函数 $m(x)$, 实际上只依赖于参数 a 和 b, 因而它是一个典型的参数统计问题. 我们可以利用最小二乘法对 a 和 b 进行估计.

然而, 如果对 Y 的分布不作任何假定, 或只作一般性假定 (如 Y 的方差有限), 则问题就成为非参数性的, 称为非参数回归. 我们可以利用多种方法对非参数回归函数 $m(x)$ 进行估计, 例如, 核估计法、最近邻估计法、局部多项式估计法、小波估计法等. 这些估计方法是现代非参数统计的重要组成部分.

综上所述, 我们可提出下面的定义: 如果一个统计问题的模型所涉及的分布族不能用有限个实参数去刻画, 则称该问题为非参数统计问题. 非参数统计是统计学研究非参数统计问题的一个分支学科.

非参数方法是处理与分布无关的问题的方法. 所谓与分布无关, 意味着它的推断方法不假定总体服从确定的分布, 并不是脱离总体的分布. 与参数方法相比, 非参数方法具有如下特点.

(1) 具有广泛的适用性. 非参数方法不假定具体的总体分布, 从而它适用于来自任何总体分布未知的数据, 可进行定量数据和定性数据的统计分析, 能用来描述更多的问题, 故适用面广. 由于非参数方法没有利用关于总体分布的信息, 因此就是在对总体分布没有任何了解的情况下, 它也能获得可靠的结论. 在这一点上, 非参数方法优于参数方法. 然而, 在总体的分布族已知的情况下, 它没有像极大似然估计那样充分利用总体分布的信息, 于是所得出的结论就不如参数方法那样精确, 一般来说效率偏低. 在第 6 章可以看到, 有的非参数方法与相应的参数方法相比, 效率上的损失也很小. 参数方法往往对设定的模型有更大的针对性: 一旦模型改变, 方法也就随之改变. 非参数方法则不然, 由于它对模型的限定少, 以致人们只能用很一般的方式去使用样本中的信息来进行统计推断.

(2) 具有稳健性. 稳健性 (robustness) 反映统计方法这样一种性质: 当真实模型与设定模型的偏离不大时, 这种统计方法仍能保持良好的性质, 至少不至于变得很差. 非参数方法对总体分布的限制相对较少, 不致因为对总体分布的假定不当而导致统计推断结果与实际不符, 所以它具有较好的稳健性. 而参数方法是建立在分布已知的基础上, 当总体分布发生改变时, 其推断的正确性就大打折扣, 甚至可能产生错误的结论. 关于参数方法的论述可参见薛留根 (2015a) 的著作.

(3) 以大样本理论为主导. 由于对总体分布的假定条件宽松, 因而大样本理论在非参数统计中占据了主导地位. 可以说, 绝大多数常用的非参数方法都是基于有关统计量的某种渐近性质. 非参数统计更多地依赖于大样本方法这一特点, 可以从其模型的广泛性上来理解: 统计量的分布依赖于总体的分布. 如果我们对总体的分布了解很少, 则就难以得出有关统计量的确切分布. 而很多小样本方法是基于这种确切分布的. 例如, 在总体方差 σ^2 未知的条件下去推断总体的期望 μ, 人们就用样本方差 S^2 去代替 σ^2, 然后构造出统计量 $T=\sqrt{n}(\overline{X}-\mu)/S$. 由于当 $n\to\infty$ 时, T 依分布收敛于标准正态分布 $N(0,1)$, 因此这是一个大样本方法. 然而, 如果总体服从正态分布, 则由 Fisher 基本定理可知: T 服从自由度为 $n-1$ 的 t 分布. 因此, 关于 μ 的统计推断可以建立在这个确切分布的基础上, 这就成为一种小样本方法.

1.2 数据类型

在对某个总体进行统计推断时, 首先要从该总体中抽取样本, 然后利用样本构造出统计量, 由此就可以解决参数估计和假设检验问题. 数据是样本的观测值, 是样本的实现. 统计工作的主要内容是数据收集和数据处理, 其中数据处理是统计的核心内容, 它是将数据转化为有用信息的过程. 在科学实验和生产实践中, 人们遇到各种各样的数据, 这就为统计分析提供了保障. 然而, 为正确处理和分析数据, 就必须先了解数据, 这样才能有针对性地选用统计分析方法. 在统计学中, 统计数据主要可分为四种类型, 分别是定类数据、定序数据、定距数据和定比数据. 定类数据和定序数据称为定性数据; 定距数据和定比数据称为定量数据. 下面我们对这四种类型的数据分别加以介绍.

(1) 定类数据. 某项指标的观测值不是数, 而是事物的属性. 有时, 为了识别不同的类别, 也可以用特定的数字和符号表示某类事物. 例如, 人的性别 (男、女), 职业 (教师、医生、工人), 物体的颜色、样式等, 它们的异同是按照事物的某些特征来划分和辨别的. 人们常用数表示属性的分类, 如用数 “1” 和 “0” 分别表示 “男” 和 “女”, 这仅仅是人们赋予的识别代码, 并不说明事物的数量; 它不能进行算术运算, 也没有大小关系, 而只能进行 “$=$” 或 “$\neq$” 的逻辑运算. 定类数据的描述性统计量有频数、众数等.

(2) 定序数据. 事物的属性具有顺序关系. 为方便起见, 有时也用数字表示. 例如, 家庭经济状况分为高收入、中等收入、低收入三类, 可分别用 3, 2, 1 表示. 这些数只起一个顺序作用, 不能作算术运算, 即这里的 “$3-2$” 是没有意义的. 也就是说, “高收入” 比 “中等收入” 的经济状况好, 但 “好多少” 不能计算, 只能比较类别之间的次序关系. 定序数据可以进行 “$=$”“$\neq$”“$>$”“$<$” 的运算. 描述定序数据集中趋势的最适合统计量是中位数, 反映离散程度的统计量是分位数.

(3) 定距数据. 它说明的是事物的数量特征, 能够用数值表示. 例如, 学生的考试成绩、某种商品的销售量、班级的学生数等. 定距数据没有绝对的零点, 如某个学生的考试成绩是 0 分, 这并不表示该学生没有这门课的知识. 定距数据不但可以进行 “$=$”“$\neq$”“$>$”“$<$” 的运算, 而且可以进行 “$+$” 和 “$-$” 的运算, 但不能

进行乘、除运算. 反映定距数据集中趋势的统计量是均值、中位数、众数, 反映离散程度的统计量是方差、标准差等.

(4) 定比数据. 它说明的是事物的数量特征, 能够用数值表示, 并且有绝对的零点. 例如, 产品的使用寿命, 人的身高、体重, 物体的长度、直径、质量等. 定比数据不但可以进行 "=" "≠" ">" "<" "+" "−" 的运算, 而且可以进行 "×" 和 "÷" 的运算. 反映定比数据集中趋势和离散程度的描述性统计量不仅有均值、中位数、众数、方差、标准差, 还有变异系数等.

从上述介绍可知: 定性数据描述事物的性质, 其 0 只有相对意义; 定量数据描述事物的数量, 其 0 具有实际意义. 定类数据是最低级别的数据, 定比数据是最高级别的数据, 中间两个级别依次为定序数据和定距数据. 数据的级别越高, 所包含的运算性质就越多.

参数方法所分析的数据主要是定量数据. 非参数方法不但可以用来分析定量数据, 而且还可以用来分析定性数据. 例如, 利用问卷调查资料分析用户对几种商品的喜爱程度是否相等; 利用民意测验分析职工对公司的几种改革方案的支持率是否有差异等. 这方面的研究是参数方法做不到的, 只能应用非参数方法. 这一点又说明了非参数方法应用面广.

当手中有了数据集后, 首先要对它有一个直观的认识. 在数据来自一个总体时, 需要看它的大致分布形状. 利用直方图和 Q-Q 图可以做到这一点. 直方图可以用来看该分布是否呈现出对称性, 是否有很长的尾部. Q-Q 图是按升序重新排列的样本观测值和标准正态分布的分位数 (通常用 $\Phi^{-1}((i-3/8)/(n+1/4))$) 来作散点图. 如果原来的样本来自正态分布, 则该图应该大致呈一条直线; 否则, 它将在一端或两端有摆动, 说明其总体分布与正态分布有差别. 调用统计软件中的函数就可以作出直方图和 Q-Q 图. 如 R 语言中作直方图的函数是 hist(x), 作 Q-Q 图的函数是 qqnorm(x), 其中括号中的 x 为数据变量.

1.3 检验的 p 值

给定原假设 H_0 和备择假设 H_1, 并记为假设检验问题 (H_0, H_1). 为解该假设检验问题, 首先需要构造检验统计量 T. 然后利用 T 得到检验的拒绝域 W. 最后作出判断: 在 T 的观测值落入 W 时, 就拒绝原假设 H_0, 认为备择假设 H_1 成立; 在 T 的观测值没有落入 W 时, 就不能拒绝原假设 H_0, 只能认为 H_0 成立. 这就是所谓的检验法. 如果引入检验的 p 值, 那么就可以用 p 值对检验作出决定. 检验的 p 值定义如下.

定义 1.3.1 检验的 p 值是在已知观测值下拒绝原假设的最小显著性水平. 如果用 t_{obs} 表示检验统计量 T 的观测值, 则左边检验的 p 值是 $P\{T \leqslant t_{\text{obs}}\}$, 右

边检验的 p 值是 $P\{T \geqslant t_{\text{obs}}\}$, 双边检验的 p 值是 $P\{T \leqslant t_{\text{obs}}\}$ 和 $P\{T \geqslant t_{\text{obs}}\}$ 中较小者的 2 倍.

检验的 p 值可以由检验统计量 T 的零分布得到. 所谓零分布, 就是当原假设为真时 T 的分布. 严格地讲, 如果 T 的零分布是离散的, 且拒绝域左边和右边的概率不相等, 那么很难构造两边概率相等而精确的显著性水平. 这就与前面的定义不一致. 但为了避免定义的歧义性, 我们在后面仍认为双边检验的 p 值是观测值落在零分布单边概率的两倍.

从定义 1.3.1 可知, 在 p 值很小时, 说明统计量的实现在原假设下是小概率事件. 此时, 如果拒绝原假设, 则犯第一类错误 (弃真错误) 的概率也很小, 它等于 p 值. 反之, 如果 p 值很大, 则拒绝原假设所犯第一类错误的概率也很大. 因此, 不能拒绝原假设. p 值的具体计算依赖于原假设、统计量的分布及其观测值. 很多统计软件 (包括 R) 对一些常用的假设检验方法都提供了求 p 值的函数. 然而, 在现代统计方法研究中, 现有的统计软件中没有直接计算 p 值的函数, 人们只能采用 Monte-Carlo 方法编写程序来计算 p 值.

在实践中, 人们常常并不事先指定显著性水平, 而是很方便地利用 p 值进行决断. 对于任意大于 p 值的显著性水平, 人们可以拒绝原假设, 但不能在任何小于它的水平下拒绝原假设. 设 p 为计算得到的 p 值. 给定显著性水平 α, 如果 $\alpha \geqslant p$, 则拒绝原假设 H_0, 否则接受原假设.

1.4 次序统计量及其分布

次序统计量在近代统计推断中起着重要作用, 这是由于次序统计量有一些性质不依赖于总体的分布, 并且计算量很小, 使用起来较方便. 因此, 它在质量管理、可靠性、生物医学等领域得到广泛应用.

定义 1.4.1 设样本 $X_1, \cdots, X_n$ 独立同分布, 把诸 X_i 从小到大按次序排列为 $X_{(1)} \leqslant \cdots \leqslant X_{(n)}$, 则称 $X_{(1)}, \cdots, X_{(n)}$ 为原样本 $X_1, \cdots, X_n$ 的次序统计量. 称 $X_{(i)}$ 为第 i 个次序统计量. $X_{(1)}$ 为样本的极小值, $X_{(n)}$ 为样本的极大值, 这两者有时统称为“极值”.

设总体 X 的分布函数为 $F(x)$, 且具有连续的概率密度函数 $f(x)$, 则次序统计量 $X_{(r)}$ 的概率密度函数为

$$f_r(x) = \frac{n!}{(r-1)!(n-r)!}[F(x)]^{r-1}[1-F(x)]^{n-r}f(x).$$

次序统计量 $X_{(r)}$ 与 $X_{(s)}$ 的联合概率密度函数为

$$f_{rs}(x,y) = \frac{n!}{(r-1)!(s-r-1)!(n-s)!}[F(x)]^{r-1}[F(y)-F(x)]^{s-r-1} \times [1-F(y)]^{n-s}f(x)f(y), \quad x<y.$$

用类似方法可求得任意三个或更多个次序统计量的联合概率密度函数. 特别地, $X_{(1)},\cdots,X_{(n)}$ 的联合概率密度函数为

$$f(y_1,\cdots,y_n) = n!f(y_1)\cdots f(y_n), \quad y_1<y_2<\cdots<y_n.$$

利用上述结果我们可以推导出一些常用次序统计量的函数的分布. 例如, 极差 $R = X_{(n)} - X_{(1)}$ 的分布函数为

$$F_R(r) = n\int_{-\infty}^{\infty}[F(x+r)-F(x)]^{n-1}f(x)\mathrm{d}x.$$

1.5 分位数的估计

总体分布的分位数和分位数的函数的估计是非参数估计的基本内容. 这类估计一般不假定总体分布的具体形式, 其涉及的基本统计量是样本的次序统计量和经验分布函数.

1.5.1 分位数的点估计

设总体的分布函数为 $F(x)$. 所谓 $F(x)$ 的 p 分位数 ξ_p, 就是满足下述条件的一个实数:

$$F(\xi_p) \geqslant p, \quad F(\xi_p - 0) \leqslant p, \quad 0<p<1,$$

其中 $F(x) = P\{X \leqslant x\}$, 它是右连续的.

这样定义的 p 分位数不唯一. 易证: 如果分布的 p 分位数不唯一, 则它充满一个有界闭区间.

为了解决唯一性问题, 统计学家又把总体分布的 p 分位数定义为

$$\xi_p = \inf\{x : F(x) \geqslant p\}, \quad p \in (0,1).$$

当 $p=1/2$ 时, $\xi_{1/2}$ 为总体分布的中位数.

关于 ξ_p 的估计是常见的估计问题. 对参数分布族而言, p 分位数常可通过参数表出, 因而估计参数后, 可获得相应 p 分位数的估计. 但在总体分布形式未知的情况下, 用样本次序统计量可以构成分位数的非参数估计, 即用样本的 p 分位数作为总体分布的 p 分位数的估计. 由此给出下面的定义.

定义 1.5.1 设 $X_1, \cdots, X_n$ 是来自总体 $F(x)$ 的独立同分布样本, 其经验分布函数记为 $F_n(x) = n^{-1}\sum_{i=1}^{n} I(X_i \leqslant x)$, 则称

$$\hat{\xi}_{n,p} = \inf\{x : F_n(x) \geqslant p\}$$

为样本的 p 分位数, 并称它为 ξ_p 的估计.

对于 $\hat{\xi}_{n,p}$, 有下面两个渐近性质.

定理 1.5.1 设总体分布 $F(x)$ 的概率密度函数 $f(x)$ 在 ξ_p 处连续, 且 $f(\xi_p) > 0$, 则样本的分位数 $\hat{\xi}_{n,p}$ 具有渐近正态分布 $N\big(\xi_p, p(1-p)/[nf^2(\xi_p)]\big)$.

定理 1.5.2 设 ξ_p 是满足 $F(\xi_p) \geqslant p$ 和 $F(\xi_p - 0) \leqslant p$ 的总体 $F(x)$ 的 p 分位数, $0 < p < 1$. 如果 ξ_p 是唯一的, 则当 $n \to \infty$ 时, $\hat{\xi}_{n,p} \to \xi_p$, a.s.

上述两个定理的证明可以在有关书籍中找到, 这里省略其证明.

例 1.5.1 设总体分布为均匀分布 $U(0, 1)$,

$$F(x) = x,\ 0 \leqslant x \leqslant 1, \quad f(x) = 1,\ 0 \leqslant x \leqslant 1,$$

$\xi_{1/2} = \dfrac{1}{2}$, $f(x)$ 在此点连续, 故样本的中位数 $\hat{\xi}_{n,1/2}$ 具有渐近分布 $N\left(\dfrac{1}{2}, \dfrac{1}{4n}\right)$.

1.5.2 分位数的区间估计

1. 大样本区间估计

在大样本情形下, 我们可以利用样本的 p 分位数 $\hat{\xi}_{n,p}$ 的渐近正态性构造置信区间. 给定置信水平 $1-\alpha$ $(0 < \alpha < 1)$, 用 $z_{1-\alpha/2}$ 表示满足 $\Phi(z_{1-\alpha/2}) = 1-\alpha/2$ 的数, 它是标准正态分布的 $1-\alpha/2$ 分位数. 由定理 1.5.1 知

$$\lim_{n\to\infty} P\left\{|\hat{\xi}_{n,p} - \xi_p| \leqslant \frac{z_{1-\alpha/2}\sqrt{p(1-p)}}{\sqrt{n}f(\xi_p)}\right\} = 1-\alpha.$$

上式尚不能直接用于 ξ_p 的区间估计, 因为置信限中含有待估未知量 ξ_p 和 $f(\cdot)$. 可以用 $\hat{\xi}_{n,p}$ 作为 ξ_p 的估计, 至于 $f(\cdot)$, 需用概率密度函数的非参数估计法估计之. 以 $\hat{f}_n(\cdot)$ 记 $f(\cdot)$ 的一个估计, 如果 $\hat{f}_n(\cdot)$ 有相合性, 则利用上式有

$$\lim_{n\to\infty} P\left\{|\hat{\xi}_{n,p} - \xi_p| \leqslant \frac{z_{1-\alpha/2}\sqrt{p(1-p)}}{\sqrt{n}\hat{f}_n(\hat{\xi}_{n,p})}\right\} = 1-\alpha.$$

上式表明, $\hat{\xi}_{n,p} \pm z_{1-\alpha/2}\sqrt{p(1-p)}/[\sqrt{n}\hat{f}_n(\hat{\xi}_{n,p})]$ 是 ξ_p 的一个区间估计, 其渐近置信水平为 $1-\alpha$. 这个估计只有在样本容量 n 相当大时才有用, 因为 n 太小时, 概率密度函数 $f(\cdot)$ 不易估计准确. 对这种情况, 可使用下面所讲的小样本区间估计.

2. 小样本区间估计

设 $X_1,\cdots,X_n$ 是来自连续分布 $F(x)$ 的独立同分布样本. $X_{(1)},\cdots,X_{(n)}$ 为样本次序统计量. 下面求 p 分位数 ξ_p 的形如 $[X_{(r)},X_{(s)}]$ 的置信区间, 即求最大整数 r 和最小整数 s, 使得

$$P\left\{X_{(r)}\leqslant\xi_p\leqslant X_{(s)}\right\}\geqslant 1-\alpha. \tag{1.5.1}$$

为此, 记 $Y=\sum\limits_{i=1}^{n}I(X_i\leqslant\xi_p)$. 显然 Y 服从二项分布 $B(n,p)$, 其中 $p=P\{X_i\leqslant\xi_p\}$. 注意到事件 $\{X_{(r)}\leqslant\xi_p\leqslant X_{(s)}\}$ 等价于事件 "样本 $X_1,\cdots,X_n$ 中小于等于 ξ_p 的个数至少为 r 个且至多为 s 个", 即等价于事件 $\{r\leqslant Y\leqslant s\}$. 因此

$$\begin{aligned}&P\left\{X_{(r)}\leqslant\xi_p\leqslant X_{(s)}\right\}\\=&P\{r\leqslant Y\leqslant s\}=P\{Y\leqslant s\}-P\{Y<r\}\\=&\sum_{i=0}^{s}\binom{n}{i}p^i(1-p)^{n-i}-\sum_{i=0}^{r-1}\binom{n}{i}p^i(1-p)^{n-i}.\end{aligned} \tag{1.5.2}$$

在实际工作中, 我们可以选取最大整数 r 和最小整数 s, 使得

$$\sum_{i=0}^{r-1}\binom{n}{i}p^i(1-p)^{n-i}\leqslant\frac{\alpha}{2}, \tag{1.5.3}$$

$$\sum_{i=0}^{s}\binom{n}{i}p^i(1-p)^{n-i}\geqslant 1-\frac{\alpha}{2}. \tag{1.5.4}$$

因此

$$P\left\{X_{(r)}\leqslant\xi_p\leqslant X_{(s)}\right\}\geqslant 1-\frac{\alpha}{2}-\frac{\alpha}{2}=1-\alpha.$$

对于单侧置信区间 $[X_{(r)},\infty)$ 或 $(-\infty,X_{(s)}]$, 选 r 或 s 时, 只需将式 (1.5.3) 和式 (1.5.4) 中的 $\alpha/2$ 换为 α 即可.

当 $n\leqslant 20$ 时, 对于给定的 p 和 α, 查二项分布表 (附表 2) 可以得到满足式 (1.5.3) 的最大整数 r 和满足式 (1.5.4) 的最小整数 s. 当 n 相当大而 p 不太接近于 0 或 1 时, 可以用正态分布逼近式 (1.5.3) 左边之和, 即

$$\sum_{i=0}^{r-1}\binom{n}{i}p^i(1-p)^{n-i}\approx\varPhi\left(\frac{r-1-np+0.5}{\sqrt{np(1-p)}}\right),$$

其中 +0.5 是为了作连续性修正. 因此, 由式 (1.5.3) 可得

$$\varPhi\left(\frac{r-np-0.5}{\sqrt{np(1-p)}}\right)\leqslant\frac{\alpha}{2}.$$

由此可取

$$r = \lfloor np + 0.5 + z_{\alpha/2}\sqrt{np(1-p)}\,\rfloor, \tag{1.5.5}$$

其中 $z_{\alpha/2}$ 是标准正态分布的 $\alpha/2$ 分位数, $\lfloor x \rfloor$ 表示小于等于 x 的最大正整数. 同理可取

$$s = \lceil np - 0.5 + z_{1-\alpha/2}\sqrt{np(1-p)}\,\rceil. \tag{1.5.6}$$

其中 $\lceil x \rceil$ 表示大于等于 x 的最小正整数.

经过上述方式定出的置信区间 $[X_{(r)}, X_{(s)}]$, 其置信水平不低于 $1-\alpha$, 但可以大于它, 因此, 一般来说, 这种方法偏于保守. 但它与大样本区间估计相比较, 不涉及密度估计所带来的麻烦, 使用上很方便.

例 1.5.2 从某工厂的产品仓库中随机取 16 个零件, 测得它们的长度 (单位: cm) 为

2.14, 2.10, 2.13, 2.15, 2.13, 2.12, 2.13, 2.10,
2.15, 2.12, 2.14, 2.10, 2.13, 2.11, 2.14, 2.11.

求该零件长度分布的中位数的置信水平为 0.95 的置信区间.

解 由题意可知, $n = 16$, $p = 0.5$, $\alpha = 1 - 0.95 = 0.05$. 查二项分布表 (附表 2) 可得

$$\sum_{i=0}^{3}\binom{n}{i}p^i(1-p)^{n-i} = 0.0106 < 0.025,$$

$$\sum_{i=0}^{4}\binom{n}{i}p^i(1-p)^{n-i} = 0.0384 > 0.025,$$

$$\sum_{i=0}^{11}\binom{n}{i}p^i(1-p)^{n-i} = 0.9616 < 0.975,$$

$$\sum_{i=0}^{12}\binom{n}{i}p^i(1-p)^{n-i} = 0.9894 > 0.975.$$

于是, 最大的整数 $r = 4$, 最小的整数 $s = 12$. 因此可得 $X_{(4)} = 2.11$, $X_{(12)} = 2.14$. 故中位数的置信水平为 0.95 的双侧置信区间为 $[2.11, 2.14]$.

如果用公式 (1.5.5) 和公式 (1.5.6), 则可得相同的结果. 下面我们进行计算. 查标准正态分布表可得 $z_{\alpha/2} = z_{0.025} = -1.96$. 因此, 由式 (1.5.5) 可得

$$r = \lfloor 16 \times 0.5 + 0.5 - 1.96 \times \sqrt{16 \times 0.5 \times 0.5}\rfloor = \lfloor 4.58 \rfloor = 4,$$

同理由式 (1.5.6) 可得 $s = \lceil 11.42 \rceil = 12$. 因此, $X_{(4)} = 2.11$, $X_{(12)} = 2.14$. 故中位数的置信水平为 0.95 的双侧置信区间为 $[2.11, 2.14]$.

习 题 1

1.1 设总体 X 具有分布函数 $F(x)$ 和概率密度函数 $f(x)$, $X_1, \cdots, X_n$ 是来自 X 的独立同分布样本, 其次序统计量为 $X_{(1)}, \cdots, X_{(n)}$, 求极差 $R = X_{(n)} - X_{(1)}$ 的密度函数.

1.2 假定条件同 1.1 题, $\xi_{1/2}$ 是总体中位数, 证明

$$\begin{aligned}&P\{X_{(k)} < \xi_{1/2} < X_{(n-k+1)}\}\\&= 1 - 2\int_0^{1/2} \frac{\Gamma(n+1)}{\Gamma(k)\Gamma(n-k+1)} u^{n-k}(1-u)^{k-1}\mathrm{d}u,\end{aligned}$$

其中 $\Gamma(a) = \int_0^{\infty} x^{a-1}\mathrm{e}^{-x}\mathrm{d}x, a > 0$.

1.3 设总体 X 具有概率密度函数

$$f(x) = \begin{cases} \mathrm{e}^{-x}, & x > 0, \\ 0, & x \leqslant 0, \end{cases}$$

$X_1, \cdots, X_n$ 是来自 X 的独立同分布样本, 求样本中位数的渐近分布.

1.4 对一批电器元件, 抽取 24 个做加速寿命试验, 测得其寿命数据为 (单位: h):

575, 778, 880, 969, 984, 1003, 1008, 1021, 1031, 1034, 1053, 1054,
1226, 1393, 1439, 1480, 1513, 1611, 1612, 1612, 1624, 1627, 1631, 1768,

求这批元件寿命分布的中位数的置信水平为 0.95 的置信区间.

1.5 设总体 X 具有连续的分布函数 $F(x)$, $X_1, \cdots, X_n$ 是来自 X 的独立同分布样本, 它的次序统计量为 $X_{(1)}, \cdots, X_{(n)}$. 证明: 对 $0 < \beta < 1$, 有

$$P\{F(X_{(n)}) - F(X_{(1)}) > \beta\} = 1 - n\beta^{n-1} + (n-1)\beta^n.$$

第 2 章　U 统 计 量

U 统计量在非参数统计中有重要应用, 它主要用于构造总体分布的数字特征的一致最小方差无偏估计和基于这种估计的假设检验. 一些常见的统计量可以用 U 统计量来表示. 因此, U 统计量受到人们关注.

2.1　单样本 U 统计量

2.1.1　基本概念

设总体 X 的分布函数为 $F(x)$, $X_1, \cdots, X_n$ 是来自 X 的独立同分布样本. 在参数估计问题中, 待估计的参数 θ 往往可以表示为 $E_F[h(X_1, \cdots, X_m)]$, 其中 $E_F(\cdot)$ 表示在分布 F 下求期望, h 是 m 元对称函数, $m \leqslant n$. 例如, 对于总体均值 μ, 有

$$\mu = E_F(X) = E_F(X_1) = E_F[h(X_1)],$$

其中 $h(X_1) = X_1$; 对于总体方差 σ^2, 有

$$\begin{aligned}\sigma^2 &= E_F(X^2) - [E_F(X)]^2 \\ &= E_F\left[\frac{1}{2}(X_1^2 + X_2^2)\right] - E_F(X_1X_2) \\ &= E_F\left[\frac{1}{2}(X_1 - X_2)^2\right] = E_F[h(X_1, X_2)],\end{aligned}$$

其中 $h(X_1, X_2) = \dfrac{1}{2}(X_1 - X_2)^2$.

考虑一般形式的参数估计问题, 我们有下述定义.

定义 2.1.1　对分布 F 的参数 θ, 如果存在样本容量为 m 的样本 $X_1, \cdots, X_m$ 的统计量 $h(X_1, \cdots, X_m)$, 使

$$E_F[h(X_1, \cdots, X_m)] = \theta, \quad \forall F \in \mathcal{F},$$

则称参数 θ 对分布族 $\mathcal{F}$ 是 m 可估的. 使上式成立的最小 m 称为可估参数 θ 的自由度. 称 $h(X_1, \cdots, X_m)$ 为 θ 的核 (kernel).

不妨设 $h(x_1,\cdots,x_m)$ 是对称函数, 即对 $(1,\cdots,m)$ 的任一置换 $(i_1,\cdots,i_m)$, 都有

$$h(x_{i_1},\cdots,x_{i_m})=h(x_1,\cdots,x_m).$$

这是因为: 如果 $h(x_1,\cdots,x_m)$ 非对称, 则可以将其对称化. 办法是引进下述函数:

$$h^*(x_1,\cdots,x_m)=\frac{1}{m!}\sum_{(i_1,\cdots,i_m)}h(x_{i_1},\cdots,x_{i_m}),$$

其中 $\sum\limits_{(i_1,\cdots,i_m)}$ 是对一切组合 $(i_1,\cdots,i_m)$ 求和. 由于 $h(X_1,\cdots,X_m)\overset{d}{=}h(X_{i_1},\cdots,X_{i_m})$ (其中 $\overset{d}{=}$ 表示等式两边的变量具有相同分布), 因此 $h^*(x_1,\cdots,x_m)$ 满足定义 2.1.1的要求, 且是对称的.

对于可估参数 θ, 我们可以构造它的无偏估计, 有下面的定义.

定义 2.1.2 设 $X_1,\cdots,X_n$ 是来自总体 $F(x)$ 的独立同分布样本, m 可估参数 θ 有对称核 $h(X_1,\cdots,X_m)$, 则称

$$U_n\equiv U(X_1,\cdots,X_n)=\binom{n}{m}^{-1}\sum_{1\leqslant i_1<\cdots<i_m\leqslant n}h(X_{i_1},\cdots,X_{i_m})$$

为参数 θ 的 U 统计量, 其中 $\sum$ 是对所有满足 $1\leqslant i_1<\cdots<i_m\leqslant n$ 的组合 $(i_1,\cdots,i_m)$ 求和.

注 2.1.1 统计量 U_n 是 θ 的无偏估计. 它还是 θ 的一致最小方差无偏估计. 事实上, U_n 是样本的对称函数, 它的表达式不依赖于 $X_1,\cdots,X_n$ 的排列次序, 因而只依赖于 $X_1,\cdots,X_n$ 的次序统计量. 即 U_n 是 $X_{(1)},\cdots,X_{(n)}$ 的函数. 对常见的非参数分布族 $\mathcal{F}$, $(X_{(1)},\cdots,X_{(n)})$ 大多数是完备充分统计量, 因此, U_n 为 θ 的一致最小方差无偏估计.

例 2.1.1 设 $\mathcal{F}=\{$所有一阶矩存在的分布全体$\}$, 则均值 $\theta=E_F(X_1)$ 对 $\mathcal{F}$ 是自由度为 1 的可估参数, 此时 $m=1$. 对称核为 $h(X_1)=X_1$, 由此

$$U_n=\binom{n}{1}^{-1}\sum_{i=1}^{n}X_i=\overline{X}.$$

例 2.1.2 设 $\mathcal{F}=\{$所有二阶矩有限的分布$\}$, 则方差 $\theta=E_F[X-E_F(X)]^2$ 对 $\mathcal{F}$ 是自由度为 2 的可估参数 (即 $m=2$). 对称核为 $h(X_1,X_2)=\dfrac{1}{2}(X_1-X_2)^2$,

相应的 U 统计量为

$$\begin{aligned}
U_n &= \binom{n}{2}^{-1} \sum_{1 \leqslant i<j \leqslant n} \frac{1}{2}(X_i - X_j)^2 \\
&= \frac{1}{2n(n-1)} \sum_{i=1}^{n} \sum_{j=1}^{n} (X_i - X_j)^2 \\
&= \frac{1}{2n(n-1)} \sum_{i=1}^{n} \sum_{j=1}^{n} [(X_i - \overline{X}) - (X_j - \overline{X})]^2 \\
&= \frac{1}{2n(n-1)} \left[\sum_{i=1}^{n} \sum_{j=1}^{n} (X_i - \overline{X})^2 + \sum_{i=1}^{n} \sum_{j=1}^{n} (X_j - \overline{X})^2 \right. \\
&\quad \left. -2 \sum_{i=1}^{n} \sum_{j=1}^{n} (X_i - \overline{X})(X_j - \overline{X}) \right] \\
&= \frac{1}{n(n-1)} \sum_{i=1}^{n} \sum_{j=1}^{n} (X_i - \overline{X})^2 \\
&= \frac{1}{n-1} \sum_{i=1}^{n} (X_i - \overline{X})^2.
\end{aligned}$$

U_n 正是样本方差, 它是 θ 的一致最小方差无偏估计.

2.1.2 U 统计量的方差

如果令 $\theta = E[h(X_1, \cdots, X_m)]$, 则 $E(U_n) = \theta$. 为简化 U 统计量的方差的计算, 不妨假定 $\theta = 0$, 否则, 只需以 $h - \theta$ 代替 h. 对 $c = 1, \cdots, m$, 记

$$h_c(x_1, \cdots, x_c) = E\big[h(X_1, \cdots, X_m) | X_1 = x_1, \cdots, X_c = x_c\big], \tag{2.1.1}$$

$$\sigma_c^2 = \operatorname{var}(h_c(X_1, \cdots, X_c)). \tag{2.1.2}$$

则由 $\theta = 0$, 有

$$\begin{aligned}
E[h_c(X_1, \cdots, X_c)] &= E\{E[h(X_1, \cdots, X_m) | X_1, \cdots, X_c]\} \\
&= E[h(X_1, \cdots, X_m)] = 0.
\end{aligned}$$

容易看出: 如果假定 $h(X_1, \cdots, X_m)$ 的方差有限, 则 $\sigma_c^2 < \infty$, $c = 1, \cdots, m$.

事实上, 由式 (2.1.1), 并注意到已假定 $\theta = 0$, 可以得到

$$\begin{aligned}
\sigma_c^2 &= E[h_c^2(X_1, \cdots, X_c)] \\
&\leqslant E\{E[h^2(X_1, \cdots, X_m) | X_1, \cdots, X_c]\} \\
&= E[h^2(X_1, \cdots, X_m)] < \infty.
\end{aligned}$$

现有

$$\operatorname{var}(U_n)=\binom{n}{m}^{-2}\sum E[h(X_{i_1},\cdots,X_{i_m})h(X_{j_1},\cdots,X_{j_m})],$$

其中 $1\leqslant i_1<\cdots<i_m\leqslant n$, $1\leqslant j_1<\cdots<j_m\leqslant n$, $\sum$ 是对所有的组合 $(i_1,\cdots,i_m)$ 和 $(j_1,\cdots,j_m)$ 求和. 显然, 如果两集合 $\{i_1,\cdots,i_m\}$ 和 $\{j_1,\cdots,j_m\}$ 无公共元素, 则由独立性及 $\theta=0$ 之假定, 有

$$E[h(X_{i_1},\cdots,X_{i_m})h(X_{j_1},\cdots,X_{j_m})]=0.$$

如果两集合 $\{i_1,\cdots,i_m\}$ 和 $\{j_1,\cdots,j_m\}$ 中恰有 c 个元素相同, 则因 h 为对称函数, 不失一般性可假定公共元素为 $1,\cdots,c$. 这时有

$$\begin{aligned}
&E[h(X_{i_1},\cdots,X_{i_m})h(X_{j_1},\cdots,X_{j_m})]\\
=&E\{E[h(X_{i_1},\cdots,X_{i_m})h(X_{j_1},\cdots,X_{j_m})|X_1,\cdots,X_c]\}\\
=&E\{E[h(X_{i_1},\cdots,X_{i_m})|X_1,\cdots,X_c]\cdot E[h(X_{j_1},\cdots,X_{j_m})|X_1,\cdots,X_c]\}\\
=&E[h_c^2(X_1,\cdots,X_c)]=\sigma_c^2.
\end{aligned}$$

而这样的项总共有 $\binom{n}{m}\binom{m}{c}\binom{n-m}{m-c}$ 个. 事实上, 从 $1,\cdots,n$ 中挑选 m 个足标 $i_1,\cdots,i_m$, 有 $\binom{n}{m}$ 种挑法. $i_1,\cdots,i_m$ 挑定后, 从中挑出 c 个与 $\{j_1,\cdots,j_m\}$ 公共的足标, 有 $\binom{m}{c}$ 种挑法. 到此为止, $j_1,\cdots,j_m$ 已定下 c 个, 剩下的 $m-c$ 个, 必须从 $i_1,\cdots,i_m$ 以外的那 $n-m$ 个足标中去挑, 有 $\binom{n-m}{m-c}$ 种挑法. 故由乘法原理可得上述结果. 由此可知

$$\begin{aligned}
\operatorname{var}(U_n)&=\binom{n}{m}^{-2}\sum_{c=1}^{m}\binom{n}{m}\binom{m}{c}\binom{n-m}{m-c}\sigma_c^2\\
&=\binom{n}{m}^{-1}\sum_{c=1}^{m}\binom{m}{c}\binom{n-m}{m-c}\sigma_c^2.
\end{aligned}\tag{2.1.3}$$

这就是 U 统计量的方差计算公式.

例 2.1.3 求总体方差的 U 统计量 $S^2=\dfrac{1}{n-1}\displaystyle\sum_{i=1}^{n}(X_i-\overline{X})^2$ 的方差.

解 由式 (2.1.3), 这里 $m=2$, $h(x_1,x_2)=\dfrac{1}{2}(x_1-x_2)^2$. 设总体分布 F 之 k

阶中心矩为 $\mu_k = E[x_1 - E(X_1)]^k$, 且 $\mu_4 < \infty$, 有

$$
\begin{aligned}
h_1(x_1) &= E\left[\frac{1}{2}(x_1 - X_2)^2\right] = \frac{1}{2}\{[x_1 - E(X_1)]^2 + \mu_2\}, \\
\sigma_1^2 &= \operatorname{var}(h_1(X_1)) = \frac{1}{4}\operatorname{var}([X_1 - E(X_1)]^2) = \frac{1}{4}(\mu_4 - \mu_2^2), \\
\sigma_2^2 &= \operatorname{var}\left(\frac{1}{2}(X_1 - X_2)^2\right) \\
&= \frac{1}{4}\left\{E(X_1 - X_2)^4 - [E(X_1 - X_2)^2]^2\right\} \\
&= \frac{1}{2}(\mu_4 + \mu_2^2).
\end{aligned}
$$

以此代入式 (2.1.3), 得

$$
\begin{aligned}
\operatorname{var}(S^2) &= \binom{n}{2}^{-1}\left[2(n-2)\sigma_1^2 + \sigma_2^2\right] \\
&= \frac{1}{n}\mu_4 - \frac{n-3}{n(n-1)}\mu_2^2.
\end{aligned}
$$

2.1.3 *U* 统计量的相合性

U 统计量具有优良的大样本性质, 譬如, 相合性和渐近正态性. 这使得它在非参数统计推断中起到了很大作用. 我们首先讨论相合性.

定理 2.1.1 设 $h(x_1, \cdots, x_m)$ 为对称函数, U_n 为以 h 为核的基于样本 $X_1, \cdots, X_n$ 的 U 统计量, 设 $E[h^2(X_1, \cdots, X_m)] < \infty$, $E[h(X_1, \cdots, X_m)] = \theta$, 则

$$
\lim_{n\to\infty} E(U_n - \theta)^2 = 0,
$$

$$
U_n \xrightarrow{P} \theta, \quad n \to \infty.
$$

证明 由式 (2.1.3) 可得

$$
\operatorname{var}(U_n) = \sum_{c=1}^{m}\binom{m}{c}\frac{m!}{(m-c)!}\frac{(n-m)(n-m-1)\cdots(n-2m+c+1)}{n(n-1)\cdots(n-m+1)}\sigma_c^2.
$$

由于 $(n-m)(n-m-1)\cdots(n-2m+c+1)$ 和 $n(n-1)\cdots(n-m+1)$ 分别是 n 的 $m-c$ 和 m 次多项式, 所以

$$
\begin{aligned}
\operatorname{var}(U_n) &= \sum_{c=1}^{m} \binom{m}{c} \frac{m!}{(m-c)!} \left[n^{-c} + O(n^{-c-1})\right] \sigma_c^2 \\
&= m^2 \left[n^{-1} + O(n^{-2})\right] \sigma_1^2 + \sum_{c=2}^{m} \binom{m}{c} \frac{m!}{(m-c)!} \left[n^{-c} + O(n^{-c-1})\right] \sigma_c^2 \\
&= \frac{m^2}{n} \sigma_1^2 + O(n^{-2}). \qquad (2.1.4)
\end{aligned}
$$

则

$$
\lim_{n\to\infty} \operatorname{var}(U_n) = 0,
$$

即

$$
\lim_{n\to\infty} E(U_n - \theta)^2 = 0.
$$

当然有 $U_n \xrightarrow{P} \theta,\ n \to \infty$. 定理证毕.

2.1.4　U 统计量的渐近正态性

U 统计量是美国统计学家 Hoeffding(1948) 在一篇论文中提出的. 在该论文中, Hoeffding 证明了 U 统计量的渐近正态性. 由于有了这个良好的性质, U 统计量才得以更方便地应用于各种统计问题.

定理 2.1.2　设 U_n 是以 $h(x_1,\cdots,x_m)$ 为 (对称) 核的 U 统计量, 如果 $h(X_1,\cdots,X_m)$ 的数学期望为 θ 且方差有限, 则

$$
\sqrt{n}(U_n - \theta) \xrightarrow{D} N(0, m^2\sigma_1^2), \quad n \to \infty,
$$

其中 $\sigma_1^2 > 0$, σ_1^2 由式 (2.1.2) 给出.

分析　因 $E(U_n) = \theta$, $U_n - \theta$ 是对 U_n 的中心化. 要弄清 $U_n - \theta$ 前面乘 $\sqrt{n}$ 的由来, 就要考虑 U_n 的方差. 由式 (2.1.4) 知, 当 m 固定而 $n \to \infty$ 时, $\operatorname{var}(U_n)$ 为 $O(n^{-1})$ 的数量级, 故乘以因子 $\sqrt{n}$, 又根据式 (2.1.4), 有

$$
\lim_{n\to\infty} \operatorname{var}(\sqrt{n}\,U_n) = m^2\sigma_1^2, \qquad (2.1.5)
$$

因此, 渐近分布之方差为 $m^2\sigma_1^2$. 式 (2.1.4) 也指明了证明定理 2.1.2的方法. 事实上, 考虑式 (2.1.4) 可知, U_n 的方差由两项构成, 其中一项包含 σ_1^2, 其数量级为 $O(n^{-1})$, 另一项的数量级为 $O(n^{-2})$. 而 σ_1^2 是 $h_1(X_1)$ 的方差 (见式 (2.1.2)). 由此启发我们: 表达式 $\sum_{i=1}^{n} h_1(X_i)$(经过适当规则化) 构成 U_n 的主要部分. 而这个表达式作为独立同分布的随机变量之和, 按 Lindeberg 中心极限定理, 依分布收敛于正态分布.

证明　不妨设 $\theta = 0$, 否则以 $h - \theta$ 代 h. 令

$$W_n = \sqrt{n}U_n, \quad V_n = \frac{m}{\sqrt{n}}\sum_{i=1}^{n} h_1(X_i).$$

显然, $h_1(X_1),\cdots,h_1(X_n)$ 独立同分布, 其中函数 $h_1(\cdot)$ 由式 (2.1.1) 给出, 则由中心极限定理知

$$V_n \xrightarrow{D} N(0, m^2\sigma_1^2), \quad n\to\infty.$$

因而, 为证本定理, 只需证明: 当 $n\to\infty$ 时, $(W_n-V_n)\xrightarrow{P} 0$. 由于 $E(W_n-V_n)=0$, 故只需证明: $\lim\limits_{n\to\infty} \mathrm{var}(W_n-V_n)=0$. 经过计算可得

$$\mathrm{var}(W_n-V_n) = n\mathrm{var}(U_n) + \mathrm{var}(V_n) - 2\mathrm{cov}(W_n, V_n).$$

由式 (2.1.4), 并注意到 $h_1(X_1)$ 的方差为 σ_1^2, 有

$$\lim_{n\to\infty} n\mathrm{var}(U_n) = m^2\sigma_1^2,$$

$$\mathrm{var}(V_n) = m^2\mathrm{var}(h_1(X_1)) = m^2\sigma_1^2.$$

下面计算 $\mathrm{cov}(W_n,V_n)$. 经过计算可得

$$\begin{aligned}\mathrm{cov}(W_n,V_n) &= E(W_nV_n) = m\sum_{i=1}^{n} E[U_nh_1(X_i)] = mnE[U_nh_1(X_1)]\\ &= mn\binom{n}{m}^{-1}\sum_{1\leqslant i_1<\cdots<i_m\leqslant n} E[h(X_{i_1},\cdots,X_{i_m})h_1(X_1)].\end{aligned}$$

考虑表达式 $E[h(X_{i_1},\cdots,X_{i_m})h_1(X_1)]$. 注意到 $\theta=0$, 如果 $i_1=1$, 则此项为

$$E\{E[h(X_{i_1},\cdots,X_{i_m})h_1(X_1)|X_1]\} = E[h_1^2(X_1)] = \sigma_1^2.$$

这种项的数目为 $\binom{n-1}{m-1}$. 如果 $i_1>1$, 则该项为 0. 由此可知

$$\mathrm{cov}(W_n,V_n) = mn\binom{n}{m}^{-1}\binom{n-1}{m-1}\sigma_1^2 = m^2\sigma_1^2.$$

综合上述事实, 得 $\lim\limits_{n\to\infty}\mathrm{var}(W_n-V_n)=0$. 定理证毕.

在统计学中, 证明统计量有渐近正态性的一个一般而有效的方法是: 把该统计量分解为两项之和, 其中一项为独立随机变量之和, 其渐近正态性由独立和的中心极限定理保证; 另一项是余项, 它在概率意义下为无穷小量, 可以忽略不计, 它不影响渐近分布. 当然, 在每一特定场合, 能否及如何去建立这种分解式都是问题, 特别是第二项 (余项) 为无穷小的证明, 有时十分不易.

由式 (2.1.5)、定理 2.1.2和 Slutsky 定理可以得到下面的定理.

定理 2.1.3 在定理 2.1.2的条件下, 有

$$\frac{U_n-\theta}{\sqrt{\mathrm{var}(U_n)}} \xrightarrow{D} N(0,1), \quad n\to\infty. \tag{2.1.6}$$

2.2 两样本 U 统计量

定义 2.2.1 设 $X_1, \cdots, X_{n_1}$ 和 $Y_1, \cdots, Y_{n_2}$ 分别为来自总体 X 和 Y 的独立同分布样本, 且 X 与 Y 相互独立. 又设 $h(X_1, \cdots, X_{m_1}; Y_1, \cdots, Y_{m_2})$ 对 $X_1, \cdots, X_{m_1}$ 和 $Y_1, \cdots, Y_{m_2}$ 分别对称, 令

$$U_{n_1n_2} = \frac{1}{\binom{n_1}{m_1}\binom{n_2}{m_2}} \sum h(X_{i_1}, \cdots, X_{i_{m_1}}; Y_{j_1}, \cdots, Y_{j_{m_2}}), \tag{2.2.1}$$

其中 $\sum$ 是对所有满足 $1 \leqslant i_1 < \cdots < i_{m_1} \leqslant n_1$ 和 $1 \leqslant j_1 < \cdots < j_{m_2} \leqslant n_2$ 的组合 $(i_1, \cdots, i_{m_1})$ 和 $(j_1, \cdots, j_{m_2})$ 求和, 则称 $U_{n_1n_2}$ 是以

$$h(X_1, \cdots, X_{m_1}; Y_1, \cdots, Y_{m_2})$$

为核的两样本 U 统计量.

设 $E[h(X_1, \cdots, X_{m_1}; Y_1, \cdots, Y_{m_2})] = \theta$, 则 $E(U_{n_1n_2}) = \theta$. 与单样本的情况相类似, 可以得到 U 统计量的方差. 令

$$\begin{aligned} & h_{cd}(x_1, \cdots, x_c; y_1, \cdots, y_d) \\ = & E[h(X_1, \cdots, X_{m_1}; Y_1, \cdots, Y_{m_2}) | X_1 = x_1, \cdots, X_c = x_c;\ Y_1 = y_1, \cdots, Y_d = y_d], \end{aligned}$$

$$\sigma_{cd}^2 = \mathrm{var}(h_{cd}(X_1, \cdots, X_c; Y_1, \cdots, Y_d)), \tag{2.2.2}$$

其中 $c = 0, 1, \cdots, m_1;\ d = 0, 1, \cdots, m_2$, $\sigma_{00}^2 = 0$. 则

$$\mathrm{var}(U_{n_1n_2}) = \frac{1}{\binom{n_1}{m_1}\binom{n_2}{m_2}} \sum_{c=0}^{m_1}\sum_{d=0}^{m_2} \binom{m_1}{c}\binom{n_1 - m_1}{m_1 - c}\binom{m_2}{d}\binom{n_2 - m_2}{m_2 - d}\sigma_{cd}^2.$$

定理 2.2.1 对于两样本 U 统计量 $U_{n_1n_2}$, 如果核 $h(X_1, \cdots, X_{m_1}; Y_1, \cdots, Y_{m_2})$ 的数学期望为 θ 且方差有限, $\sigma_{10}^2 > 0$, $\sigma_{01}^2 > 0$, σ_{cd}^2 在式 (2.2.2) 中定义, 又记 $n = n_1 + n_2$ 和

$$\sigma_{n_1n_2}^2 = n\left(\frac{m_1^2}{n_1}\sigma_{10}^2 + \frac{m_2^2}{n_2}\sigma_{01}^2\right),$$

则当 $n_1 \to \infty$ 且 $n_2 \to \infty$ 时, 有

$$\begin{aligned} \frac{\sqrt{n}(U_{n_1n_2} - \theta)}{\sigma_{n_1n_2}} &\xrightarrow{D} N(0,1), \\ \frac{U_{n_1n_2} - \theta}{\sqrt{\mathrm{var}(U_{n_1n_2})}} &\xrightarrow{D} N(0,1). \end{aligned} \tag{2.2.3}$$

证明 类似于单样本情况, 其证明可参见陈希孺和柴根象 (1993) 的著作. 这里省略其证明.

2.3 U 统计量检验

2.3.1 对称中心的检验

设总体 X 的分布函数为 $F(x-\theta)$, 其中 $F(x)$ 是关于 0 对称的连续型分布, 由此得到一个非参数统计模型. 考虑假设检验问题

$$H_0:\theta=0 \longleftrightarrow H_1:\theta>0, \tag{2.3.1}$$

即检验对称分布的对称中心是在原点, 还是在原点的右边. 设 $X_1,\cdots,X_n$ 是来自总体 X 的样本. 注意到

$$\text{“原假设}H_0:\theta=0\text{成立”} \Longrightarrow \text{“}P\{X_1+X_2>0\}=0.5\text{”},$$

$$\text{“备择假设}H_1:\theta>0\text{成立”} \Longrightarrow \text{“}P\{X_1+X_2>0\}>0.5\text{”}.$$

因而令 $\theta^*=P\{X_1+X_2>0\}$. 那么, 假设检验问题 (2.3.1) 可简化为关于参数 θ^* 的假设检验问题

$$H_0:\theta^*=0.5 \longleftrightarrow H_1:\theta^*>0.5. \tag{2.3.2}$$

θ^* 的一个无偏估计为

$$h(X_1,X_2)=\begin{cases}1, & X_1+X_2>0,\\ 0, & X_1+X_2\leqslant 0.\end{cases}$$

然后由对称函数 $h(X_1,X_2)$ 构造 U 统计量

$$U_n=U(X_1,X_2)=\binom{n}{2}^{-1}\sum_{1\leqslant i<j\leqslant n}h(X_i,X_j).$$

U_n 是 θ^* 的一个无偏估计. 由于当备择假设为真时, θ^* 的值较大, 所以我们在 $U_n\geqslant c$ 时拒绝原假设 H_0, 否则接受 H_0, 其中 c 为临界值. 称这种检验方法为对称中心的 U 统计量检验.

由于 $m=2$, 当原假设 H_0 为真时, $E(U_n)=0.5$, 并且不难推得

$$\begin{aligned}h_1(x_1)&=E[h(X_1,X_2)|X_1=x_1]=P\{x_1+X_2>0\}\\&=1-P\{X_2\leqslant -x_1\}=1-F(-x_1)=F(x_1),\\ \sigma_1^2&=\operatorname{var}(h_1(X_1))=\operatorname{var}(F(X_1))=\frac{1}{12}.\end{aligned}$$

因此, 当原假设 H_0 为真时,

$$\sqrt{n}\,(U_n - 0.5) \xrightarrow{D} N\left(0, \frac{1}{3}\right), \quad n \to \infty.$$

故在大样本场合下, 假设检验问题 (2.3.2) 的拒绝域为

$$U_n \geqslant 0.5 + z_{1-\alpha}\frac{1}{\sqrt{3n}},$$

其中 $z_{1-\alpha}$ 为标准正态分布的 $1-\alpha$ 分位数, $0 < \alpha < 1$.

下面验证式 (2.1.6) 亦成立. 首先计算 U_n 的方差. 当原假设 H_0 为真时, 经过简单计算可得

$$\begin{aligned}\sigma_2^2 &= \operatorname{var}(h_2(X_1, X_2)) = \operatorname{var}(h(X_1, X_2)) \\ &= E[h^2(X_1, X_2)] - \{E[h(X_1, x_2)]\}^2 \\ &= P\{X_1 + X_2 > 0\} - [P\{X_1 + X_2 > 0\}]^2 \\ &= 0.5 - 0.5^2 = \frac{1}{4}.\end{aligned}$$

因此

$$\begin{aligned}\operatorname{var}(U_n) &= \binom{n}{2}^{-1}\sum_{c=1}^{2}\binom{2}{c}\binom{n-2}{2-c}\sigma_c^2 \\ &= \binom{n}{2}^{-1}\left[2(n-2)\times\frac{1}{12} + \frac{1}{4}\right] \\ &= \frac{2n-1}{6n(n-1)} = \frac{1}{3n} + O(n^{-2}).\end{aligned}$$

故由式 (2.1.6) 亦有

$$\frac{U_n - 0.5}{\sqrt{\operatorname{var}(U_n)}} \xrightarrow{D} N(0,1), \quad n \to \infty.$$

2.3.2 位置参数的检验

设有甲、乙两个公司, 现比较哪一个公司的职工工资高. 把甲公司和乙公司的职工工资看作两个总体, 并分别用变量 X 和 Y 表示. 如果 $X < Y$, 那么说明乙公司比甲公司的职工工资高. 在统计上反映这一点的一种方法是: 应有 $P\{X < Y\} > 0.5$, 而如果两个公司的职工工资无差别, 那么应有 $P\{X < Y\} = 0.5$.

乙公司比甲公司的职工工资高, 并不能保证乙公司的每一个职工都比甲公司的职工工资高, 而只是说乙公司的职工"大部分"比甲公司的职工工资高. 其确

切含义可以解释如下: 指定任一常数 x; 把工资分成两类, 一类是 $\leqslant x$, 另一类是 $> x$. 相对于后者, 前一类属于工资较低的类. 对甲公司, 这一类工资的概率为 $P\{X \leqslant x\} = F(x)$, 而对乙公司, 其概率则为 $P(Y \leqslant x) = G(x)$. 如果对一切实数 x, $F(x) > G(x)$, 则甲公司的职工工资低的概率大于乙公司的职工工资低的概率. 在这个意义下, 我们说甲公司的职工工资低于乙公司.

设样本$X_1, \cdots, X_{n_1}$ 和$Y_1, \cdots, Y_{n_2}$ 分别来自总体 X 和 Y, $X \sim F(x), Y \sim G(x)$, X 与 Y 相互独立, 且 $F(x)$ 和 $G(x)$ 处处连续. 那么上述假设检验问题可以写为

$$H_0 : F(x) = G(x) \longleftrightarrow H_1 : F(x) > G(x), \quad \forall x. \tag{2.3.3}$$

在 X 和 Y 服从方差相等的正态分布时, 这就是比较两个正态分布均值的假设检验问题, 常用 t 检验法.

当 $G(x) = F(x - \delta)$ 时, 原假设变为 $H_0 : \delta = 0$, 备择假设变为 $H_1 : \delta > 0$. 常常称该假设检验问题为位置参数的检验, 深受人们关注. 当 $H_1 : \delta > 0$ 为真时, 条件 $G(x) = F(x - \delta)$ 意味着 $G(x)$ 的图形是将 $F(x)$ 的图形向右移动 δ 个单位而得到的, 如图 2.3.1 所示. 因此, 有 $F(x) > G(x)$, 此时人们称随机变量 Y 随机地大于随机变量 X.

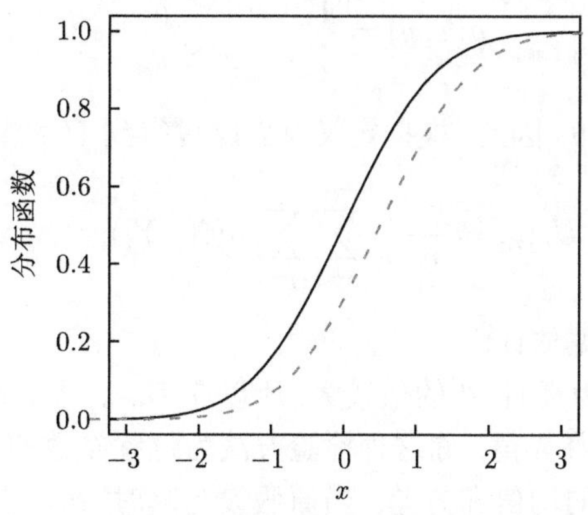

图 2.3.1 分布函数曲线图

实线为 $F(x)$, 虚线为 $G(x)$

如果 $F(x)$ 和 $G(x)$ 处处连续且 X 与 Y 独立, 则有

$$P\{X < Y\} = \int_{-\infty}^{\infty} F(y) \mathrm{d}G(y).$$

事实上, 由于 X 与 Y 独立且分布 $F(x)$ 连续, 于是

$$P\{X < Y | Y = y\} = P\{X < y | Y = y\} = F(y).$$

因此

$$P\{X<Y\}=E[P\{X<Y|Y\}]=E[F(Y)]=\int_{-\infty}^{\infty}F(y)\mathrm{d}G(y).$$

当原假设为真, 即对任意的 x, 都有 $F(x)=G(x)$ 时,

$$P\{X<Y\}=\int_{-\infty}^{\infty}F(y)\mathrm{d}F(y)=\int_{0}^{1}u\mathrm{d}u=0.5.$$

而当备择假设为真, 即对任意的 x, 都有 $F(x)\geqslant G(x)$ 时,

$$P\{X<Y\}>\int_{-\infty}^{\infty}G(y)\mathrm{d}G(y)=0.5.$$

令 $\theta=P\{X<Y\}$, 那么假设检验问题 (2.3.3) 可简化为关于参数 θ 的检验

$$H_0:\theta=0.5\longleftrightarrow H_1:\theta>0.5. \tag{2.3.4}$$

我们希望通过样本给出 θ 的一个良好的估计, 如果此估计接近 0.5, 则我们没有充分理由否定原假设 H_0. 反之, 如果此估计显著大于 0.5, 则将否定 H_0. 为估计 θ, 可以用 U 统计量检验方法. 定义示性函数 $h(x;y)=I(x<y)$, 亦即

$$h(x;y)=\begin{cases}1, & x<y,\\ 0, & x\geqslant y.\end{cases}$$

于是有 $E[h(X;Y)]=\theta$. 因此, 根据定义 2.2.1, 可得到 U 统计量

$$U_{n_1n_2}=\frac{1}{n_1n_2}\sum_{i=1}^{n_1}\sum_{j=1}^{n_2}h(X_i;Y_j), \tag{2.3.5}$$

它是 θ 的最小方差无偏估计.

由于当备择假设为真时, θ 的值较大, 所以在 $U_{n_1n_2}\geqslant c$ 时拒绝原假设 H_0, 否则接受 H_0, 其中 c 为临界值. 称这种检验方法为位置参数的 U 统计量检验.

现在计算 $U_{n_1n_2}$ 的均值和方差. 当原假设为真时, $\theta=0.5$, 所以 $E(U_{n_1n_2})=0.5$. 下面计算方差, 此处 $m_1=m_2=1$. 由于 $X\sim F(x)$, $Y\sim G(x)$, 且 $F(x)$ 和 $G(x)$ 处处连续, 于是在原假设下, 有

$$\begin{aligned}h_{10}(x_1)&=E[h(X_1;Y_1)|X_1=x_1]=P\{x_1<Y_1\}\\&=1-G(x_1)=1-F(x_1),\\ \sigma_{10}^2&=\mathrm{var}(h_{10}(X_1))=\mathrm{var}(F(X_1))=\frac{1}{12},\\ h_{01}(y_1)&=P\{X_1<y_1\}=F(y_1)=G(y_1),\\ \sigma_{01}^2&=\mathrm{var}(G(Y_1))=\frac{1}{12}.\end{aligned}$$

因此

$$\sigma_{n_1n_2}^2 = n\left(\frac{1}{12n_1}+\frac{1}{12n_2}\right)=\frac{n(n_1+n_2)}{12n_1n_2}.$$

由定理 2.2.1知, 当 $n_1 \to \infty$ 且 $n_2 \to \infty$ 时,

$$\frac{U_{n_1n_2}-0.5}{\sqrt{n_1+n_2}/\sqrt{12n_1n_2}} \xrightarrow{D} N(0,1).$$

故在大样本场合下, 假设检验问题 (2.3.4) 的拒绝域为

$$U_{n_1n_2} > 0.5 + z_{1-\alpha}\sqrt{\frac{n_1+n_2}{12n_1n_2}}. \tag{2.3.6}$$

这就是大样本单边 Mann-Whitney 检验 (见 5.3.2 小节).

下面验证式 (2.2.3) 亦成立. 需要计算 $U_{n_1n_2}$ 的方差. 当原假设 H_0 为真时, 经过简单计算可得

$$\begin{aligned}\sigma_{11}^2 &= \mathrm{var}(h(X_1;Y_1)) = \mathrm{var}(I(X_1<Y_1))\\ &= \int_{-\infty}^{\infty} F(x)\mathrm{d}G(x) - \left(\int_{-\infty}^{\infty} F(x)\mathrm{d}G(x)\right)^2 = \frac{1}{4},\end{aligned}$$

$$\mathrm{var}(U_{n_1n_2}) = \frac{1}{n_1n_2}[(n_2-1)\sigma_{10}^2+(n_1-1)\sigma_{01}^2+\sigma_{11}^2] = \frac{n_1+n_2+1}{12n_1n_2}.$$

故由式 (2.2.3) 当 $n_1 \to \infty$ 且 $n_2 \to \infty$ 时, 亦有

$$\frac{U_{n_1n_2}-0.5}{\sqrt{n_1+n_2+1}/\sqrt{12n_1n_2}} \xrightarrow{D} N(0,1).$$

与用于参数估计问题相比, U 统计量用于假设检验问题稍有其不同之处. 在参数估计问题中, $\theta(F)$(或 $\theta(F,G)$) 是早有的. 在假设检验问题中, 开始并无 θ, 而要求找出这样一个 θ:

(1) 其值当原假设为真时是明确的 (如 $\theta=\theta_0$ 或 $\theta \leqslant \theta_0$ 之类);

(2) 当偏离原假设时, θ 之值能 "敏感地" 反映这一点;

(3) 能够用 U 统计量法检验去处理.

这样的 θ 有时无法找到, 有时可以有很多, 其优劣不易在直观上判出. 例如, 在本例中假定 Y 有分布 $G(x)=F(x-\delta)$, 其中 $\delta>0$ 为未知参数.

例 2.3.1 来自甲和乙两个公司的职工共 25 人, 其中 13 人来自甲公司, 12 人来自乙公司, 他们的月工资 (单位: 千元) 列在表 2.3.1 中.

表 2.3.1 甲和乙公司的职工工资情况

职工编号	1	2	3	4	5	6	7	8	9	10	11	12	13
甲公司	15	16	17	18	19	20	21	22	23	24	25	30	50
乙公司	26	27	28	29	30	31	32	33	34	35	39	46	

试问哪一个公司的职工工资高?

解　为计算式 (2.3.5) 右边的和, 我们把甲和乙两个公司的职工工资都分别由小到大排列. 对甲公司的每一个职工, 计算在乙公司中有多少个职工的工资比他高. 即对每一个 $i=1,\cdots,n_1$, 计算

$$R_i=\#\{(X_i,Y_j):X_i<Y_j,1\leqslant j\leqslant n_2\},$$

其中 $n_1=13$, $n_2=12$, $\#(A)$ 表示集合 A 中包含元素的个数. 例如, 对甲公司的第 1 个职工, 他的工资在甲公司中是最低的, 在乙公司中有 12 个职工的工资比他高, $R_1=12$; 对甲公司的第 2 个职工, 在乙公司中也有 12 个职工的工资比他高, $R_2=12$; 以此类推, 直到甲公司的最后一个职工. 甲公司的最后一个职工的工资在甲公司中是最高的, 在乙公司中没有职工的工资比他高, $R_{13}=0$. 这样, 我们得到一列数: $R_1,\cdots,R_{13}$, 它们分别是 $12,12,12,12,12,12,12,12,12,12,12,7,0$. 注意到 $n_1n_2=13\times 12=156$. 我们计算这些 R_i 的和后再除以 156 可得到 U_{n_1,n_2}, 即

$$U_{n_1,n_2}=\frac{1}{156}\sum_{i=1}^{13}R_i=\frac{12\times 11+7}{156}=\frac{139}{156}=0.8910.$$

取 $\alpha=0.05$, 查标准正态分布表得 $z_{1-\alpha}=z_{0.95}=1.645$. 故由式 (2.3.6) 右边可得

$$0.5+z_{1-\alpha}\sqrt{\frac{n_1+n_2}{12n_1n_2}}=0.5+1.645\times\sqrt{\frac{13+12}{12\times 13\times 12}}=0.6901.$$

由于 $U_{n_1,n_2}=0.8910>0.6901$, 因此由式 (2.3.6) 可知, 拒绝原假设, 即认为乙公司高于甲公司的职工工资.

习　题　2

2.1　设 $X_1,\cdots,X_n$ 是来自总体 X 的独立同分布样本, 试对下列参数确定: (i) 参数可估的自由度; (ii) 对称核 $h(\cdot)$; (iii) U 统计量; (iv) 并指明适应的分布族 $\mathcal{F}$. 这些参数为

(a) $P\{|X|>1\}$;

(b) $P\{X_1+X_2+X_3>0\}$;

(c) $E(X-\mu)^3$, μ 为 X 的期望;

(d) $E(X_1-X_2)^4$.

2.2　考虑参数 $\theta=P\{X_1+X_2>0\}$, 其中 X_1,X_2 独立同分布, 有连续分布 $F(x)$. 定义

$$h(x)=1-F(-x).$$

说明 $E[h(X_1)]=\theta$, 并回答: $h(X_1)$ 是对称核吗? 为什么?

2.3　设 $X_1,\cdots,X_n$ 是来自总体 X 的独立同分布样本, 令 $p=P\{X>0\}$, 则对参数 $\theta=p(1-p)$, 求

(a) θ 的 U 统计量 U^*;

(b) $\text{var}(U^*)$;

(c) U^* 的渐近方差.

2.4 设 U_1 和 U_2 分别是自由度为 m_1 的可估参数 θ_1 和自由度为 m_2 的可估参数 θ_2 的 U 统计量, 假定参数 $\theta_1+\theta_2$ 可估且自由度为 $m=\max\{m_1,m_2\}$, 则统计量 $V=U_1+U_2$ 是 $\theta_1+\theta_2$ 的 U 统计量, 说明使 $\sqrt{n}(V-\theta_1-\theta_2)$ 有均值为 0 的渐近正态分布的条件, 并确定渐近分布的方差.

2.5 求两样本问题参数 $\theta=\text{var}(X)+\text{var}(Y)$ 的 U 统计量 U^*, 并确定 $\sqrt{n}(U^*-\theta)$ 的渐近方差, 其中 n 为两样本容量之和, 即 $n=n_1+n_2$.

2.6 设样本 $X_1,\cdots,X_{n_1}$ 和 $Y_1,\cdots,Y_{n_2}$ 分别来自总体 X 和 Y, $X\sim F(x)$, $Y\sim G(x)$, X 与 Y 相互独立, 且 $F(x)$ 和 $G(x)$ 处处连续. 考虑假设检验问题

$$H_0: F(x)=G(x), \text{对任意 } x \longleftrightarrow H_1: F(x)\neq G(x), \text{对某些 } x.$$

使用 U 统计量求该假设检验问题的拒绝域.

2.7 为比较 A 和 B 两种饲料对白鼠体重增加是否有影响. 用 A 饲料喂养 12 只白鼠, B 饲料喂养 11 只白鼠, 一段时间后称其体重, 得到如下数据 (重量, 单位: g):

A 饲料: 134, 146, 148, 139, 114, 116, 105, 132, 135, 129, 130, 132;

B 饲料: 70, 118, 102, 105, 107, 85, 94, 123, 98, 100, 96.

试在显著性水平 $\alpha=0.05$ 下, 检验这两种饲料对白鼠体重增加的影响是否有差异.

第 3 章　基于二项分布的检验

在许多实际问题中，人们对试验感兴趣的是试验中某事件 A 是否发生. 例如，在产品抽样检查中关心的是抽到次品还是抽到正品；患者服用某种药物后是治愈还是没有治愈；某只股票在当天是涨还是跌等. 这类问题的事件域为 $\{\varnothing, A, \bar{A}, \Omega\}$. 我们称 A 发生为“成功”，其概率为 p，并称 $\bar{A}$ 发生为“失败”，其概率为 $q=1-p$. 称这种只有两个可能结果的试验为 Bernoulli 试验. 如果重复进行 n 次独立的 Bernoulli 试验，那么称这种试验为 n 重 Bernoulli 试验. 二项分布描述了 n 重 Bernoulli 试验中恰有 k 次成功的概率，并用 $B(n,p)$ 表示参数为 n 和 p 的二项分布. 本章主要介绍基于二项分布的假设检验问题.

3.1　二 项 检 验

由于二项检验操作简单，易于解释，且具有足够的有效性，因此它可以应用于许多类型的数据分析. 我们先看一个例子.

例 3.1.1　某机器生产一种产品，当次品率小于等于 5%时可以认为该机器工作正常；当大于 5%时对机器进行检修. 某天抽出 15 件产品，发现 3 件次品，问该天机器工作是否正常?

解　设每个产品为次品的概率为 p，且是否为次品相互独立. 因此，这个假设检验问题的原假设 H_0 和备择假设 H_1 可以写为

$$H_0: p \leqslant 0.05 \longleftrightarrow H_1: p > 0.05.$$

我们知道，如果次品太多，就要拒绝 H_0. 所以取检验统计量 T 为次品的总个数. 可以得到 T 服从二项分布 $B(15, 0.05)$. 查二项分布表 (附表 2) 可得

$$P\{T \leqslant 2\} = 0.9638.$$

如果取显著性水平 $\alpha = 0.05$，那么拒绝域为 $T > 2$. 现 T 的观测值为 3，所以拒绝 H_0，即认为该天机器工作不正常. 检验的 p 值为

$$P\{T \geqslant 3\} = 0.0362,$$

只要取 $\alpha \geqslant 0.0362$，即可拒绝 H_0.

上述检验方法即为二项检验法. 下面我们详细阐述这种方法. 设 p_0 是某个给定的概率, $0 < p_0 < 1$. 二项假设检验问题可以是下面三种形式之一: 双边检验、左边检验、右边检验, 其中后两种检验称为单边检验. 下面分别加以讨论.

1. 双边检验 $H_0 : p = p_0 \longleftrightarrow H_1 : p \neq p_0$

设检验统计量 T 为 n 重 Bernoulli 试验中成功的次数, 则 T 服从二项分布 $B(n, p)$. 对于 $n \leqslant 20$ 和选定的 p, 附表 2 中列出了 T 的零分布的值. 对于 $n > 20$, 我们可以用正态分布逼近, 即 T 的 q 分位数 x_q 可以由式 (3.1.1) 近似给出.

$$x_q = np + z_q\sqrt{np(1-p)}, \tag{3.1.1}$$

其中 z_q 是标准正态分布的 q 分位数.

显著性水平 α 的拒绝域对应于 T 的零分布的两边, 其中左边水平为 $\alpha/2$, 右边水平为 $1 - \alpha/2$. 对于 $n \leqslant 20$ 和给定的 p_0, 我们可以查附表 2 而得到二项分布 $B(n, p_0)$ 的 $\alpha/2$ 分位数 $b(\alpha/2, n)$ 和 $1 - \alpha/2$ 分位数 $b(1 - \alpha/2, n)$, 使得

$$P\{Y \leqslant b(\alpha/2, n)\} \leqslant \frac{\alpha}{2}, \tag{3.1.2}$$

$$P\{Y \leqslant b(1-\alpha/2, n)\} \geqslant 1 - \frac{\alpha}{2}, \tag{3.1.3}$$

其中 Y 是服从二项分布 $B(n, p_0)$ 的随机变量. 对于 $n > 20$, 用式 (3.1.1) 近似计算 $b(\alpha/2, n)$ 和 $b(1 - \alpha/2, n)$, 只要在式 (3.1.1) 中分别取 $q = \alpha/2$ 和 $q = 1 - \alpha/2$ 即可.

如果 $T \leqslant b(\alpha/2, n)$ 或 $T > b(1 - \alpha/2, n)$, 则拒绝 H_0, 否则接受 H_0. 用 W 表示该检验的拒绝域, 容易得到

$$P\{T \in W\} \leqslant \alpha. \tag{3.1.4}$$

由于二项分布的离散性, 式 (3.1.4) 中的等号很少成立. 在使用中, $P\{T \in W\}$ 的值只需接近于 α 即可. 也就是说, 尽可能"足够量"地使用显著性水平 α. 这就需要式 (3.1.2) 和式 (3.1.3) 左边的概率分别接近于 $\alpha/2$ 和 $1 - \alpha/2$.

下面讨论检验的 p 值计算问题. 用 t_{obs} 表示 T 的观测值. 检验的 p 值等于 $P\{Y \leqslant t_{\text{obs}}\}$ 和 $P\{Y \geqslant t_{\text{obs}}\}$ 中较小者的 2 倍. 对于 $n \leqslant 20$ 和 $p = p_0$, p 值可以从附表 2 中查到; 对于 $n > 20$, 可以利用下面的近似公式从附表 1 中获得.

$$P\{Y \leqslant t_{\text{obs}}\} \approx P\left\{Z \leqslant \frac{t_{\text{obs}} - np_0 + 0.5}{\sqrt{np_0(1-p_0)}}\right\}, \tag{3.1.5}$$

$$P\{Y \geqslant t_{\text{obs}}\} \approx 1 - P\left\{Z \leqslant \frac{t_{\text{obs}} - np_0 - 0.5}{\sqrt{np_0(1-p_0)}}\right\}, \tag{3.1.6}$$

其中 Z 是服从标准正态分布的随机变量, 引入 0.5 是作为改进二项分布正态逼近的一种“连续性修正”.

2. *左边检验* $H_0: p \geqslant p_0 \longleftrightarrow H_1: p < p_0$

检验统计量 T 仍为 n 重 Bernoulli 试验中成功的次数. 由于小的 T 值意味着 H_0 不真, 于是显著性水平为 α 的拒绝域是 $T \leqslant b(\alpha, n)$, 其中 $b(\alpha, n)$ 满足

$$P\{Y \leqslant b(\alpha, n)\} \leqslant \alpha,$$

Y 是服从二项分布 $B(n, p_0)$ 的随机变量.

如果 $T \leqslant b(\alpha, n)$, 则拒绝 H_0, 否则接受 H_0. 当 $n \leqslant 20$ 时, $b(\alpha, n)$ 可以在附表 2 中查到; 对于 $n > 20$, 用式 (3.1.1) 近似计算 $b(\alpha, n)$, 只要在式 (3.1.1) 中取 $p = p_0$ 和 $q = \alpha$ 即可.

检验的 p 值等于 $P\{Y \leqslant t_{\text{obs}}\}$. 对于 $n \leqslant 20$ 和 $p = p_0$, p 值可以在附表 2 中查到; 对于 $n > 20$, 可以利用式 (3.1.5) 从附表 1 中获得.

3. *右边检验* $H_0: p \leqslant p_0 \longleftrightarrow H_1: p > p_0$

仍使用检验统计量 T: n 重 Bernoulli 试验中成功的次数. 因大的 T 值意味着 H_0 不真, 故显著性水平为 α 的拒绝域是 $T > b(1-\alpha, n)$, 其中 $b(1-\alpha, n)$ 满足

$$P\{Y \leqslant b(1-\alpha, n)\} \geqslant 1-\alpha,$$

Y 是服从二项分布 $B(n, p_0)$ 的随机变量.

如果 $T > b(1-\alpha, n)$, 则拒绝 H_0, 否则接受 H_0. 当 $n \leqslant 20$ 时, $b(1-\alpha, n)$ 可以在附表 2 中查到; 对于 $n > 20$, 用式 (3.1.1) 近似计算 $b(1-\alpha, n)$, 只要在式 (3.1.1) 中取 $p = p_0$ 和 $q = 1-\alpha$ 即可.

检验的 p 值等于 $P\{Y \geqslant t_{\text{obs}}\}$. 对于 $n \leqslant 20$ 及 $p = p_0$, p 值可以在附表 2 中查到; 对于 $n > 20$, 可以利用式 (3.1.6) 从附表 1 中获得.

R 语言中的函数 R 语言提供了二项检验的函数:

```
binom.test(x, n, p, alternative=c("two.sided", "less", "greater"),
          conf.level),
```

其中 x 是成功的数目, n 是试验次数, p 是假设的成功概率, alternative 是备择假设且必须是 “two.sided”、“less” 或 “greater” 之一, 它们可以只写首字母, conf.level 是置信水平. 运行该语句可以得到检验的 p 值、成功概率的点估计和置信区间等.

下面我们以遗传学上的一项伟大发现为例, 说明二项检验的一个著名应用.

例 3.1.2 孟德尔在遗传试验中, 将黄、绿两种颜色的豌豆进行两代杂交, 发现产生的子二代豌豆中大约有 3/4 是黄色的, 1/4 是绿色的. 根据试验结果, 孟

德尔提出了黄、绿色豌豆数目之比为 3∶1 的论断. 在一项验证孟德尔假设是否成立的试验中, 杂交的子二代豌豆有 70 粒黄色和 27 粒绿色. 试在显著性水平 $\alpha = 0.05$ 下, 检验 3∶1 的论断是否成立.

解 孟德尔遗传规律的假设等价于假设

$$H_0: p = \frac{3}{4} \longleftrightarrow H_1: p \neq \frac{3}{4}.$$

检验统计量 T 取为黄色豌豆的数目, 这是一个二项检验问题. 因为 $n = 70 + 27 = 97$, 所以显著性水平 $\alpha = 0.05$ 的拒绝域为 $T \leqslant b(0.025, 97)$ 或 $T > b(0.975, 97)$, 其中 $b(0.025, 97)$ 和 $b(0.975, 97)$ 可以通过式 (3.1.1) 所给的大样本逼近得到, 即

$$b(0.025, 97) \approx 97 \times \frac{3}{4} - 1.96 \times \sqrt{97 \times \frac{3}{4} \times \frac{1}{4}} = 64.3912,$$

$$b(0.975, 97) \approx 97 \times \frac{3}{4} + 1.96 \times \sqrt{97 \times \frac{3}{4} \times \frac{1}{4}} = 81.1088.$$

对该试验 T 的观测值为 70, 所以接受原假设.

由式 (3.1.5) 和式 (3.1.6) 可以得到

$$P\{Y \leqslant 70\} \approx P\left\{Z \leqslant \frac{70 - 72.75 + 0.5}{4.2647}\right\}$$

$$= P\{Z \leqslant -0.5276\} = 0.2989,$$

$$P\{Y \geqslant 70\} \approx 1 - P\left\{Z \leqslant \frac{70 - 72.75 - 0.5}{4.2647}\right\}$$

$$= 1 - P\{Z \leqslant -0.7621\} = 0.7770.$$

因此, 该双边检验的 p 值为 $2 \times 0.2989 = 0.5978$. 显著性水平至少在 0.5978 时才可能拒绝 H_0, 所以数据与原假设吻合得较好.

如果用 R 语言, 则执行语句

```
binom.test(70,97,p=0.75,alternative="two.sided",conf.level=0.95)
```

可以得到成功概率的置信水平为 0.95 的置信区间为 $[0.6214, 0.8079]$, 检验的 p 值为 0.5575. 因此, 在显著性水平 0.05 下, 接受 H_0.

3.2 分位数检验

二项检验可以用来检验有关随机变量的分位数的假设检验问题, 我们称之为分位数检验. 令 x_0 和 p_0 为指定的值, $0 < p_0 < 1$. 类似于二项检验, 分位数检验也有双边检验和单边检验.

1. 双边检验

$$H_0 : P\{X \leqslant x_0\} \geqslant p_0 \text{ 和 } P\{X < x_0\} \leqslant p_0,$$
$$H_1 : P\{X \leqslant x_0\} < p_0 \text{ 或 } P\{X < x_0\} > p_0.$$

上述原假设 H_0 等价于 X 的 p_0 分位数为 x_0. 如果 X 是连续型随机变量, 用 p 表示未知概率 $P\{X \leqslant x_0\}$, 则双边检验的原假设变为

$$H_0 : p = p_0.$$

这与二项检验的原假设是相同的.

在分位数检验中, 我们将用两个检验统计量 T_1 和 T_2, 其中 $T_1 =$“样本中小于等于 x_0 的个数”, $T_2 =$“样本中小于 x_0 的个数”. 那么, 当数据中没有严格等于 x_0 的数时, $T_1 = T_2$, 否则 $T_1 > T_2$.

检验统计量 T_1 和 T_2 的零分布都是二项分布 $B(n, p_0)$, 其中 n 是样本容量, p_0 是原假设中给定的数. 对于 $n \leqslant 20$ 和给定的 p_0, 检验统计量的分位数可以在附表 2 中查到; 当 $n > 20$ 时, 用式 (3.1.1) 计算检验统计量的近似分位数.

拒绝域对应于 T_1 的值太小或对应于 T_2 的值太大. 因此, 拒绝域为

$$T_1 \leqslant b(\alpha/2, n) \text{ 或 } T_2 > b(1-\alpha/2, n),$$

其中 $b(\alpha/2, n)$ 和 $b(1-\alpha/2, n)$ 由下面两式确定.

$$P\{Y \leqslant b(\alpha/2, n)\} \leqslant \frac{\alpha}{2},$$
$$P\{Y \leqslant b(1-\alpha/2, n)\} \geqslant 1 - \frac{\alpha}{2},$$

其中 Y 是服从二项分布 $B(n, p_0)$ 的随机变量.

如果 $T_1 \leqslant b(\alpha/2, n)$ 或 $T_2 > b(1-\alpha/2, n)$, 则拒绝 H_0, 否则接受 H_0. 当 $n \leqslant 20$ 时, $b(\alpha/2, n)$ 和 $b(1-\alpha/2, n)$ 可以在附表 2 中查到; 对于 $n > 20$ 或附表 2 中没有 p_0 的值, 用式 (3.1.1) 近似计算得到 $b(\alpha/2, n) = x_{\alpha/2}$ 和 $b(1-\alpha/2, n) = x_{1-\alpha/2}$.

下面考虑检验的 p 值计算问题. 用 $t_{1,\text{obs}}$ 和 $t_{2,\text{obs}}$ 分别表示 T_1 和 T_2 的观测值. 检验的 p 值等于 $P\{Y \leqslant t_{1,\text{obs}}\}$ 和 $P\{Y \geqslant t_{2,\text{obs}}\}$ 中较小者的 2 倍. 当 $n \leqslant 20$ 和 $p = p_0$ 时, p 值可以在附表 2 中查到; 对于 $n > 20$, 可以利用下面的近似公式从附表 1 中获得.

$$P\{Y \leqslant t_{1,\text{obs}}\} \approx P\left\{Z \leqslant \frac{t_{1,\text{obs}} - np_0 + 0.5}{\sqrt{np_0(1-p_0)}}\right\}, \tag{3.2.1}$$

$$P\{Y \geqslant t_{2,\text{obs}}\} \approx 1 - P\left\{Z \leqslant \frac{t_{2,\text{obs}} - np_0 - 0.5}{\sqrt{np_0(1-p_0)}}\right\}, \tag{3.2.2}$$

其中 Z 是服从标准正态分布的随机变量, 0.5 作为"连续性修正"是用来改进二项分布的正态逼近精度.

2. *左边检验* $H_0: P\{X \leqslant x_0\} \geqslant p_0 \longleftrightarrow H_1: P\{X \leqslant x_0\} < p_0$

使用检验统计量 T_1. 在 T_1 的值较小时, 意味着 H_0 是不成立的. 因此, 拒绝域为

$$T_1 \leqslant b(\alpha, n),$$

其中 $b(\alpha, n)$ 由下式确定.

$$P\{Y \leqslant b(\alpha, n)\} \leqslant \alpha.$$

如果 $T_1 \leqslant b(\alpha, n)$, 则拒绝 H_0, 否则接受 H_0. 当 $n \leqslant 20$ 时, $b(\alpha, n)$ 可以在附表 2 中查到; 对于 $n > 20$, 在式 (3.1.1) 中令 $q = \alpha$, 求得 $b(\alpha, n) = x_\alpha$.

检验的 p 值等于 $P\{Y \leqslant t_{1,\text{obs}}\}$. 对于 $n \leqslant 20$ 和 $p = p_0$, p 值可以在附表 2 中查到; 对于 $n > 20$, 可以利用式 (3.2.1) 从附表 1 中获得.

3. *右边检验* $H_0: P\{X < x_0\} \leqslant p_0 \longleftrightarrow H_1: P\{X < x_0\} > p_0$

使用检验统计量 T_2. 较大的 T_2 值表示 H_0 是不成立的. 因此, 拒绝域为

$$T_2 > b(1-\alpha, n),$$

其中 $b(1-\alpha, n)$ 由下式确定.

$$P\{Y \leqslant b(1-\alpha, n)\} \geqslant 1-\alpha.$$

如果 $T_2 > b(1-\alpha, n)$, 则拒绝 H_0, 否则接受 H_0. 当 $n \leqslant 20$ 时, $b(1-\alpha, n)$ 可以在附表 2 中查到; 对于 $n > 20$, 在式 (3.1.1) 中令 $q = 1-\alpha$, 得 $b(1-\alpha, n) = x_{1-\alpha}$.

检验的 p 值等于 $P\{Y \geqslant t_{2,\text{obs}}\}$. 对于 $n \leqslant 20$ 和 $p = p_0$, p 值可以在附表 2 中查到; 对于 $n > 20$, 可以利用式 (3.2.2) 从附表 1 中获得.

R 语言中的函数 在数据中没有严格等于 x_0 的数时, 由于 $T_1 = T_2$, 于是 R 语言提供的二项检验函数

```
binom.test(x, n, p, alternative=c("two.sided","less","greater"),
           conf.level)
```

也可以用于分位数检验, 其中 x 是 T_1 的值, n 是样本容量, p $= p_0$.

例 3.2.1 要设计某种汽车的车内高度以适应大部分司机, 除了那些占 5% 的超高司机外, 以前的研究表明 95%的分位点是 176.5 cm. 为了验证以前的研究是否仍然有效, 选择 100 个随机样本, 发现样本中最高的 12 个人有如下高度 (cm):

180.4, 173.8, 177.1, 181.6, 175.6, 185.0,

174.1, 178.9, 176.8, 179.3, 178.6, 180.9.

取显著性水平 0.05. 试问: 用 176.5 作为 95%分位数合理吗?

解　根据题意, 我们用双边分位数检验. 原假设和备择假设分别为

$$H_0: 95\%\text{分位数是 } 176.5,$$
$$H_1: 95\%\text{分位数不是 } 176.5.$$

用 T_1 表示司机身高小于等于 176.5 cm 的人数, T_2 表示司机身高小于 176.5 cm 的人数. 由题意知 $T_1 = 91$. 由于没有观测值等于 176.5, 所以 $T_2 = 91$. 对于 $n = 100$ 和 $p = 0.95$, 利用式 (3.1.1) 计算临界值. 对于显著性水平 $\alpha = 0.05$, 查标准正态分布表可得 $z_{0.975} = 1.96$, $z_{0.025} = -1.96$. 因此, 由式 (3.1.1) 可得

$$b(0.025, 100) = 100 \times 0.95 - 1.96 \times \sqrt{100 \times 0.95 \times 0.05} = 90.7283,$$

$$b(0.975, 100) = 100 \times 0.95 + 1.96 \times \sqrt{100 \times 0.95 \times 0.05} = 99.2717.$$

于是, 拒绝域为 $T_1 \leqslant 90.7283$ 或 $T_2 > 99.2717$. 由于本题中 $T_1 = T_2 = 91$, 因此在显著性水平 0.05 下接受 H_0, 即认为来自这些司机的 95%的分位数等于 176.5 cm. p 值为

$$2P\{Y \leqslant 91\} \approx 2P\left\{Z \leqslant \frac{91 - 100 \times 0.95 + 0.5}{\sqrt{100 \times 0.95 \times 0.05}}\right\} = 0.1083.$$

它大于显著性水平 0.05, 不应拒绝 H_0.

如果用 R 语言, 则执行语句

```
binom.test(91, 100, p=0.95, alternative = "two.sided")
```

可以得到 p 值 $= 0.1002$, 该值与上面近似计算得到的 p 值相差不大.

3.3　符号检验

3.3.1　基本方法

符号检验是 $p_0 = 0.5$ 的二项检验. 由于符号检验是非参数统计中很古老的检验法 (可追溯到 1710 年), 并且具有广泛的应用, 因此我们有必要介绍这种方法. 它之所以成为符号检验, 是因为它是利用正、负号的数目对某种假设作出推断. 在许多情况下, 对同一模型既可以用符号检验, 又可以用其他更有效的非参数检验, 但符号检验通常使用起来更简单方便.

如果我们所研究的问题是一个 Bernoulli 试验, 以 “+” 表示试验成功, “−” 表示试验失败, 那么随机抽取的样本就有两个参数: 成功的概率 P_+、失败的概率 P_-. 因此, 所考虑的假设检验问题就有三种形式: 双边检验、左边检验、右边检验. 下面我们分别进行讨论.

1. 双边检验 $H_0: P_+ = P_- \longleftrightarrow H_1: P_+ \neq P_-$

为了检验上面的假设, 所使用的检验统计量为

$$S^+ = \text{“}+\text{”的总个数}. \tag{3.3.1}$$

S^+ 的零分布是二项分布 $B(n, 0.5)$, 其中 n 是正负符号的总数目.

对于双边检验, 显著性水平为 α 的拒绝域为

$$S^+ \leqslant b(\alpha/2, n) \quad \text{或} \quad S^+ \geqslant n - b(\alpha/2, n),$$

其中 $b(\alpha/2, n)$ 由下式确定.

$$P\{Y \leqslant b(\alpha/2, n)\} \leqslant \alpha/2,$$

Y 是服从二项分布 $B(n, 0.5)$ 的随机变量.

如果 $S^+ \leqslant b(\alpha/2, n)$ 或 $S^+ \geqslant n - b(\alpha/2, n)$, 则拒绝 H_0, 否则接受 H_0. 对于 $n \leqslant 20$, 查附表 2 可以得到 $b(\alpha/2, n)$. 对于 $n > 20$, 可以用正态分布逼近, 得到 $b(\alpha/2, n) = x_{\alpha/2}$, 其中

$$x_q = \frac{1}{2}(n + z_q\sqrt{n}), \tag{3.3.2}$$

z_q 是标准正态分布的 q 分位数, 它可以从附表 1 中查到.

检验的 p 值等于 $P\{Y \leqslant s_{\text{obs}}^+\}$ 和 $P\{Y \geqslant s_{\text{obs}}^+\}$ 中较小者的 2 倍, 其中 s_{obs}^+ 为 S^+ 的观测值. 当 $n \leqslant 20$ 时, p 值可以从附表 2 中用 $p = 0.5$ 查到; 对于 $n > 20$, 可以利用下面的近似公式从附表 1 中获得.

$$P\{Y \leqslant s_{\text{obs}}^+\} \approx P\left\{Z \leqslant \frac{s_{\text{obs}}^+ - 0.5n + 0.5}{0.5\sqrt{n}}\right\}, \tag{3.3.3}$$

$$P\{Y \geqslant s_{\text{obs}}^+\} \approx 1 - P\left\{Z \leqslant \frac{s_{\text{obs}}^+ - 0.5n - 0.5}{0.5\sqrt{n}}\right\}, \tag{3.3.4}$$

其中 Z 是服从标准正态分布的随机变量, $\pm\, 0.5$ 是作为“连续性修正”来改进二项分布的正态逼近效果.

2. 左边检验 $H_0: P_+ \geqslant P_- \longleftrightarrow H_1: P_+ < P_-$

也使用检验统计量 S^+. 较小的 S^+ 值说明更可能是“$-$”而不是“$+$”, 符合 H_1. 因此, 拒绝域为

$$S^+ \leqslant b(\alpha, n),$$

其中 $b(\alpha,n)$ 由式 (3.3.5) 确定.

$$P\{Y \leqslant b(\alpha,n)\} \leqslant \alpha. \tag{3.3.5}$$

如果 $S^+ \leqslant b(\alpha,n)$, 则拒绝 H_0, 否则接受 H_0. 当 $n \leqslant 20$ 时, 可以用 $p=0.5$ 在附表 2 中查到临界值 $b(\alpha,n)$; 对于 $n>20$, 在式 (3.3.2) 中令 $q=\alpha$, 得 $b(\alpha,n)=x_\alpha$.

左边检验的 p 值等于 $P\{Y \leqslant s_{\text{obs}}^+\}$. 当 $n \leqslant 20$ 时, p 值可以从附表 2 中用 $p=0.5$ 查到; 对于 $n>20$, 可以利用式 (3.3.3) 从附表 1 中获得.

3. *右边检验* $H_0: P_+ \leqslant P_- \longleftrightarrow H_1: P_+ > P_-$

仍使用检验统计量 S^+. 较大的 S^+ 值说明更可能是 “+” 而不是 “−”, 符合 H_1 的表述. 因此, 拒绝域为

$$S^+ \geqslant n - b(\alpha,n),$$

其中 $b(\alpha,n)$ 由式 (3.3.5) 确定.

如果 $S^+ \geqslant n-b(\alpha,n)$, 则拒绝 H_0, 否则接受 H_0.

检验的 p 值等于 $P\{Y \geqslant s_{\text{obs}}^+\}$. 当 $n \leqslant 20$ 时, 它可以从附表 2 中用 $p=0.5$ 查到; 对于 $n>20$, 它可以利用式 (3.3.4) 从附表 1 中获得.

R 语言中的函数 R 语言提供的二项检验函数

```
binom.test(x, n, p, alternative=c("two.sided","less","greater"),
          conf.level)
```

也可以用于符号检验, 其中 x 是 S^+ 的值, n 是样本容量, p = 0.5.

例 3.3.1 某公司新开发 A 和 B 两个品种的食品, 投放市场后想了解顾客对两个品种食品的喜欢情况, 在某商店随机选取 20 名顾客来品尝这两个品种的食品, 结果有 15 名顾客更喜欢 A 品种, 3 名顾客更喜欢 B 品种, 2 名顾客对两个品种都喜欢. 问顾客对两个品种的食品的喜欢是否有差异.

解 在 A 和 B 两个品种的食品中顾客喜欢 A 品种记为 “成功”, 其概率为 P_+, 顾客喜欢 B 品种记为 “失败”, 其概率为 P_-. 根据题意, 假设检验问题为

$$H_0: P_+ = P_- \longleftrightarrow H_1: P_+ \neq P_-.$$

这是定性数据的假设检验问题, 可采用符号检验. 调查的目的是比较 A 品种和 B 品种哪个更受欢迎, 于是可将回答 “两个品种都喜欢” 的 2 个顾客去掉, 剩余的顾客为 18 人, 即 $n=18$. 检验统计量 S^+ 取为喜欢 A 品种的人数, $S^+=15$. 给定显著性水平 $\alpha=0.05$, 查附表 2 可得临界值. 可以看出, 对于服从二项分布

$B(18,0.5)$ 的随机变量 Y, 有

$$P\{Y \leqslant 4\} = 0.0154 < \alpha/2 = 0.025.$$

因此, $b(0.025,18) = 4$, $18 - b(0.025,18) = 14$. 显著性水平为 0.05 的拒绝域为 $S^+ \leqslant 4$ 或 $S^+ \geqslant 14$. 由于本例子中 $S^+ = 15 > 14$, 所以拒绝 H_0. 即认为顾客对两个品种的食品的喜欢有差异. 也可以用检验的 p 值作判断. 查附表 2 可得 p 值为 $2P\{Y \geqslant 15\} = 2 \times 0.0038 = 0.0076$. 对于大于 0.0076 的显著性水平 α, 都应该拒绝 H_0.

如果用 R 语言, 则执行语句

```
binom.test(15,18,p=0.5,alternative = "two.sided", conf.level=0.95)
```

可以得到成功概率的置信水平为 0.95 的置信区间为 $[0.5858, 0.9642]$, 检验的 p 值为 0.0075. 此值与上面查附表 2 得到的 p 值相差甚微.

3.3.2 中位数的符号检验

中位数检验是符号检验的一个重要应用. 先给出一个例子.

例 3.3.2 某大学对外公布的本科录取分数的中位数为 560 分. 该校某班级的 30 个学生的入学成绩如下:

$$\begin{gathered}620, 533, 535, 591, 612, 510, 521, 550, 552, 513,\\ 553, 595, 565, 537, 586, 575, 625, 585, 547, 526,\\ 523, 562, 575, 517, 553, 538, 601, 536, 531, 559.\end{gathered}$$

问该班级学生入学分数的中位数 M 是否等于全校学生的录取分数的中位数 560.

解 根据题意, 该假设检验问题的原假设和备择假设分别为

$$H_0 : M = 560 \longleftrightarrow H_1 : M \neq 560.$$

检验统计量 S^+ 取为该班级学生入学分数大于 560 的人数. 如果原假设为真, 则数据中应该各一半在 560 的两侧, 计算每一个数据与 560 的差, 其值有 "+"、"−" 和 "0". 在本例中, $n = 30$, $S^+ = 12$, 没有结点. 由于每一个样品等可能地出现在 560 的左右, 因此在原假设下, $S^+ \sim B(30, 0.5)$. 从有利于接受备择假设的角度出发, S^+ 过大或过小, 都表示 560 不是全校新生分数的中位数.

取显著性水平 $\alpha = 0.05$, 查标准正态分布表可得 $z_{0.025} = -1.96$. 对 $n = 30$ 和 $p = 0.5$, 由式 (3.3.2) 可得

$$b(0.025, 30) = 0.5 \times (30 - 1.96 \times \sqrt{30}) = 9.6323,$$

$30 - b(0.025, 30) = 20.3677$. 显著性水平为 0.05 的拒绝域为 $S^+ \leqslant 9.6323$ 或 $S^+ \geqslant 20.3677$. 因为 $S^+ = 12$, 所以接受 H_0, 即认为该班级学生入学分数的中位数等于全校学生的录取分数的中位数 560. p 值为

$$2P\{Y \leqslant 12\} \approx 2P\left\{Z \leqslant \frac{12 - 30 \times 0.5 + 0.5}{0.5 \times \sqrt{30}}\right\} = 0.3613,$$

其中 $Y \sim B(30, 0.5)$, $Z \sim N(0, 1)$. 由于 p 值远大于显著性水平 0.05, 所以没有理由拒绝原假设.

由例 3.3.2 的解题过程可以给出中位数的符号检验的一般提法. 设 M 是总体 X 的中位数, 考虑假设检验问题

$$H_0 : M = M_0 \longleftrightarrow H_1 : M \neq M_0,$$

其中 M_0 是给定的常数. 中位数的符号检验对总体 X 的分布仅要求条件: $P\{X < M\} = P\{X > M\} = 0.5$. 由此可见 $P\{X = M\} = 0$. 如果 X 为连续型随机变量, 那么这个条件一定成立. 设 $X_1, \cdots, X_n$ 是来自总体 X 的独立同分布样本. 因为 $P\{X = M\} = 0$, 所以不妨设样本中的每个 X_i 都不等于 M_0. 检验统计量定义为

$$S^+ = \sum_{i=1}^{n} I(X_i > M_0), \tag{3.3.6}$$

其中 $I(A)$ 表示集合 A 的示性函数. 由式 (3.3.6) 可知, S^+ 是集合 G 中元素的个数, 其中 G 为使得 $X_i > M_0$ 成立的 $X_i (i = 1, \cdots, n)$ 构成的集合.

利用检验统计量 S^+ 和 3.3.1 小节中的方法, 可以得到该双边检验的拒绝域和 p 值. 给定显著性水平 α, 双边检验的拒绝域为

$$S^+ \leqslant b(\alpha/2, n) \text{ 或 } S^+ \geqslant n - b(\alpha/2, n),$$

同理, 我们也可以考虑单边检验问题:

$$H_0 : M = M_0 \longleftrightarrow H_1 : M < M_0,$$
$$H_0 : M = M_0 \longleftrightarrow H_1 : M > M_0.$$

它们的拒绝域分别为 $S^+ \leqslant b(\alpha, n)$ 和 $S^+ \geqslant n - b(\alpha, n)$, 其中 $b(\alpha, n)$ 由式 (3.3.5) 确定, S^+ 由式 (3.3.6) 给出.

在实际问题中, 可能有某些观测值 x_i 正好等于 M_0. 对这种情况一般采用的做法是去掉这些正好等于 M_0 的观测值, 并相应减少样本容量 n 的值.

R 语言提供的二项检验函数 binom.test( ) 也可以用于中位数的符号检验. 如例 3.3.2, 运行语句

```
binom.test(12, 30, p=0.5, alternative = "two.sided")
```

可以得到 p 值 $= 0.3616$. 该值与前面近似计算得到的 p 值相差很小.

3.3.3 两样本符号检验

1. 成对数据的检验

在实际生活中, 常常要比较成对数据, 譬如, 比较每位患者服药前和服药后的血压, 比较两种测定铁矿石含铁量的方法是否有差异, 等等. 在试验降压药的疗效时, 不同患者之间的比较是没有意义的, 因为人们的体质诸方面的条件有差异, 不可能进行公平比较. 称这类数据为成对数据. 符号检验可以用于成对数据的检验. 换句话说, 它可用来检验一对变量中的一个随机变量是否比另一个随机变量大. 设二维随机变量 (X_i, Y_i), $i = 1, \cdots, m$ 相互独立, 且每对 (X_i, Y_i) 之间的比较只有 "<"、">" 和 "=" 三种情况. 当 $X_i < Y_i$ 时, 记为 "+"; 当 $X_i > Y_i$ 时, 记为 "−"; 当 $X_i = Y_i$ 时, 记为 "0" 或 "结点". 用 P_+ 和 P_- 分别表示事件 "+" 和 "−" 发生的概率. 如果对于一对 (X_i, Y_i) 有 $P_+ > P_-$, 那么所有对 (X_i, Y_i) 都有 $P_+ > P_-$. 对 $P_+ < P_-$ 和 $P_+ = P_-$ 也做相同理解. 所考虑的假设检验问题也为 3.3.1 小节的三种情况. 仍使用式 (3.3.1) 定义的检验统计量 S^+. n 等于非结点对数, 即不考虑有结点的对.

需要指出: 这里的检验 $P_+ = P_-$ 可以看作 $p = 0.5$ 的二项检验. 事实上, 事件 "+" 表示事件 "$Y_i - X_i > 0$", 即差 $Y_i - X_i$ 是正的. 类似地, "−" 和 "0" 分别表示 $Y_i - X_i$ 是负的或 0. 所以, 上述检验是用来比较差为正数的概率 P_+ 和差为负数的概率 P_- 的检验. 在二项检验中, P_+ 和 P_- 分别称为 "成功" 和 "失败" 的概率. 忽略结点, 我们有 $P_+ + P_- = 1$, 所以假设 $H_0 : P_+ = P_-$ 等价于 $H_0 : P_+ = 0.5$. 它与 $p = 0.5$ 时二项检验的形式是一样的.

例 3.3.3 人们一般认为广告对商品促销起作用. 为了证实这一结论, 随机对 15 个销售该种商品的商店进行调查, 得到的数据列在表 3.3.1 中.

表 3.3.1 广告前后每日销售情况

商店	1	2	3	4	5	6	7	8	9	10	11	12	13	14	15
广告前销售	2	2	2	2	2	3	3	3	2	3	2	2	2	3	3
广告后销售	2	3	3	4	4	2	3	4	3	3	4	3	3	4	4
差值的符号	0	+	+	+	+	−	0	+	+	0	+	+	+	+	+

试在显著性水平 $\alpha = 0.05$ 下检验广告对商品促销是否起作用.

解 根据表 3.3.1 可知, $S^+ = 11$, n="+" 的个数 + "−" 的个数 = 11+1 =12. 对 $n = 12$ 和 $p = 0.5$, 可以在附表 2 中查到显著性水平为 0.05 的临界值. 可以看出, 对于服从二项分布 $B(12, 0.5)$ 的随机变量 Y, 有

$$P\{Y \leqslant 2\} = 0.0193 < \alpha/2 = 0.025.$$

因此, $b(0.025,12)=2$, $12-b(0.025,12)=10$. 显著性水平为 0.05 的拒绝域为 $S^+\leqslant 2$ 或 $S^+\geqslant 10$. 因为 $S^+=11$, 所以拒绝 H_0, 即认为广告对商品促销确实起到了作用. p 值近似等于 $2P\{Y\geqslant 11\}=2\times 0.0032=0.0064$. 由于 p 值非常小, 所以拒绝 H_0.

R 语言提供的二项检验函数 binom.test( ) 也可以用于两样本符号检验. 如执行语句

```
binom.test(11, 12, p=0.5, alternative = "two.sided")
```

可以得到 p 值 $=0.0063$, 该值与上面查附表 2 得到的 p 值相差甚微.

2. 位置参数的检验

符号检验可以用来检验下面两样本位置参数的假设检验问题. 在这种情况下, 除非对 (X_i,Y_i) 的分布有限制, 否则它既不是无偏的, 也不是相合的. 这种假设检验问题具有如下三种形式:

(1) 双边检验 $H_0:E(X_i)=E(Y_i),\forall i\longleftrightarrow H_1:E(X_i)\neq E(Y_i),\forall i$;

(2) 左边检验 $H_0:E(X_i)\leqslant E(Y_i),\forall i\longleftrightarrow H_1:E(X_i)>E(Y_i),\forall i$;

(3) 右边检验 $H_0:E(X_i)\geqslant E(Y_i),\forall i\longleftrightarrow H_1:E(X_i)<E(Y_i),\forall i$.

符号检验也可以类似地用于对中位数的假设检验问题. 用 M_{X_i} 和 M_{Y_i} 分别表示 X_i 和 Y_i 的中位数. 所考虑的假设检验问题具有如下三种形式:

(1) 双边检验 $H_0:M_{X_i}=M_{Y_i},\forall i\longleftrightarrow H_1:M_{X_i}\neq M_{Y_i},\forall i$;

(2) 左边检验 $H_0:M_{X_i}\leqslant M_{Y_i},\forall i\longleftrightarrow H_1:M_{X_i}>M_{Y_i},\forall i$;

(3) 右边检验 $H_0:M_{X_i}\geqslant M_{Y_i},\forall i\longleftrightarrow H_1:M_{X_i}<M_{Y_i},\forall i$.

习 题 3

3.1 已知某种昆虫的 20%显示出特性 A, 在非正常的环境下得到 18 条这种昆虫, 其中没有一条具有特性 A. 那么假设在这种环境下, 此种昆虫和通常环境一样有 0.2 的概率显示特性 A, 这合理吗? 取显著性水平 $\alpha=0.05$, 用双边检验.

3.2 在一次安全月活动中, 所检验的 16 辆车中有 6 辆是不安全的. 试在显著性水平 $\alpha=0.05$ 下, 检验原假设: 这些车中有不多于 10%的车是不安全的.

3.3 某一居民小区向市政府报告说, 至少有 60%的居民认同小区改造建设. 市政府随后就随机调查了 100 个居民, 其中 48 人同意这种小区改造建设. 问在显著性水平 $\alpha=0.05$ 下, 检验这个居民小区的报告是否合理?

3.4 据估计, 目前做前列腺癌手术的男性中有一半正遭受某种副作用的影响. 为了努力减轻这种副作用的可能性, FDA 研究了一种新的手术方法. 19 例接受手术者只有 3 人有这种副作用, 由此得出这项新手术方法能有效减轻副作用, 这个结论可靠吗? 取显著性水平 $\alpha=0.05$.

3.5 某学校初中三年级学生的体重的随机样本有如下 20 个数据 (单位: kg):

$$71,67,49,59.5,65.5,51.5,77,61,46.5,68.5,$$
$$43,59.5,80.5,77,79,82.5,40.5,58.5,64,51.5.$$

试在显著性水平 $\alpha = 0.05$ 下, 检验下面的假设:

(1) 体重的中位数是 51.5;

(2) 95%分位数至少是 75;

(3) 30%分位数小于等于 45.

3.6 大学新生入学后需要参加一个特殊的高中学业考试, 多年以来成绩的上四分位数是 72. 某高中有 16 名毕业生上了大学, 他们参加了考试, 得分如下:

$$70, 92, 73, 60, 81, 63, 92, 68,$$
$$75, 82, 76, 72, 62, 58, 95, 92.$$

认为这 16 名学生是这所高中上大学的所有学生的一个随机样本. 试在显著性水平 $\alpha = 0.05$ 下, 检验上面所给出的分位数是来自一个 0.25 分位数为 72 的总体.

3.7 在某保险种类中, 2011 年的索赔数额 (单位: 万元) 的随机样本为

$$23.12, 23.64, 25.26, 27.42, 34.86, 37.98, 47.40,$$
$$52.37, 58.42, 63.71, 73.80, 75.06, 93.60, 98.25.$$

已知 2010 年的索赔数额的中位数为 48.32 万元, 试在显著性水平 $\alpha = 0.05$ 下, 检验 2011 年索赔数额的中位数是否比前一年有所变化.

3.8 一个工人加工某零件的尺寸标准应该是 10mm, 顺序度量了 20 个加工后的零件之后, 得到如下尺寸 (单位: cm):

$$9.9, 8.8, 11.3, 10.3, 10.0, 10.5, 11.6, 9.4, 11.9, 9.4,$$
$$9.5, 11.7, 12.2, 9.6, 12.8, 9.8, 10.7, 10.9, 11.3, 10.7.$$

试在显著性水平 $\alpha = 0.05$ 下, 检验零件尺寸的中位数是否有大于 10mm 的可能.

3.9 光顾某食品店的 22 名顾客品尝甲和乙两种点心并选出喜欢的品种. 7 名顾客喜欢甲品种, 12 名顾客喜欢乙品种, 3 名顾客没有特别偏好. 问在显著性水平 $\alpha = 0.05$ 下, 这能否说明顾客有明显偏好?

3.10 某 6 位学生打算通过节食减肥, 节食前后的体重 (单位: kg) 有如下结果:

节食前的体重: 114, 121, 128, 122, 141, 128;

节食后的体重: 105, 126, 123, 118, 143, 121.

问在显著性水平 $\alpha = 0.05$ 下, 我们能否认为他们的减肥计划是成功的?

第 4 章 列联分析

研究变量之间的关系问题是统计学的重要任务之一. 根据研究问题的不同, 统计学工作者提出了各种各样的处理变量关系的方法. 本章主要介绍分类数据的关联性检验方法.

4.1 2×2 列联表及其检验

4.1.1 2×2 列联表

所谓列联表就是观测数据按两个或更多属性 (定性变量) 分类时所列出的频数表. 在实际研究工作中, 人们常常用列表的形式来描述属性变量的各种状态或相关关系, 这在某些调查研究项目中尤为得以普遍运用, 而相关的调查数据就以列联表的形式提交出来. 例如, 欲了解不同性别的色觉情况, 采用抽样调查的方法随机抽取 1000 人, 并按性别 (男或女) 及色觉 (正常或色盲) 两个属性分类, 得到 2 行 2 列的列联表 (表 4.1.1), 又称 2×2 列联表或四格表.

表 4.1.1 不同性别色觉的调查数据

	正常	色盲	合计
男	442	38	480
女	514	6	520
合计	956	44	1000

一般地, 假定总体中的个体可按两个属性 X 与 Y 分类, X 和 Y 各有 2 个等级, 分别记为 X_1, X_2 和 Y_1, Y_2; 从总体中随机抽取容量为 n 的样本, 设其中有 n_{ij} 个属于等级 X_i 和 Y_j, 称 n_{ij} 为观测频数, 则可将 $n_{11}, n_{21}, n_{12}, n_{22}$ 排列成一个 2×2 列联表, 如表 4.1.2 所示.

表 4.1.2 2×2 列联表

	Y_1	Y_2	总和($n_{i\cdot}$)
X_1	n_{11}	n_{12}	$n_{1\cdot}$
X_2	n_{21}	n_{22}	$n_{2\cdot}$
总和($n_{\cdot j}$)	$n_{\cdot 1}$	$n_{\cdot 2}$	n

在表 4.1.2 中, $n_{i\cdot}$ 表示各行之和, $n_{\cdot j}$ 表示各列之和, 即 $n_{i\cdot} = n_{i1} + n_{i2}$, $n_{\cdot j} = n_{1j} + n_{2j}$, $n = n_{1\cdot} + n_{2\cdot} = n_{\cdot 1} + n_{\cdot 2}$.

上述 2×2 列联表还有第二种类型: 假定 X_1 和 X_2 是两个相互独立的总体, Y_1 和 Y_2 是两个不同的类别, 从每个总体中抽取一个样本, 且每个样本的每一个观测可以归入两个类中的任一类. 这种类型的列联表同第一种类型的主要区别是: 它的行总和表示了两个样本的样本容量, 在数据获得前就确定了, 从而是非随机的. 而第一种列联表的行总和只有在数据获得后才确定, 所以是随机变量. 然而, 两种列联表的列总和都是随机变量. 列联表的第三种类型是行总和与列总和都是非随机的, 即行总和与列总和在数据获得前就已知.

列联表分析在医学、生物学、社会科学等领域有着广泛的应用. 下面几小节讨论 2×2 列联表的检验方法及其应用问题.

4.1.2 Fisher 精确检验

Fisher 精确检验可以用于 2×2 列联表. 假定每个观测只归入一个单元中, 行列总和确定且非随机. 此条件蕴含着 4 个格点中只要有一个数值确定, 另外 3 个数值也就确定了. 例如, 在表 4.1.2 中确定 n_{11} 的值, 那么就有 $n_{12}=n_{1\cdot}-n_{11}$, $n_{21}=n_{\cdot 1}-n_{11}$, $n_{22}=n_{2\cdot}-n_{\cdot 1}+n_{11}$. 因此, 我们在下面的讨论中仅考虑第一行第一列单元格中的观测数. 令

$$
\begin{aligned}
p_1 &= P\{Y=Y_1|X=X_1\},\\
p_2 &= P\{Y=Y_1|X=X_2\}.
\end{aligned}
$$

所考虑的双边检验是

$$
H_0: p_1=p_2 \longleftrightarrow H_1: p_1\neq p_2. \tag{4.1.1}
$$

检验统计量为

$$
T=\text{“第一行第一列单元格中的观测数”}.
$$

在原假设 H_0 下, T 的精确分布为超几何分布, 即

$$
P\{T=n_{11}\}=\frac{\dbinom{n_{1\cdot}}{n_{11}}\dbinom{n_{2\cdot}}{n_{21}}}{\dbinom{n}{n_{\cdot 1}}},\quad n_{11}=0,1,\cdots,\min\{n_{1\cdot},n_{\cdot 1}\}.
$$

为计算方便, 可将上式转化为如下形式:

$$
P\{T=n_{11}\}=\frac{n_{1\cdot}!n_{2\cdot}!n_{\cdot 1}!n_{\cdot 2}!}{n!n_{11}!n_{12}!n_{21}!n_{22}!},\quad n_{11}=0,1,\cdots,\min\{n_{1\cdot},n_{\cdot 1}\}. \tag{4.1.2}
$$

检验的 p 值是 $P\{T\leqslant t_{\rm obs}\}$ 和 $P\{T\geqslant t_{\rm obs}\}$ 中较小者的 2 倍, 其中 $t_{\rm obs}$ 为 T 的观测值. 在显著性水平 α 下, 如果 p 值 $\leqslant\alpha$, 则拒绝 H_0. 可以用式 (4.1.2) 计算 p 值.

在大样本情形下, T 的精确分布不易计算. 可以用统计量

$$U_1 = \frac{\hat{p}_1 - \hat{p}_2}{\sqrt{\bar{p}(1-\bar{p})(1/n_{1\cdot} + 1/n_{2\cdot})}} \tag{4.1.3}$$

得到 T 的一个大样本逼近, 其中 $\hat{p}_1 = n_{11}/n_{1\cdot}$, $\hat{p}_2 = n_{21}/n_{2\cdot}$, $\bar{p} = (n_{11}+n_{21})/n$. 当原假设 H_0 为真时, U_1 的渐近分布为标准正态分布 $N(0,1)$. 事实上, $\hat{p}_1$ 和 $\hat{p}_2$ 可分别作为 p_1 和 p_2 的估计. 注意到 $\hat{p}_1 - \hat{p}_2$ 的均值和方差分别为 $p_1 - p_2$ 和 $p_1(1-p_1)/n_{1\cdot} + p_2(1-p_2)/n_{2\cdot}$, 从而在原假设 $H_0: p_1 = p_2$ 下, $\hat{p}_1 - \hat{p}_2$ 的均值为 0, 其方差的估计为 $\bar{p}(1-\bar{p})(1/n_{1\cdot} + 1/n_{2\cdot})$. 由中心极限定理知, $\hat{p}_1$ 和 $\hat{p}_2$ 是渐近正态的, 于是 $\hat{p}_1 - \hat{p}_2$ 也是渐近正态的, 将其除以估计的标准差即可得到 U_1. 因此, 当 H_0 为真时, U_1 渐近为标准正态随机变量.

利用 U_1 可得假设检验问题 (4.1.1) 的拒绝域 $|U_1| \geqslant z_{1-\alpha/2}$, 其中 $z_{1-\alpha/2}$ 为标准正态分布的 $1-\alpha/2$ 分位数. p 值是 Z 小于 U_1 的观测值的概率和 Z 大于 U_1 的观测值的概率中较小者的 2 倍, 其中 Z 是服从标准正态分布的随机变量.

为计算方便, 可将式 (4.1.3) 转化为如下形式:

$$U_1 = \frac{\sqrt{n}(n_{11}n_{22} - n_{12}n_{21})}{\sqrt{n_{1\cdot}n_{2\cdot}n_{\cdot 1}n_{\cdot 2}}}. \tag{4.1.4}$$

利用上述方法, 同样可以考虑左边检验

$$H_0: p_1 \geqslant p_2 \longleftrightarrow H_1: p_1 < p_2$$

和右边检验

$$H_0: p_1 \leqslant p_2 \longleftrightarrow H_1: p_1 > p_2.$$

如果用检验统计量 T 作检验, 则左边检验的 p 值是 $P\{T \leqslant t_{\text{obs}}\}$, 右边检验的 p 值是 $P\{T \geqslant t_{\text{obs}}\}$. 如果用检验统计量 U_1 作检验, 则左边检验的拒绝域是 $U_1 \leqslant z_\alpha$, p 值是 Z 小于 U_1 的观测值的概率; 右边检验的拒绝域值是 $U_1 \geqslant z_{1-\alpha}$, p 值是 Z 大于 U_1 的观测值的概率.

R 语言中的函数 R 语言提供了 Fisher 精确检验的函数 fisher.test(x), 其中 x 是矩阵. 使用该函数可以得到检验的 p 值.

例 4.1.1 欲了解不同性别的色觉情况, 采用抽样调查的方法随机抽取 1000 人, 并按性别 (男或女) 及色觉 (正常或色盲) 两个属性分类, 得到 2×2 列联表, 如表 4.1.1. 问男性和女性的色觉是否有差异?

解 令 p_1 为男性色觉正常的概率, p_2 为女性色觉正常的概率, 则用双边检验. 采用检验统计量 U_1. 由式 (4.1.4) 和表 4.1.1 可算得

$$U_1 = \frac{\sqrt{1000}(442\times 6 - 38\times 514)}{\sqrt{480\times 520\times 956\times 44}} = -5.2095.$$

取 $\alpha = 0.05$, 查标准正态分布表 (附表 1) 可得 $z_{1-\alpha/2} = z_{0.975} = 1.96$. 由于 $|U_1| > z_{1-\alpha/2}$, 故拒绝原假设 H_0, 即认为男性和女性的色觉有显著差异.

如果使用 R 语言. 将数据赋予矩阵 x 中, 执行语句 fisher.test(x), 可以得到 p 值为 8.886×10^{-8}. 由于 p 值相当小, 故拒绝 H_0.

例 4.1.2　为研究某种新药治疗肺炎的效果, 随机抽取 15 对患者, 每对中随机指定一人服用新药, 另一人服用原有药, 经过一段时间观察, 疗效如表 4.1.3.

表 4.1.3　两种药物的治疗效果

	有效	无效	总和
服用新药	14	1	15
服用原有药	8	7	15
总和	22	8	30

在显著性水平 $\alpha = 0.05$ 下检验新药是否比原有药更有疗效.

解　令 p_1 为服用新药后治疗有效的概率, p_2 为服用原有药后治疗有效的概率, 则用右边检验. 首先用检验统计量 T 作检验. 由式 (4.1.2) 和表 4.1.3 可得检验的 p 值:

$$\begin{aligned}P\{T \geqslant 14\} &= P\{T = 14\} + P\{T = 15\} \\ &= \frac{15!15!22!8!}{30!14!1!8!7!} + \frac{15!15!22!8!}{30!15!0!7!8!} \\ &= 0.0165 + 0.0011 = 0.0176.\end{aligned}$$

由于 p 值小于 0.05, 故拒绝原假设 H_0, 即认为新药比原有药具有显著的疗效.

其次用检验统计量 U_1 作检验. 由式 (4.1.4) 和表 4.1.3 可算得

$$U_1 = \frac{\sqrt{30}(14 \times 7 - 1 \times 8)}{\sqrt{15 \times 15 \times 22 \times 8}} = 2.4772.$$

对 $\alpha = 0.05$, 查标准正态分布表 (附表 1) 可得 $z_{1-\alpha} = z_{0.95} = 1.65$. 由于 $U_1 > z_{1-\alpha}$, 故拒绝原假设 H_0. p 值是 0.0066, 它比由 T 得到的 p 值 0.0176 小.

最后使用 R 语言. 将数据赋予矩阵 x 中, 执行语句 fisher.test(x), 可以得到 p 值 $= 0.0352$. 由于 p 值小于 0.05, 故拒绝 H_0.

需要说明的是: 在例 4.1.2 中, 用式 (4.1.2) 计算的 p 值与用 R 语言计算的 p 值有差别, 这是因为 R 包中自带的 Fisher 精确检验的原假设与本书的不一样. 它的原假设为 “真的优势比等于 1”.

需要指出, Fisher 精确检验是精确的仅当行列总和是非随机的. 当列联表的行列总和随机或行总和与列总和之一随机时, Fisher 精确检验仍然有效. 也就是说, Fisher 精确检验为样本空间中给定行总和与列总和的一个子集求出 p 值, 每个不同的行列总和集又表示另外的互不相容的子集, 因此将整个样本空间分成了几个互不相容的子集. 如果每个子集的拒绝域在原假设 H_0 下有一个条件概率小于等于 α, 那么所有拒绝域的并在 H_0 下有一个无条件概率小于等于 α, 并且检验是有效的. 然而, 这种精确检验的功效通常小于一种更适当的近似行总和, 或列总和, 或行列总和为随机的检验功效.

4.1.3 Mantel-Haenszel 检验

在实际问题中, 有时需要将几个 2×2 列联表作为一个整体来进行分析. 由于得到每个列联表的环境不同, 在原假设下的共同概率随着环境的不同而不同, 因此不能将这几个表合并成一个 2×2 列联表来做分析. Mantel 和 Haenszel(1959) 提出了联合几个 2×2 列联表的检验方法. 下面我们介绍这种方法.

将数据分组后放入 m 个 2×2 列联表中, 并设 $m\geqslant 2$. 第 k 个 2×2 列联表具有如下形式:

表 4.1.4 第 k 个 2×2 列联表

	Y_{1k}	Y_{2k}	总和$(n_{i\cdot k})$
X_{1k}	n_{11k}	n_{12k}	$n_{1\cdot k}$
X_{2k}	n_{21k}	n_{22k}	$n_{2\cdot k}$
总和$(n_{\cdot jk})$	$n_{\cdot 1k}$	$n_{\cdot 2k}$	n_k

假定每个观测只归入一个单元, 每个列联表的行列总和都是确定 (非随机) 的, 且 m 个列联表是由独立试验得到的. 令

$$p_{1k}=P\{Y=Y_{1k}|X=X_{1k}\},\quad k=1,\cdots,m,$$
$$p_{2k}=P\{Y=Y_{1k}|X=X_{2k}\},\quad k=1,\cdots,m.$$

所考虑的双边检验是

$$H_0: p_{1k}=p_{2k},\forall k\longleftrightarrow H_1: p_{1k}>p_{2k} \text{ 或 } p_{1k}<p_{2k},\text{对某个}k. \tag{4.1.5}$$

类似于式 (4.1.4) 可以构造检验统计量

$$U_2=\frac{\sum_{k=1}^{m}(n_{11k}n_{22k}-n_{12k}n_{21k})/n_k}{\sqrt{\sum_{k=1}^{m}n_{1\cdot k}n_{2\cdot k}n_{\cdot 1k}n_{\cdot 2k}/n_k^3}}. \tag{4.1.6}$$

当原假设为真时, U_2 的渐近分布为标准正态分布 $N(0,1)$. 此时, 双边检验 (4.1.5) 的拒绝域为 $|U_2|\geqslant z_{1-\alpha/2}$, 其中 $z_{1-\alpha/2}$ 为标准正态分布的 $1-\alpha/2$ 分位数. p 值是 Z 小于 U_2 的观测值的概率和 Z 大于 U_2 的观测值的概率中较小者的 2 倍.

利用上述方法, 同样可以考虑左边检验

$$H_0: p_{1k} \geqslant p_{2k}, \forall k \longleftrightarrow H_1: p_{1k} \leqslant p_{2k}, \forall k, \text{ 且对某个} k, p_{1k} < p_{2k}$$

和右边检验

$$H_0: p_{1k} \leqslant p_{2k}, \forall k \longleftrightarrow H_1: p_{1k} \geqslant p_{2k}, \forall k, \text{ 且对某个} k, p_{1k} > p_{2k}.$$

左边检验的拒绝域为 $U_2 \leqslant z_\alpha$, p 值是 Z 小于 U_2 的观测值的概率. 右边检验的拒绝域为 $U_2 \geqslant z_{1-\alpha}$, p 值是 Z 大于 U_2 的观测值的概率.

例 4.1.3　为弄清楚长期接触某种物质是否导致癌症, 随机抽查了来自不同工作环境下接触或未接触这种物质的三组人员, 得到的调查数据如表 4.1.5.

表 4.1.5　各组人员患癌情况调查数据

	组 1			组 2			组 3		
	患癌	未患癌	总和($n_{i\cdot 1}$)	患癌	未患癌	总和($n_{i\cdot 2}$)	患癌	未患癌	总和($n_{i\cdot 3}$)
接触	8	32	40	3	18	21	0	7	7
未接触	26	210	236	3	21	24	10	75	85
总和($n\cdot_{jk}$)	34	242	276	6	39	45	10	82	92

问长期接触某种物质的人员患癌的概率是否比未接触这种物质的人员患癌的概率大? 取显著性水平 $\alpha = 0.05$.

解　用 Mantel-Haenszel 检验. 令 p_{1k} 为第 k 组接触某种物质的人员患癌的概率, p_{2k} 为第 k 组未接触某种物质的人员患癌的概率, 则用右边检验. 由式 (4.1.6) 和表 4.1.5, 可得检验统计量 U_2 的值:

$$U_2 = \frac{(8\times 210 - 32\times 26)/276 + (3\times 21 - 18\times 3)/45 + (0\times 75 - 7\times 10)/92}{\sqrt{40\times 236\times 34\times 242/276^3 + 21\times 24\times 6\times 39/45^3 + 7\times 85\times 10\times 82/92^3}}$$
$$= 1.0599.$$

对 $\alpha = 0.05$, 查标准正态分布表 (附表 1) 可得 $z_{1-\alpha} = z_{0.95} = 1.65$. 由于 $U_2 < z_{1-\alpha}$, 故接受原假设. 从附表 1 中查得 p 值是 0.1446, 它大于 0.05, 此时也接受原假设, 即认为工作中长期接触某种物质并非导致癌症的真正原因.

4.1.4　Simpson 悖论

当人们尝试探究两个变量是否具有相关性时, 常常会分别对之进行分组研究. 然而, 在分组比较中占优势的一方, 在总评中有时反而是失势的一方. 该现象于 20 世纪初就有人讨论, 但直到 1951 年, Simpson 在他发表的论文中阐述这一现象后, 该现象才算正式被得到描述和解释. 后来就以他的名字命名此悖论, 即 Simpson 悖论. 作为 Fisher 精确检验和 Mantel-Haenszel 检验的一个应用, 下面通过一个例子来诠释 Simpson 悖论.

例 4.1.4 某大学的三个学院去年收到 21 位男性和 63 位女性的求职信,结果聘用了 10 位男性和 14 位女性, 即男性和女性的聘用率分别为 47.6% 和 22.2%, 有人怀疑有性别歧视. 为了给出合理解释, 现列出各学院详细分类的数据如表 4.1.6.

表 4.1.6 各学院详细分类结果

申请者	A 学院			B 学院			C 学院		
	被聘	被拒	总和($n_{i\cdot 1}$)	被聘	被拒	总和($n_{i\cdot 2}$)	被聘	被拒	总和($n_{i\cdot 3}$)
男性	2	8	10	3	3	6	5	0	5
女性	12	48	60	1	1	2	1	0	1
总和($n_{\cdot jk}$)	14	56	70	4	4	8	6	0	6

问这所大学聘用男性的概率真的比聘用女性的概率大吗? ($\alpha = 0.05$).

解 (a) 首先用 Fisher 精确检验. 把 84 位应聘人员的聘用情况归总在一起,即可得到如下 2×2 列联表 (表 4.1.7).

表 4.1.7 某大学招聘结果

申请者	被聘	被拒	总和
男性	10	11	21
女性	14	49	63
总和	24	60	84

因为 p_1 表示男性被聘用的概率, p_2 表示女性被聘用的概率, 所以用右边检验.由式 (4.1.4) 可算得

$$U_1 = \frac{\sqrt{84}(10 \times 49 - 11 \times 14)}{\sqrt{21 \times 63 \times 24 \times 60}} = 2.2311.$$

对 $\alpha = 0.05$, 查标准正态分布表 (附表 1) 可得 $z_{1-\alpha} = z_{0.95} = 1.65$. 由于 $U_1 > z_{1-\alpha}$, 故拒绝 H_0. 从附表 1 中查得 p 值是 0.0129. 若使用 R 语言, 则执行语句 fisher.test(x), 可得到 p 值是 0.0483. 由于 p 值小于 0.05, 故也拒绝 H_0, 即认为这所大学聘用男性的概率比聘用女性的概率大.

(b) 下面用 Mantel-Haenszel 检验. 令 p_{1k} 为男性被第 k 个学院聘用的概率, p_{2k} 为女性被第 k 个学院聘用的概率, 则用右边检验. 由式 (4.1.6) 和表 4.1.6, 可得检验统计量 U_2 的值:

$$U_2 = \frac{0+0+0}{\sqrt{10 \times 60 \times 14 \times 56/70^3 + 6 \times 2 \times 4 \times 4/8^3 + 0}} = 0.$$

由于 $U_2 < z_{0.95} = 1.65$, 故接受原假设 H_0. p 值是 0.5, 远大于 0.05, 此时也接受原假设, 即认为这所大学聘用男性的概率不大于聘用女性的概率.

从上述结果可以看出, 在 (a) 和 (b) 中两种检验方法得到截然不同的结论. 这就是统计学上著名的 Simpson 悖论. 为通过比较来对这种现象直观地给出解释, 我们将各学院对男性和女性的申请率和聘用率列成如下表格 (表 4.1.8).

表 4.1.8 各学院对男性和女性的聘用情况

申请者	A 学院				B 学院				C 学院			
	申请	聘用	申请率	聘用率	申请	聘用	申请率	聘用率	申请	聘用	申请率	聘用率
男性	10	2	14.3%	20%	6	3	75%	50%	5	5	83.3%	100%
女性	60	12	85.7%	20%	2	1	25%	50%	1	1	16.7%	100%
合计	70	14	100%	20%	8	4	100%	50%	6	6	100%	100%

就上述例子的聘用率与性别来说, 各学院对男性和女性的聘用率完全一样, 并不存在性别歧视的现象. 而简单地将分组资料相加汇总, 男性的聘用率 47.6% 远大于女性的聘用率 22.2%, 这就导致了 Simpson 悖论. 究其原因, 有下面两个理由可供思考.

(1) 从表 4.1.8 可以看出, 三个学院的聘用率相差很大, 那就是 C 学院聘用率 100% 最高, B 学院聘用率 50% 次之, A 学院聘用率 20% 最低. 另一方面, 两种性别的求职者分布比例却相反, 男性申请 A 学院的比率 14.3% 最低, 申请 B 学院和 C 学院的比率较高, 分别为 75% 和 83.3%. 而女生申请 A 学院的比率 85.7% 最高, 申请 B 学院和 C 学院的比率分别为 25% 和 16.7%, 远远低于男性. 结果在数量上, 聘用率低的 A 学院男性比女性的申请率低很多, 而聘用率高的 B 学院和 C 学院男性的申请率却远远高于女性, 这就使得在汇总时男性在数量上反而占了优势, 导致了男性在聘用率上高于女性的误解.

(2) 性别并非是聘用率高低的唯一因素, 甚至可能是毫无影响的. 至于汇总后出现聘用率的差别可能属于随机事件, 又或者是其他潜在因素作用, 譬如求职者的考试成绩刚好出现这种录取比例, 使人误认为这是由性别差异而造成的.

为了避免 Simpson 悖论出现, 就需要斟酌个别分组的权重, 以一定的系数去消除由分组资料基数差异所造成的影响. 同时必须了解该环境是否存在其他潜在因素而综合考虑, 仔细地研究各种影响因素, 从多维度对数据进行分析.

Simpson 悖论就像欲比赛 100 场拳击以总胜率评价输赢, 譬如有人找高手挑战 20 场而胜 1 场, 另外 80 场找平手挑战而胜 40 场, 结果胜率为 41%; 另一人则专挑高手挑战 80 场而胜 8 场, 而剩下 20 场找平手打个全胜, 结果胜率为 28%, 比 41% 小很多. 但仔细观察挑战对象, 后者明显较有实力.

值得一提的是: 量与质是不等价的, 由于量比质来得容易观测, 于是人们总是习惯用量来评定好坏, 而此数据却不是重要的. 除了质与量之外, Simpson 悖论的另一个启示是: 如果我们在人生的抉择上选择了一条难走的路, 那么就得要有可能不被赏识的领悟, 这算是对 “怀才不遇” 这个成语在统计上的诠释吧!

4.2 $r \times s$ 列联表及 χ^2 检验

4.2.1 $r \times s$ 列联表

假定有 r 个总体 $X_1, \cdots, X_r$, 有 s 个类别 $Y_1, \cdots, Y_s$, 从每个总体中抽取一个样本, 第 i 个样本的容量为 $n_{i\cdot}$, $1 \leqslant i \leqslant r$, 每个样本的每个观测可以归入 s 个不同类中的一类. 设 n_{ij} 为样本 i 的观测归入类 j 的数目, 则可将 $r \times s$ 个数据 $n_{ij}(i = 1, \cdots, r;\ j = 1, \cdots, s)$ 排列成一个 r 行 s 列的二维列联表, 简称 $r \times s$ 列联表, 如表 4.2.1 所示.

表 4.2.1 $r \times s$ 列联表

	Y_1	$\cdots$	Y_s	总和($n_{i\cdot}$)
X_1	n_{11}	$\cdots$	n_{1s}	$n_{1\cdot}$
$\vdots$	$\vdots$		$\vdots$	$\vdots$
X_r	n_{r1}	$\cdots$	n_{rs}	$n_{r\cdot}$
总和($n_{\cdot j}$)	$n_{\cdot 1}$	$\cdots$	$n_{\cdot s}$	n

上述 $r \times s$ 列联表还有如下另一种类型: 假定总体中的个体可按两个属性 X 与 Y 分类, X 有 r 个等级 $X_1, \cdots, X_r$, Y 有 s 个等级 $Y_1, \cdots, Y_s$, 从总体中随机抽取容量为 n 的样本, 设其中有 n_{ij} 个属于等级 X_i 和 Y_j, 则可将数据填到 $r \times s$ 列联表中, 就得到表 4.2.1.

在表 4.2.1 中, 称 n_{ij} 为观测频数, $n_{i\cdot}$ 为各行之和, $n_{\cdot j}$ 为各列之和, 即

$$n_{i\cdot} = \sum_{j=1}^{s} n_{ij}, \quad i = 1, \cdots, r,$$

$$n_{\cdot j} = \sum_{i=1}^{r} n_{ij}, \quad j = 1, \cdots, s,$$

$$n = \sum_{i=1}^{r} n_{i\cdot} = \sum_{j=1}^{s} n_{\cdot j} = \sum_{i=1}^{r}\sum_{j=1}^{s} n_{ij}.$$

如果所考虑的属性多于两个, 则也可以按照类似的方式作出列联表, 称之为多维列联表. 由于属性或定性变量的取值是离散的, 因此多维列联表分析属于离散多元分析的范畴, 这里不作介绍.

4.2.2 χ^2 统计量

χ^2 统计量用于检验列联表中变量间拟合优度和独立性, 同时也用于测定两个分类变量之间的相关程度. 它的计算公式为

$$\chi^2=\sum_{i=1}^{r}\sum_{j=1}^{s}\frac{(n_{ij}-e_{ij})^2}{e_{ij}}, \tag{4.2.1}$$

其中 $e_{ij}=n_{i\cdot}n_{\cdot j}/n$ 是表 4.2.1 中第 i 行第 j 列格的期望频数. χ^2 值的大小与观测频数和期望频数的配对数, 即 $r\times s$ 的多少有关. $r\times s$ 越多, 在不改变分布的情况下, χ^2 值越大. 因此, χ^2 统计量的分布与自由度有关. 它的自由度为 $(r-1)(s-1)$. 从公式 (4.2.1) 可以看出, χ^2 统计量描述的是观测频数与期望频数的接近程度. 如果两者越接近, 计算出的 χ^2 值就越小, 反之就越大. χ^2 检验正是利用 χ^2 值与其临界值进行比较, 作出对原假设接受或拒绝的决策, 当然也可以利用检验的 p 值进行判断.

χ^2 统计量是由 Pearson 提出的, 因此人们也称它为 Pearson 统计量. 由式 (4.2.1) 定义的统计量的精确分布不是 χ^2 分布, 但是 Pearson 证明了它的渐近零分布是自由度为 $(r-1)(s-1)$ 的 χ^2 分布. 在实际应用中, 只要样本容量足够大, χ^2 统计量就近似服从 χ^2 分布, 由此我们可以进行 χ^2 检验.

根据列联表的不同内容, 可以进行拟合优度检验和独立性检验. 从表面上看, 这两种检验不论在列联表的形式上, 还是在计算 χ^2 的公式上都相同, 所以常常被笼统地称为 χ^2 检验. 但是, 两者还是存在差异的. 首先, 两种检验抽取样本的方法不同. 如果抽样是在各总体中分别进行, 依照各总体分别计算其比例, 则属于拟合优度检验. 如果抽样时并未事先分类, 抽样后根据研究内容, 把入选单位按两类变量进行分类, 形成列联表, 则是独立性检验. 其次, 两种检验假设的内容有所差异. 对拟合优度检验, 原假设通常是假设各总体的比例等于某个期望概率, 而独立性检验中原假设则假设两个变量之间独立. 最后, 期望频数的计算. 拟合优度检验是利用原假设中的期望概率, 用观测频数乘以期望概率, 直接得到期望频数. 独立性检验中两个水平的联合概率是两个单独概率的乘积.

4.2.3 拟合优度检验

如果样本是从每个总体中分别抽取, 研究的目的是对不同总体的目标量之间是否存在显著性差异进行检验, 那么我们就把它称为拟合优度检验, 有的书上也叫作一致性检验.

令 $p_{ij}=P\{X=X_i,Y=Y_j\}$, $i=1,\cdots,r$, $j=1,\cdots,s$, $p_{i\cdot}$ 和 $p_{\cdot j}$ 分别表示 X 和 Y 的边缘概率分布. 对于 $r\times s$ 列联表, 所考虑的假设检验问题是

$$H_0: p_{1j}=\cdots=p_{rj}\longleftrightarrow H_1: p_{1j},\cdots,p_{rj}\text{不全相等},\quad \forall j=1,\cdots,s.$$

在原假设 H_0 下, 概率 p_{ij} 与 i 无关, 从而与观测频数 n_{ij} 相应的期望频数为 $n_{i\cdot}p_{\cdot j}$. 由于 $p_{\cdot j}$ 是未知的, 用其原假设下的估计值 $n_{\cdot j}/n$ 代替, 即可得到期望频数

$$e_{ij}=\frac{n_{i\cdot}n_{\cdot j}}{n}.$$

于是, χ^2 检验统计量为式 (4.2.1). 如果 $e_{ij} \geqslant 5$, 则当原假设为真时 χ^2 的渐近分布是自由度为 $(r-1)(s-1)$ 的 χ^2 分布. 故检验的拒绝域为 $\chi^2 \geqslant \chi^2_{(r-1)(s-1)}(1-\alpha)$, 其中 $\chi^2_{(r-1)(s-1)}(1-\alpha)$ 是自由度为 $(r-1)(s-1)$ 的 χ^2 分布的 $1-\alpha$ 分位数, 它的值可以从附表 3 中查到.

R 语言中的函数 R 语言提供了拟合优度检验的函数:

```
chisq.test(x, y=NULL, correct=TRUE, p=rep(1/length(x), length(x)),
        rescale.p = FALSE, simulate.p.value = FALSE, B = 2000)
```

其中 x 是向量或矩阵, y 是向量且当 x 是矩阵时忽略, correct 表示当计算 2×2 列联表的统计量的值时是否运用连续性修正, p 是与 x 等长的概率向量. 运行该语句可以得到 χ^2 检验统计量的值、检验的 p 值等.

例 4.2.1 欲了解不同性别的色觉情况, 随机抽取 1000 人, 其中男 480 人, 女 520 人, 每人的色觉按正常和色盲两个属性分类, 得到 2×2 列联表如表 4.1.1. 以 $\alpha = 0.05$ 的显著性水平检验不同性别的人的色觉是否存在差异.

解 如果不存在差异, 男性和女性的色觉应该是一致的, 故假设检验问题为

$$H_0: p_{1j} = p_{2j} \longleftrightarrow H_1: p_{1j} \neq p_{2j}, \quad \forall j = 1, 2.$$

χ^2 统计量计算结果如表 4.2.2.

表 4.2.2 χ^2 统计量计算表

观测频数(n_{ij})	期望频数(e_{ij})	$n_{ij}-e_{ij}$	$(n_{ij}-e_{ij})^2$	$(n_{ij}-e_{ij})^2/e_{ij}$
442	458.88	−16.88	284.9344	0.6209
514	497.12	16.88	284.9344	0.5732
38	21.12	16.88	284.9344	13.4912
6	22.88	−16.88	284.9344	12.4534
总和				27.1387

由式 (4.2.1) 和表 4.2.2 可得 $\chi^2 = 27.1387$, 自由度为 $(r-1)(s-1) = (2-1)(2-1) = 1$. 对 $\alpha = 0.05$, 查 χ^2 检验的临界值表 (附表 3) 得 $\chi^2_1(0.95) = 3.841$. 由于 $\chi^2 > 3.841$, 故拒绝原假设, 即认为不同性别的人的色觉存在显著差异. 该结果与例 4.2.1 的结果一致.

如果使用 R 语言, 则先将数据赋予矩阵 x 中, 再执行语句

```
chisq.test(x, correct = TRUE)
```

可以得到 p 值 $= 4.3\times 10^{-7}$. 因 p 值非常小, 故拒绝 H_0.

例 4.2.2 欲研究不同收入组的群体对某种特定商品是否有相同的购买习惯, 采用抽样调查方法, 从四个不同收入组的消费者中抽取 527 个消费单位, 了解他们的购买习惯, 调查结果如表 4.2.3.

表 4.2.3 关于购买习惯的调查结果

	经常购买	不购买	有时购买	总和
低收入组	25	69	36	130
偏低收入组	40	51	26	117
偏高收入组	47	74	19	140
高收入组	46	57	37	140
总和	158	251	118	527

在显著性水平 $\alpha = 0.05$ 下检验不同收入人群的购买习惯是否存在差异.

解 如果不存在差异, 四个收入水平的购买习惯应该是一致的, 所以假设检验问题为

$$H_0: p_{1j} = \cdots = p_{4j} \longleftrightarrow H_1: p_{1j}, \cdots, p_{4j}\text{不全相等}, \quad \forall j = 1, 2, 3.$$

χ^2 统计量计算结果如表 4.2.4.

表 4.2.4 χ^2 统计量计算表

n_{ij}	e_{ij}	$n_{ij} - e_{ij}$	$(n_{ij} - e_{ij})^2$	$(n_{ij} - e_{ij})^2/e_{ij}$
25	38.9753	−13.9753	195.3090	5.0111
40	35.0778	4.9222	24.2281	0.6907
47	41.9734	5.0266	25.2665	0.6020
46	41.9734	4.0266	16.2135	0.3863
69	61.9165	7.0835	50.1760	0.8104
51	55.7249	−4.7249	22.3247	0.4006
74	66.6793	7.3207	53.5927	0.8037
57	66.6793	−9.6793	93.6889	1.4051
36	29.1082	6.8918	47.4969	1.6317
26	26.1973	−0.1973	0.0389	0.0015
19	31.3473	−12.3473	152.4558	4.8634
37	31.3473	5.6527	31.9530	1.0193
总和				17.6258

由式 (4.2.1) 和表 4.2.4 可得 $\chi^2 = 17.6258$, 自由度为 $(r-1)(s-1) = (4-1)(3-1) = 6$. 对 $\alpha = 0.05$, 查 χ^2 检验的临界值表 (附表 3) 得 $\chi^2_6(0.95) = 12.59$. 由于 $\chi^2 > \chi^2_6(0.95)$, 故拒绝原假设 H_0, 即认为不同收入人群的购买习惯有差异.

如果使用 R 语言, 则先将数据赋予矩阵 x 中, 再执行语句

```
chisq.test(x, correct = TRUE)
```

可以得到 $p = 0.0072$. 因 p 值很小, 故拒绝 H_0.

4.2.4　独立性检验

独立性检验是 χ^2 检验的另一种检验方式, 它是用来检验两个变量之间是否存在联系的问题, 例如, 吸烟习惯是否与肺癌有关, 投票结果是否与投票人所在地区有关, 等等. 如果独立, 那么我们就说两变量之间独立. 对于二维 $r \times s$ 列联表 4.2.1, 如果变量 X 与 Y 是独立的, 或者说没有关系, 则 X 和 Y 的联合概率应该等于 X 和 Y 的边缘概率之乘积. 因此, 假设检验问题为

$$H_0: p_{ij} = p_{i\cdot}p_{\cdot j}, \forall i,j,\ 1 \leqslant i \leqslant r,\ 1 \leqslant j \leqslant s \longleftrightarrow H_1: p_{ij} \neq p_{i\cdot}p_{\cdot j}, \text{对某 } i,j.$$

注意到 $r \times s$ 列联表中 n_{ij} 的期望频数为 np_{ij}. 因此, 当原假设 H_0 为真时 n_{ij} 的期望频数为 $np_{i\cdot}p_{\cdot j}$. 由于 $p_{i\cdot}$ 和 $p_{\cdot j}$ 未知, 而它们的最好估计值是利用相应的单个变量的边缘频数计算的频率, 于是用 $n_{i\cdot}/n$ 和 $n_{\cdot j}/n$ 分别代替 $p_{i\cdot}$ 和 $p_{\cdot j}$ 就可以得到期望频数

$$e_{ij} = n\left(\frac{n_{i\cdot}}{n}\right)\left(\frac{n_{\cdot j}}{n}\right) = \frac{n_{i\cdot}n_{\cdot j}}{n}.$$

从而 χ^2 检验统计量仍为式 (4.2.1), 当原假设为真时它的渐近分布是自由度为 $(r-1)(s-1)$ 的 χ^2 分布. 检验统计量 χ^2 的值是度量 n_{ij} 与 e_{ij} 的接近程度. n_{ij} 与 e_{ij} 的差值越接近, 表明变量间相互独立的可能性越大; 反之, n_{ij} 与 e_{ij} 的差值越大, 表明变量间相互独立的可能性越小. 因此, 如果 χ^2 值过大, 则拒绝原假设, 认为行变量与列变量之间存在关联. 故检验的拒绝域为 $\chi^2 \geqslant \chi^2_{(r-1)(s-1)}(1-\alpha)$.

R 语言中的函数 chisq.test( ) 可作独立性检验, 该函数的调用见 4.2.2 小节.

例 4.2.3　一种原料来自三个不同的地区, 原料质量被分成三个不同等级. 从这批原料中随机抽取 500 件进行检验, 测量结果如表 4.2.5.

表 4.2.5　不同地区的原料质量调查结果

	甲地区	乙地区	丙地区	总和
一级	52	60	50	162
二级	64	59	65	188
三级	24	52	74	150
总和	140	171	189	500

试在显著性水平 $\alpha = 0.05$ 下检验原料等级与产地之间是否存在依赖关系.

解　根据题意, 所考虑的假设检验问题为

$$H_0: p_{ij} = p_{i\cdot}p_{\cdot j}, \forall i,j = 1,2,3 \longleftrightarrow H_1: p_{ij} \neq p_{i\cdot}p_{\cdot j}, \text{对某} i,j.$$

χ^2 统计量计算结果如表 4.2.6.

表 4.2.6 χ^2 统计量计算表

n_{ij}	e_{ij}	$n_{ij}-e_{ij}$	$(n_{ij}-e_{ij})^2$	$(n_{ij}-e_{ij})^2/e_{ij}$
52	45.360	6.640	44.0896	0.9720
64	52.640	11.360	129.0496	2.4516
24	42.000	−18.000	324.0000	7.7143
60	55.404	4.596	21.1232	0.3813
59	64.296	−5.296	28.0476	0.4362
52	51.300	0.700	0.4900	0.0096
50	61.236	−11.236	126.2477	2.0617
65	71.064	−6.064	36.7721	0.5175
74	56.700	17.300	299.2900	5.2785
总和				19.8227

由式 (4.2.1) 和表 4.2.6 可得 $\chi^2=19.8227$, 自由度为 $(r-1)(s-1)=(3-1)(3-1)=4$. 对 $\alpha=0.05$, 查 χ^2 检验的临界值表 (附表 3) 得 $\chi_4^2(0.95)=9.488$. 由于 $\chi^2>\chi_4^2(0.95)$, 故拒绝原假设 H_0, 即认为原料等级与产地之间存在依赖关系.

如果使用 R 语言, 则先将数据赋予矩阵 x 中, 再执行语句

```
chisq.test(x, correct = TRUE)
```

可以得到 $p=0.00054$. 因 p 值非常小, 故拒绝 H_0.

4.2.5 中位数检验

中位数检验是用来检验从 s 个不同总体中抽取的 s 个样本是否有相同的中位数, 其基本思想是首先利用样本构造一个 $2\times s$ 列联表, 使得第 j 列有两个元素分别为第 j 个样本中大于和不大于总中位数 (所有观测值的中位数) 的两个观测值, 然后对该列联表使用通常的 χ^2 检验.

设从 s 个总体中各抽取一个容量分别为 $n_1,\cdots,n_s$ 的样本, 记 $n=n_1+\cdots+n_s$, 则总中位数为联合样本的中位数, 即在 n 个观测值中恰有一半的观测值超过该数. 令 n_{1j} 为第 j 个样本中大于总中位数的观测频数, n_{2j} 为第 j 个样本中不大于总中位数的观测频数. 利用这 $2\times s$ 个观测频数构造 $2\times s$ 列联表. 如表 4.2.7 所示.

表 4.2.7 观测频数的 $2\times s$ 列联表

	样本 1	$\cdots$	样本 s	总和$(n_{i\cdot})$
样本中大于总中位数的观测频数	n_{11}	$\cdots$	n_{1s}	$n_{1\cdot}$
样本中不大于总中位数的观测频数	n_{21}	$\cdots$	n_{2s}	$n_{2\cdot}$
总和$(n_{\cdot j})$	$n_{\cdot 1}$	$\cdots$	$n_{\cdot s}$	n

假定样本之间相互独立, 且度量尺度至少是顺序的. 如果所有总体有相同的中位数, 则各个总体的一个样本中大于总中位数的概率相同. 因此, 所考虑的假设

检验问题为

$$H_0: s \text{ 个总体有相同的中位数} \longleftrightarrow H_1: \text{至少有两个总体的中位数不同.}$$

将表 4.2.7 的观测频数代入式 (4.2.1) 并变换形式, 可得到检验统计量

$$\widetilde{\chi}^2 = \frac{n^2}{n_{1\cdot}n_{2\cdot}}\sum_{j=1}^{s}\frac{(n_{1j}-n_{1\cdot}n_{\cdot j}/n)^2}{n_{\cdot j}}.$$

为计算方便, 上式可转化为如下形式:

$$\widetilde{\chi}^2 = \frac{n^2}{n_{1\cdot}n_{2\cdot}}\sum_{j=1}^{s}\frac{n_{1j}^2}{n_{\cdot j}} - \frac{nn_{1\cdot}}{n_{2\cdot}}. \tag{4.2.2}$$

根据 4.2.1 小节的讨论可知, 当原假设为真时 $\widetilde{\chi}^2$ 的渐近分布是自由度为 $s-1$ 的 χ^2 分布. 故检验的拒绝域为 $\widetilde{\chi}^2 \geqslant \chi^2_{s-1}(1-\alpha)$, 其中 $\chi^2_{s-1}(1-\alpha)$ 是自由度为 $s-1$ 的 χ^2 分布的 $1-\alpha$ 分位数, 它可以从附表 3 中查到. 近似的 p 值为 $P\{\widetilde{\chi}^2 \geqslant \widetilde{\chi}^2_{\text{obs}}\}$, 其中 $\widetilde{\chi}^2_{\text{obs}}$ 为 $\widetilde{\chi}^2$ 的一个观测值.

如果拒绝了原假设, 则可对总体间进行逐对多重比较, 即对 2×2 列联表重复使用中位数检验或 Fisher 精确检验. 每次比较首先找到两个样本的中位数以及 2×2 列联表中大于或不大于那个中位数的观测频数, 然后就可以计算检验统计量的值来作出判断. 如果拒绝原假设, 则认为这两个总体的中位数不相同.

从上述讨论可以看出, 中位数检验实际上是 χ^2 检验的一个特例. 因为该检验方法在实际问题中有广泛的应用, 所以在这里给以介绍.

可以将中位数检验推广到 "分位数检验", 即原假设为 "s 个总体有相同的分位数". 对任何选定的分位数, 只需改动检验的数据使得样本观测值被分为大于或不大于联合样本的总分位数, 检验统计量与中位数检验一样, 仍可使用 $\widetilde{\chi}^2$.

例 4.2.4　某农场在被分割成若干块的土地上随机采用 3 种不同方法培植水稻, 测量每块的亩产量 (单位: kg) 为

方法 1　830, 910, 940, 890, 890, 960, 910, 920, 900, 900, 910, 870, 860, 850;
方法 2　910, 900, 810, 830, 840, 830, 880, 910, 890, 910, 910, 920, 915, 925;
方法 3　950, 900, 900, 930, 960, 950, 940, 920, 910, 890, 880, 920, 890, 900.

试在显著性水平 $\alpha = 0.05$ 下, 检验每种培植方法的水稻亩产量是否相同.

解　为判断水稻亩产量的差异是否由所用种植方法的不同而造成的, 我们采用中位数检验, 因为总体中位数的差异可以解释为所用种植方法的差异值. 因此, 所考虑的假设检验问题为

$$H_0: \text{所有种植方法有相同的水稻亩产量中位数},$$
$$H_1: \text{至少有两种种植方法的水稻亩产量中位数不同}.$$

由题意, 将 42 个观测值排序后可知, 第 21 个和第 22 个观测值分别为 900 和 910, 于是总中位数为 905. 将每种方法的水稻亩产量大于 905 或不大于 905 的观测频数记录填到表 4.2.8 中.

表 4.2.8 观测频数的记录结果

	方法 1	方法 2	方法 3	总和
水稻亩产量$>$ 905	6	7	8	21
水稻亩产量$\leqslant$ 905	8	7	6	21
总和	14	14	14	42

利用式 (4.2.2) 和表 4.2.8 可求得

$$\tilde{\chi}^2 = \frac{42^2}{21 \times 21}\left(\frac{6^2}{14} + \frac{7^2}{14} + \frac{8^2}{14}\right) - \frac{42 \times 21}{21} = 0.5714.$$

自由度为 $s-1=3-1=2$. 对 $\alpha=0.05$, 查 χ^2 检验的临界值表 (附表 3) 得 $\chi_2^2(0.95)=5.991$. 由于 $\tilde{\chi}^2<\chi_2^2(0.95)$, 故接受原假设 H_0, 即认为所有种植方法有相同的水稻亩产量中位数.

如果使用 R 语言, 则先将数据赋予矩阵 x 中, 再执行语句

```
chisq.test(x, correct = TRUE)
```

可以得到 p 值 $=0.7518$. 由于 p 值远大于 0.05, 故接受原假设 H_0.

4.2.6 χ^2 分布的期望值准则

在用到 χ^2 分布进行独立性检验时, 我们要求样本容量必须足够大, 特别是每个单元中的期望频数不能过小, 否则应用 χ^2 分布可能会得出错误的结论. 关于小单元频数通常有两项准则. 第一项准则是: 如果只有两个单元, 每个单元的期望频数必须是 5 或 5 以上; 而在 2×2 列联表中, 当有一个期望值小于 5 且样本容量小于 40, 或几个期望值小于 5 或有一个期望值小于 1 时, 均不宜作 χ^2 检验. 第二项准则是: 如果有两个以上的单元, 20%的单元期望频数小于 5, 则不能应用 χ^2 检验. 我们可以用下面的例子来说明这个准则 (表 4.2.9).

从表 4.2.9 可以发现, 观测频数 (n_{ij}) 和期望频数 (e_{ij}) 非常接近, 最大的差别只有 3, 可以说期望值和观测值拟合得很好, 它们之间并无显著差别. 然而, 用显著性水平 $\alpha=0.05$ 进行 χ^2 检验, 则会得到 $\chi^2=14.01>\chi_6^2(0.95)=12.59$, 从而拒绝原假设, 认为期望值和观测值之间存在显著差异. 所得结论与实际不符. 如果将这个例子中的某些类合并, 使得 $e_{ij}\geqslant 5$, 如将 E, F, G 合并, 合并后的 n_{ij} 为

14, e_{ij} 为 7. 通过计算后得到 $\chi^2 = 7.26 < \chi_4^2(0.95) = 9.448$, 结果是不能拒绝原假设, 即认为期望值和观测值之间不存在显著差异, 这个结论与实际相符. 由此可知, 当期望频数 e_{ij} 过于小时, 可能会导致错误的结论, 一般的处理方法是将较小的 e_{ij} 合并.

表 4.2.9　说明表

类别	n_{ij}	e_{ij}	$\|n_{ij} - e_{ij}\|$
A	30	32	2
B	110	113	3
C	86	87	1
D	23	24	1
E	5	2	3
F	5	4	1
G	4	1	3
总和	263	263	

4.3　列联表中的相关测量

我们已经从 4.2 节了解如何利用 χ^2 值对列联表中变量之间的相互关系进行检验. 如果变量相互独立, 说明它们之间没有联系; 反之, 则认为它们之间存在联系. 如果变量间存在联系, 那么我们需要知道它们之间的相关程度有多大、用什么方法来测定变量之间的相关程度呢? 对两变量之间的相关程度的测定, 主要用相关系数. 列联表中的变量是类别变量, 这类变量之间的相关关系称为品质相关. 我们通常用到的品质相关系数有三种: φ 相关系数、列联相关系数、V 相关系数. 下面我们分别加以介绍.

4.3.1　φ 相关系数

φ 相关系数是描述 2×2 列联表中数据相关程度最常用的一种相关系数. 它的计算公式为

$$\varphi = \sqrt{\frac{\chi^2}{n}}, \tag{4.3.1}$$

其中 χ^2 在 4.2.1 小节中已定义, n 为列联表中的总频数. 下面我们就一个简化的 2×2 列联表进行 φ 相关系数的分析.

表 4.3.1　2×2 列联表

	Y_1	Y_2	合计
X_1	a	b	$a+b$
X_2	c	d	$c+d$
合计	$a+c$	$b+d$	n

在表 4.3.1 中, X 和 Y 分别为两个变量, a, b, c, d 均为条件频数. 由公式 $e_{ij}=\dfrac{n_{i\cdot}n_{\cdot j}}{n}$ 知, 每个单元的频率的期望值为

$$e_{11}=\frac{(a+b)(a+c)}{n},\quad e_{12}=\frac{(a+b)(b+d)}{n},$$
$$e_{21}=\frac{(c+d)(a+c)}{n},\quad e_{22}=\frac{(c+d)(b+d)}{n}.$$

由公式 (4.2.1) 可得

$$\begin{aligned}\chi^2&=\frac{(a-e_{11})^2}{e_{11}}+\frac{(b-e_{12})^2}{e_{12}}+\frac{(c-e_{21})^2}{e_{21}}+\frac{(d-e_{22})^2}{e_{22}}\\&=\frac{n(ad-bc)^2}{(a+b)(c+d)(a+c)(b+d)}.\end{aligned}$$

由式 (4.3.1) 求 φ 相关系数得

$$\varphi=\frac{|ad-bc|}{\sqrt{(a+b)(c+d)(a+c)(b+d)}}. \tag{4.3.2}$$

由式 (4.3.2) 可以看出, 当 $ad=bc$ 时, $\varphi=0$, 表明变量 X 与 Y 之间相互独立. 如果 $b=0$, $c=0$, 或 $a=0$, $d=0$, 则意味着各观测频数全部落在对角线上, 此时 $\varphi=1$, 表明变量 X 与 Y 之间完全相关.

上述讨论说明: 对于 2×2 列联表, 两变量的 φ 相关系数的绝对值在 0 与 1 之间. φ 的绝对值越大, 说明变量 X 与 Y 之间的相关程度越高. 但是, 当列联表的行数或列数大于 2 时, φ 相关系数会随着行数或列数的增大而增大, 并且此时 φ 值会变得没有上限. 因此, 凭 φ 值的大小无法说明两个变量间相关程度的大小, 这时可以采用列联相关系数.

4.3.2 列联相关系数

列联相关系数是 Pearson 首先提出的, 因此也称它为 Pearson 列联系数或 C 系数. 它是对 φ 相关系数的改进, 主要用于大于 2×2 列联表, 计算公式为

$$C=\sqrt{\frac{\chi^2}{\chi^2+n}}. \tag{4.3.3}$$

当列联表中两个变量相互独立时, $C=0$. 如果两个变量存在相关, 则 C 值随 r 和 s 的增大而增大, 但它永远小于 1. 当两个变量完全相关时, 对于 2×2 列联表, $C=0.7071$; 对于 3×3 列联表, $C=0.8165$; 对于 4×4 列联表, $C=0.87$. 因此, 可以用 C 值的大小来衡量两个变量的相关程度. 此外, 根据不同行数和列数得到的列联表计算的列联相关系数不便于比较.

4.3.3　V 相关系数

鉴于 φ 相关系数无上限和 Pearson 列联相关系数小于 1 的情况, Cramer 提出了 V 相关系数. 它的计算公式为

$$V=\sqrt{\frac{\chi^2}{n\cdot\min\{r-1,s-1\}}}. \tag{4.3.4}$$

与列联相关系数一样, V 相关系数的计算也是以 χ^2 值为基础的. 当列联表中两个变量相互独立时, $V=0$. 当两个变量完全相关时, $V=1$. 所以, V 的值在 0 与 1 之间. 与列联相关系数一样, 不同行和列的列联表计算的列联系数不便于比较. 特别地, 如果列联表中有一维为 2, 即 $\min\{r-1,s-1\}=1$, 则 V 值等于 φ 值.

最后需要强调: 在对不同列联表变量之间的相关程度进行比较时, 不同列联表中的行与行、列与列的个数要相同, 并且采用同一种系数.

R 语言中的函数 chisq.test( ) 可以计算 χ^2 统计量的值, 该函数的表达形式参见 4.2.2 小节.

例 4.3.1　以例 4.2.3 中的数据为例, 分别计算 φ 相关系数、列联相关系数和 V 相关系数.

解　由例 4.2.3, 我们已经求出 $\chi^2=19.8227$. 列联表的总频数为 $n=500$. 由于是 3×3 列联表, 所以 $\min\{r-1,s-1\}=2$. 于是

$$\varphi=\sqrt{\frac{\chi^2}{n}}=\sqrt{\frac{19.8227}{500}}=0.1991,$$

$$C=\sqrt{\frac{\chi^2}{\chi^2+n}}=\sqrt{\frac{19.8227}{19.8227+500}}=0.1953,$$

$$V=\sqrt{\frac{\chi^2}{n\cdot\min\{r-1,s-1\}}}=\sqrt{\frac{19.8227}{500\times 2}}=0.1408.$$

上面计算的三个相关系数都不高, 表明产地和原料等级之间的相关程度不高.

4.4　对数线性模型

前面介绍的列联表是研究各分类变量之间独立性和相关性的重要工具. 对数线性模型是把列联表和线性模型结合起来, 建立了变量间关系的模型, 从而可以更方便地研究变量间的关联程度和交互效应. 对数线性模型的内容十分丰富, 限于篇幅, 这里仅介绍它的基本概念及有关独立性问题的检验.

由 4.2.3 小节知, 在 $r \times s$ 列联表中, 检验两个随机变量 X 和 Y 的相互独立性而建立的原假设为: 对所有的 i, j, 有 $p_{ij} = p_{i\cdot}p_{\cdot j}$. 当原假设为真时, 期望频数为

$$e_{ij} = \frac{n_{i\cdot}n_{\cdot j}}{n}.$$

上式两边取对数可得

$$\ln e_{ij} = \ln n_{i\cdot} + \ln n_{\cdot j} - \ln n. \tag{4.4.1}$$

将式 (4.4.1) 两边分别对 i, j 和 (i, j) 求和可得

$$\sum_{i=1}^{r} \ln e_{ij} = \sum_{i=1}^{r} \ln n_{i\cdot} + r \ln n_{\cdot j} - r \ln n, \tag{4.4.2}$$

$$\sum_{j=1}^{s} \ln e_{ij} = s \ln n_{i\cdot} + \sum_{j=1}^{s} \ln n_{\cdot j} - s \ln n, \tag{4.4.3}$$

$$\sum_{i=1}^{r}\sum_{j=1}^{s} \ln e_{ij} = s \sum_{i=1}^{r} \ln n_{i\cdot} + r \sum_{j=1}^{s} \ln n_{\cdot j} - rs \ln n. \tag{4.4.4}$$

由式 (4.4.1) ~ 式 (4.4.4) 可以解得

$$\ln e_{ij} = \frac{1}{s}\sum_{j=1}^{s} \ln e_{ij} + \frac{1}{r}\sum_{i=1}^{r} \ln e_{ij} - \frac{1}{rs}\sum_{i=1}^{r}\sum_{j=1}^{s} \ln e_{ij}. \tag{4.4.5}$$

仿照方差分析模型的形式, 可以将式 (4.4.5) 改写为

$$\ln e_{ij} = \mu + \lambda_i^X + \lambda_j^Y, \quad i = 1, \cdots, r,\ j = 1, \cdots, s, \tag{4.4.6}$$

其中

$$\mu = \frac{1}{rs}\sum_{i=1}^{r}\sum_{j=1}^{s} \ln e_{ij},$$

$$\lambda_i^X = \frac{1}{s}\sum_{j=1}^{s} \ln e_{ij} - \frac{1}{rs}\sum_{i=1}^{r}\sum_{j=1}^{s} \ln e_{ij},$$

$$\lambda_j^Y = \frac{1}{r}\sum_{i=1}^{r} \ln e_{ij} - \frac{1}{rs}\sum_{i=1}^{r}\sum_{j=1}^{s} \ln e_{ij}.$$

借助于方差分析的术语, 在式 (4.4.6) 中, μ 表示平均效应, 即观测值对数的总平均值, λ_i^X 表示变量 X 第 i 组的主效应, λ_j^Y 表示变量 Y 第 j 组的主效应. 显然, λ_i^X 和 λ_j^Y 满足

$$\sum_{i=1}^{r} \lambda_i^X = 0, \quad \sum_{j=1}^{s} \lambda_j^Y = 0.$$

称式 (4.4.6) 为二维列联表的两个变量 X 和 Y 独立性的对数线性模型, 简称独立性模型. 当二维列联表的两个变量 X 和 Y 不独立性时, 所得模型应包含交互作用项 λ_{ij}^{XY}, 此时模型应为

$$\ln e_{ij} = \mu + \lambda_i^X + \lambda_j^Y + \lambda_{ij}^{XY}, \quad i = 1, \cdots, r,\ j = 1, \cdots, s. \tag{4.4.7}$$

称式 (4.4.7) 为饱和模型, 其中 λ_{ij}^{XY} 满足

$$\sum_{i=1}^{r} \lambda_{ij}^{XY} = \sum_{j=1}^{s} \lambda_{ij}^{XY} = 0.$$

类似地, 可以考虑高维列联表的对数线性模型. 下面我们以 $r \times s \times t$ 列联表为例加以说明. 三个变量 X, Y, Z 独立性的对数线性模型为

$$\ln e_{ijk} = \mu + \lambda_i^X + \lambda_j^Y + \lambda_k^Z, \tag{4.4.8}$$

其中 e_{ijk} 为三维列联表中观测频数 n_{ijk} 的期望频数, $i = 1, \cdots, r,\ j = 1, \cdots, s,$ $k = 1, \cdots, t$; 而一般的饱和模型为

$$\ln e_{ijk} = \mu + \lambda_i^X + \lambda_j^Y + \lambda_k^Z + \lambda_{ij}^{XY} + \lambda_{ik}^{XZ} + \lambda_{jk}^{YZ} + \lambda_{ijk}^{XYZ}, \tag{4.4.9}$$

其中双下标的项描述了两个变量的交互作用, 三个下标的项描述了三个变量的交互作用. 类似于二维情况, 模型 (4.4.8) 和模型 (4.4.9) 也有约束条件, 即模型中关于效应的任何下标求和均为零. 当然, 在独立性模型与饱和模型之间还有其他模型. 为叙述方便, 用 (X, Y, Z) 表示独立性模型, (XYZ) 表示饱和模型. 中间的一些模型用这三个字母的组合表示, 比如 (X, YZ) 表示式 (4.4.9) 删去 λ_{ij}^{XY}, λ_{ik}^{XZ} 和 λ_{ijk}^{XYZ} 后得到的模型, 而 (XY, YZ) 表示式 (4.4.9) 删去 λ_{ik}^{XZ} 和 λ_{ijk}^{XYZ} 后得到的模型. 在各种模型下, 可以作不同的独立性检验. 归纳起来填到表 4.4.1 中.

表 4.4.1 三维列联表各对数线性模型及其可作的独立性检验

模型	对数线性模型的形式	可作的独立性检验
(X, Y, Z)	$\ln e_{ijk} = \mu + \lambda_i^X + \lambda_j^Y + \lambda_k^Z$	X, Y, Z 相互独立
(X, YZ)	$\ln e_{ijk} = \mu + \lambda_i^X + \lambda_j^Y + \lambda_k^Z + \lambda_{jk}^{YZ}$	X 与 (Y, Z) 独立
(Y, XZ)	$\ln e_{ijk} = \mu + \lambda_i^X + \lambda_j^Y + \lambda_k^Z + \lambda_{ik}^{XZ}$	Y 与 (X, Z) 独立
(Z, XY)	$\ln e_{ijk} = \mu + \lambda_i^X + \lambda_j^Y + \lambda_k^Z + \lambda_{ij}^{XY}$	Z 与 (X, Y) 独立
(XY, XZ)	$\ln e_{ijk} = \mu + \lambda_i^X + \lambda_j^Y + \lambda_k^Z + \lambda_{ij}^{XY} + \lambda_{ik}^{XZ}$	给定 X 时 Y 与 Z 独立
(XY, YZ)	$\ln e_{ijk} = \mu + \lambda_i^X + \lambda_j^Y + \lambda_k^Z + \lambda_{ij}^{XY} + \lambda_{jk}^{YZ}$	给定 Y 时 X 与 Z 独立
(XZ, YZ)	$\ln e_{ijk} = \mu + \lambda_i^X + \lambda_j^Y + \lambda_k^Z + \lambda_{ik}^{XZ} + \lambda_{jk}^{YZ}$	给定 Z 时 X 与 Y 独立

同二维列联表一样, 上述各种模型的变量独立性可以利用 Pearson 统计量或似然比 (LRT) 统计量进行 χ^2 检验. 对于 $r \times s$ 列联表, Pearson 统计量的表达式如同式 (4.2.1), 而对数似然比统计量为

$$L^2 = 2\sum_{i=1}^{r}\sum_{j=1}^{s} n_{ij} \ln \frac{n_{ij}}{e_{ij}}, \tag{4.4.10}$$

其中 $e_{ij} = n_{i\cdot}n_{\cdot j}/n$ 表示列联表 4.2.1 中第 i 行第 j 列类别的期望频数. 统计量 L^2 也渐近服从自由度为 $(r-1)(s-1)$ 的 χ^2 分布.

对于 $r \times s \times t$ 列联表, Pearson 统计量为

$$\chi^2 = \sum_{i=1}^{r}\sum_{j=1}^{s}\sum_{k=1}^{t} \frac{(n_{ijk} - e_{ijk})^2}{e_{ijk}}, \tag{4.4.11}$$

其中 n_{ijk} 为三维列联表中事件 $\{X = X_i, Y = Y_j, Z = Z_k\}$ 发生的观测频数且 $n_{ijk} > 0$, e_{ijk} 为相应的期望频数. 对数似然比统计量为

$$L^2 = 2\sum_{i=1}^{r}\sum_{j=1}^{s}\sum_{k=1}^{t} n_{ijk} \ln \frac{n_{ijk}}{e_{ijk}}. \tag{4.4.12}$$

在三维列联表时, 统计量 L^2 和 χ^2 均渐近服从相同自由度的 χ^2 分布, 其自由度视具体所拟合的对数线性模型而定. 如果真实模型和原假设下的模型不一致, 则 χ^2 和 L^2 的值会偏大. 因此, 在 χ^2 或 L^2 的值较大时拒绝原假设. 为计算方便起见, 我们把三维列联表各对数线性模型的期望频数和自由度填到表 4.4.2 中.

表 4.4.2 三维列联表各对数线性模型的期望频数和自由度

模型	期望频数 (e_{ijk})	自由度 (df)
(X, Y, Z)	$n_{i\cdot\cdot}n_{\cdot j\cdot}n_{\cdot\cdot k}/n^2$	$rst - r - s - t + 2$
(X, YZ)	$n_{i\cdot\cdot}n_{\cdot jk}/n$	$(r-1)(st-1)$
(Y, XZ)	$n_{\cdot j\cdot}n_{i\cdot k}/n$	$(s-1)(rt-1)$
(Z, XY)	$n_{\cdot\cdot k}n_{ij\cdot}/n$	$(t-1)(rs-1)$
(XY, XZ)	$n_{ij\cdot}n_{i\cdot k}/n_{i\cdot\cdot}$	$r(s-1)(t-1)$
(XY, YZ)	$n_{ij\cdot}n_{\cdot jk}/n_{\cdot j\cdot}$	$s(r-1)(t-1)$
(XZ, YZ)	$n_{i\cdot k}n_{\cdot jk}/n_{\cdot\cdot k}$	$t(r-1)(s-1)$

在表 4.4.2 中, n 为列联表总频数, $n_{i\cdot\cdot}$, $n_{\cdot j\cdot}$ 和 $n_{\cdot\cdot k}$ 为单个变量边缘频数, $n_{ij\cdot}$, $n_{i\cdot k}$ 和 $n_{\cdot jk}$ 为两个变量边缘频数, 其计算公式如下:

$$n = n_{\cdots} = \sum_{i=1}^{r}\sum_{j=1}^{s}\sum_{k=1}^{t} n_{ijk}, \tag{4.4.13}$$

$$n_{i\cdot\cdot} = \sum_{j=1}^{s}\sum_{k=1}^{t} n_{ijk}, \quad n_{\cdot j\cdot} = \sum_{i=1}^{r}\sum_{k=1}^{t} n_{ijk}, \quad n_{\cdot\cdot k} = \sum_{i=1}^{r}\sum_{j=1}^{s} n_{ijk}, \tag{4.4.14}$$

$$n_{ij\cdot} = \sum_{k=1}^{t} n_{ijk}, \quad n_{i\cdot k} = \sum_{j=1}^{s} n_{ijk}, \quad n_{\cdot jk} = \sum_{i=1}^{r} n_{ijk}. \tag{4.4.15}$$

R 语言中的函数 R 软件包 MASS 中的函数 loglin(·, ·) 可以用来计算 Pearson 统计量 χ^2 和 LRT 统计量 L^2 的值. 下面以三维列联表为例给出具体计算步骤: 首先将三维列联表的数据装入一个三维数组 a 中, 然后运行语句

```
loglin(a, list(1,2,3))$pearson
```

可以得到检验变量 X, Y, Z 独立性的 Pearson 统计量 χ^2 的值, 其中 1, 2, 3 分别表示 X, Y, Z; 运行语句

```
loglin(a, list(1,c(2,3)))$pearson
```

可以得到检验 X 与 (Y, Z) 独立性的 Pearson 统计量 χ^2 的值; 运行语句

```
loglin(a, list(c(1,2),c(1,3)))$pearson
```

可以得到检验给定 X 下 Y 与 Z 独立性的 Pearson 统计量 χ^2 的值. 其他检验独立性的 Pearson 统计量 χ^2 的值可类似计算. 将上述语句中的 "pearson" 改为 "lrt" 即可得到相应的 LRT 统计量 L^2 的值.

下面举例说明三维列联表中变量独立性检验的具体计算方法.

例 4.4.1 某公司在一项议案的调查中, 得到下面的 $2 \times 2 \times 3$ 列联表 (表 4.4.3).

表 4.4.3 某公司一项议案的调查数据

态度(Z)		支持		反对		弃权	
工种(Y)		蓝领	白领	蓝领	白领	蓝领	白领
性别(X)	男	60	50	95	40	34	45
	女	80	45	105	41	44	53

问哪些因素与态度有关? 是否有的因素与态度无关?

解 该题是检验哪些变量独立, 哪些变量不独立. 首先检验三个变量的独立

性. 利用表 4.4.3 中的数据及公式 (4.4.14) 和公式 (4.4.15) 可以得到

$$
\begin{aligned}
n_{1\cdot\cdot} &= (60+50)+(95+40)+(34+45)=324,\\
n_{2\cdot\cdot} &= (80+45)+(105+41)+(44+53)=368,\\
n_{\cdot 1\cdot} &= (60+80)+(95+105)+(34+44)=418,\\
n_{\cdot 2\cdot} &= (50+45)+(40+41)+(45+53)=274,\\
n_{\cdot\cdot 1} &= (60+80)+(50+45)=235,\\
n_{\cdot\cdot 2} &= (95+105)+(40+41)=281,\\
n_{\cdot\cdot 3} &= (34+44)+(45+53)=176.
\end{aligned}
$$

由公式 (4.4.13) 可以得到列联表的总频数 $n=692$. 利用上面的结果和公式 $e_{ijk}=n_{i\cdot\cdot}n_{\cdot j\cdot}n_{\cdot\cdot k}/n^2$ 可以得到各个期望频数. 例如,

$$
\begin{aligned}
e_{111} &= n_{1\cdot\cdot}n_{\cdot 1\cdot}n_{\cdot\cdot 1}/n^2 = 324\times 418\times 235/692^2 = 66.4625,\\
e_{211} &= n_{2\cdot\cdot}n_{\cdot 1\cdot}n_{\cdot 1\cdot}/n^2 = 368\times 418\times 235/692^2 = 75.4883.
\end{aligned}
$$

其余期望频数的计算类似. 计算结果如表 4.4.4.

表 4.4.4 三个变量相互独立下的期望频数

态度(Z)		支持		反对		弃权	
工种(Y)		蓝领	白领	蓝领	白领	蓝领	白领
性别(X)	男	66.4625	43.5664	79.4722	52.0942	49.7762	32.6284
	女	75.4883	49.4828	90.2648	59.1688	56.5359	37.0594

由表 4.4.3 和表 4.4.4 以及公式 (4.4.11) 可以计算检验统计量 χ^2 的值, 即

$$
\chi^2 = \frac{(60-66.4625)^2}{66.4625}+\cdots+\frac{(53-37.0594)^2}{37.0594}=35.4077.
$$

自由度为 $\mathrm{df}=2\times 2\times 3-2-2-3+2=7$. 给定显著性水平 $\alpha=0.05$, 查 χ^2 检验的临界值表得 $\chi_7^2(0.95)=14.07$. 由于 $\chi^2=35.4077>14.07$, 故拒绝原假设 H_0, 即认为三个变量不是相互独立的. 这个结论说明, 性别、工种与态度之间存在关联性. 利用似然比统计量可类似进行检验, 这里留作练习.

类似于上述方法可以作其他独立性检验. 尽管借助于计算器可以作计算, 但算起来还是很麻烦的. 下面使用 R 语言中的函数 loglin(·, ·) 来计算 χ^2 和 L^2 的值. 计算结果如表 4.4.5, 其中显著性水平 $\alpha=0.05$.

表 4.4.5　对数线性模型的模型拟合优度检验结果

模型	df	Pearson χ^2	LRT L^2	临界值	结论
(X,Y,Z)	7	35.4077	35.5664	14.07	X,Y,Z 不独立
(X,YZ)	5	2.7813	2.7826	11.07	X 与 (Y,Z) 独立
(Y,XZ)	5	35.0923	35.1330	11.07	Y 与 (X,Z) 不独立
(Z,XY)	6	34.6628	34.4739	12.59	Z 与 (X,Y) 不独立
(XY,XZ)	4	34.0410	34.0406	9.488	给定 X, Y 与 Z 不独立
(XY,YZ)	4	1.6893	1.6901	9.488	给定 Y, X 与 Z 独立
(XZ,YZ)	3	2.3488	2.3492	7.815	给定 Z, X 与 Y 独立

从表 4.4.5 中可以看出, 无法拒绝性别 X 与其他两个因素 (Y,Z) 的独立性, 这表明性别与工种以及性别与态度之间都没有相关性. 然而, 变量 Y 与 Z 存在交互作用, 也就是说, 不同工种的职工对提案的态度是不同的. 因此, 在建立对数线性模型时应加上 Y 与 Z 的交互作用.

习　题　4

4.1 某银行新招聘了能力相同的 16 位员工, 其中 10 位男性, 6 位女性. 银行主管正在给他们分配工作, 有 5 个岗位是账户代表, 11 个岗位是出纳员, 分配结果如下表:

	账户代表	出纳员	总和
男性	1	9	10
女性	4	2	6
总和	5	11	16

问女性是否比男性更有可能得到账户代表的工作?

4.2 欲了解抽烟是否导致得肺癌, 对随机抽取的 45 名 50 岁以上的人作调查, 并按抽烟或不抽烟及得肺癌与未得肺癌两个属性分类, 得到如下 2×2 列联表:

	得肺癌	未得肺癌	总和
抽烟	8	19	27
不抽烟	1	17	18
总和	9	36	45

问抽烟对得肺癌有显著影响吗? $(\alpha = 0.05)$

4.3 在一个测试成功率是否提高的试验性治疗中, 把癌症患者分成 3 组, 各组成功与失败的次数如下表:

	组 1			组 2			组 3		
	成功	失败	总和($n_{i\cdot 1}$)	成功	失败	总和($n_{i\cdot 2}$)	成功	失败	总和($n_{i\cdot 3}$)
治疗	10	1	11	9	0	9	8	0	8
控制	11	2	13	10	2	12	8	2	10
总和($n_{\cdot 1k}$)	21	3	24	19	2	21	16	2	18

问这项试验的成功率是否有所提高? ($\alpha = 0.05$)

4.4 欲了解医院 A 和医院 B 治疗慢粒白血病的情况, 搜集了这两家医院的统计数据, 它们是这样的: 医院 A 最近接收的 1000 个患者里, 有 900 个活着, 100 个死亡, 患者存活率为 90%. 医院 B 最近接收的 1000 个患者里, 有 730 个活着, 270 个死亡, 患者存活率为 73%. 因此, 有人说医院 A 治疗慢粒白血病的医术高. 另有人怀疑这种说法, 就进一步对两家医院治疗慢粒白血病的情况进行了详细分类, 得到如下数表:

	病情严重			病情不严重		
	活着	死亡	总和($n_{i\cdot 1}$)	活着	死亡	总和($n_{i\cdot 2}$)
医院 A	30	70	100	870	30	900
医院 B	140	260	400	590	10	600
总和($n_{\cdot 1k}$)	170	330	500	1460	40	1500

试利用 Fisher 精确检验和 Mantel-Haenszel 检验两种方法来检验医院 A 的患者存活率是否比医院 B 的患者存活率大, 并讨论用这两种方法所得结论有差异的原因. ($\alpha = 0.05$)

4.5 从两台机器生产的产品中随机抽样, 来检查两台机器生产的产品次品率是否有差异. 第一台机器的 100 件产品中有 12 件次品, 第二台机器的 90 件产品中有 16 件次品, 从而得到如下 2×2 列联表:

	次品	正品	合计
机器 1	12	88	100
机器 2	16	74	90
合计	28	162	190

试在显著性水平 $\alpha = 0.05$ 下, 检验两台机器生产的产品次品率是否有差异.

4.6 一个集团公司在四个不同的地区设有分公司, 现该集团公司欲进行一项改革, 此项改革可能涉及各分公司的利益, 故采用抽样调查方式, 从四个分公司共抽取 420 个样本单位 (人), 了解职工对此项改革的看法, 调查结果如下表:

	赞成该方案	反对该方案	合计
一分公司	68	32	100
二分公司	75	45	120
三分公司	57	33	90
四分公司	79	31	110
合计	279	141	420

试在显著性水平 $\alpha = 0.1$ 下, 检验四个分公司对改革方案的赞成比例是否一致.

4.7 调查 479 个不同年龄段的人对不同类型的电视节目的关注情况, 要求每人只能选出他们最喜欢观看的电视节目类型, 结果如下表:

	$\leqslant 30$(岁)	$31 \sim 50$(岁)	> 50(岁)	合计
体育类	83	91	41	215
电视剧类	70	86	38	194
综艺类	45	15	10	70
合计	198	192	89	479

试在显著性水平 $\alpha = 0.05$ 下, 检验不同观众对三类节目的关注率是否一样.

4.8 为研究血型与肝病之间的关系, 对 295 名肝病患者及 638 名非肝病患者 (对照组) 调查不同血型的得病情况, 结果如下表:

	肝炎	肝硬化	对照	总和
O 型	98	38	289	425
A 型	67	41	262	370
B 型	13	8	57	78
AB 型	18	12	30	60
总和	196	99	638	933

试在显著性水平 $\alpha = 0.05$ 下, 检验血型与肝病之间是否存在关联.

4.9 要对从 3 名候选人 A, B, C 中选一名学生代表的选票进行分析. 设有 4 个学院的学生参加选举, 每张选票上都标明投票者所在的学院. 现随机抽取 200 张选票, 投票情况如下表:

	A	B	C	总和
一学院	24	23	12	59
二学院	24	14	10	48
三学院	17	8	13	38
四学院	27	19	9	55
总和	92	64	44	200

问我们能否认为投票结果与投票者在什么学院相互独立? ($\alpha = 0.05$)

4.10 为研究三种不同药物对咳嗽的治疗效果, 将 45 个体质相似的患者随机分为 3 组, 每组 15 人, 各自采用 A, B, C 三种药物进行治疗. 假定其他条件都保持相同, 5 天后测量各个患者每天的咳嗽次数, 结果如下:

药物 A　35, 42, 42, 30, 15, 31, 29, 29, 17, 21, 33, 34, 28, 27, 22;
药物 B　34, 38, 26, 17, 42, 28, 35, 33, 16, 40, 36, 19, 32, 29, 27;
药物 C　17, 29, 30, 36, 41, 30, 31, 23, 35, 30, 33, 24, 36, 29, 25.

试在显著性水平 $\alpha = 0.05$ 下, 检验这三种药物的治疗效果是否相同.

4.11 关于儿童在医院里喜欢何种衣着和性别的医务人员, 不同性别的 99 名儿童作了选择, 其结果如下面的 $2 \times 2 \times 2$ 列联表:

护士性别		女		男	
儿童性别		女	男	女	男
护士衣着颜色	花衣	36	8	25	13
	白衣	12	4	1	0

试在显著性水平 $\alpha = 0.01$ 下, 检验这三个变量之间哪些是独立的, 哪些是不独立的.

4.12 调查三所学校五年级学生的眼睛近视情况, 按男生和女生分别进行观测, 统计结果如下表:

学校		甲		乙		丙	
学生性别		男	女	男	女	男	女
近视与否	近视	55	58	66	85	66	50
	不近视	45	41	87	70	41	39

试在显著性水平 $\alpha = 0.01$ 下, 检验哪些变量独立, 哪些不独立.

第 5 章 秩 检 验

使用秩统计量进行假设检验的方法称为秩检验法, 简称秩检验. 所谓秩统计量就是完全由样本的秩所决定的统计量. 秩检验在非参数统计中占有极其重要的地位. 其原因可列举很多. 一是秩检验使用灵活, 易于在各种检验问题中从直观出发构造出检验统计量; 二是线性秩统计量有完备的大样本理论, 其在原假设下往往与分布无关; 三是秩检验的使用, 相对于其他方法而言, 计算上不是很复杂; 四是秩检验与常用的一些检验方法 (t 检验) 相比, 其性能不差; 等等. 本章主要介绍一些常用的秩检验.

5.1 线性秩统计量

线性秩统计量是一种重要类型的秩统计量. 使用线性秩统计量的假设检验方法是构成常用秩检验的主体. 本节引入线性秩统计量的定义, 并讨论它的一些基本性质. 这些内容是把秩用于检验的理论基础.

5.1.1 定义及基本性质

定义 5.1.1 设 $X_1,\cdots,X_n$ 为样本 (不必独立或同分布), 其值两两不同, 记

$$R_i=\sum_{j=1}^{n}I(X_j\leqslant X_i),\quad i=1,\cdots,n,$$

则称 R_i 为 X_i 在样本 $X_1,\cdots,X_n$ 中的秩.

如果 $X_{(1)}<\cdots<X_{(n)}$ 为 $X_1,\cdots,X_n$ 的次序统计量, 而 $X_i=X_{(R_i)}$, 则 R_i 为 X_i 之秩. 记 $R=(R_1,\cdots,R_n)$. R 或其一部分分量称为样本 $X_1,\cdots,X_n$ 的秩统计量. 更进一步, R 的任何已知函数也称为秩统计量. 例如, $\sum\limits_{i=1}^{n} i\log R_i$, $\sum\limits_{i=1}^{n} i^2R_i$ 等.

定义 5.1.2 设 $X_1,\cdots,X_n$ 为样本, 其对应的秩向量为 $R=(R_1,\cdots,R_n)$. 又 $c_1,\cdots,c_n$ 和 $a(1),\cdots,a(n)$ 是两组常数, 组内的 n 个数不全相等. 定义统计量

$$L=\sum_{i=1}^{n}c_ia(R_i),$$

则称 L 为 R 的线性秩统计量, 称 $a(1),\cdots,a(n)$ 为分值 (score), 称 $c_1,\cdots,c_n$ 为回归常数. 之所以称 $a(\cdot)$ 为分值, 理由是这样的: $a(R_i)$ 越大, 这一项在 L 中起的作用也越大, 可以形象地说是 R_i 得了 $a(R_i)$ 分. "回归系数" 这个名词在很大程度上是借用线性回归中的称呼.

下文总假定样本 $X_1,\cdots,X_n$ 是独立同分布的, 其共同的分布函数 $F(x)$ 处处连续. 后面这个条件保证了: 以概率 1, $X_1,\cdots,X_n$ 互不相同, 因而秩的意义确定, 且 $R_1,\cdots,R_n$ 取 1 到 n 之值 1 次且仅 1 次. 更进一步有以下基本事实.

定理 5.1.1 设 $(r_1,\cdots,r_n)$ 为 $(1,\cdots,n)$ 的任一置换 (共有 $n!$ 个置换), 则

$$P\{(R_1,\cdots,R_n)=(r_1,\cdots,r_n)\}=\frac{1}{n!}.$$

证明 找 i_k, 使 $r_{i_k}=k,\ k=1,\cdots,n$, 则 $(i_1,\cdots,i_n)$ 为 $(1,\cdots,n)$ 的一个置换. 由于 $X_1,\cdots,X_n$ 独立同分布, 故 $(X_{i_1},\cdots,X_{i_n})$ 与 $(X_1,\cdots,X_n)$ 同分布. 以 R_j' 记 X_{i_j} 在 $X_{i_1},\cdots,X_{i_n}$ 中的秩, 则 $(R_1',\cdots,R_n')$ 应与 $(R_1,\cdots,R_n)$ 同分布, 故

$$\begin{aligned}
&P\{(R_1,\cdots,R_n)=(r_1,\cdots,r_n)\}\\
=&P\{(R_1',\cdots,R_n')=(r_{i_1},\cdots,r_{i_n})\}\\
=&P\{(R_1',\cdots,R_n')=(1,\cdots,n)\}\\
=&P\{(R_1,\cdots,R_n)=(1,\cdots,n)\}.
\end{aligned}$$

对任意 $(r_1,\cdots,r_n)$ 上式均成立. 由于最后一个概率与 $(r_1,\cdots,r_n)$ 无关, 因此这个概率对任意 $(r_1,\cdots,r_n)$ 均相等. 而全部这样的事件互不相容且它们的和是必然事件, 所有这样事件的概率共有 $n!$ 个且为同一个值, 故这个值必为 $1/n!$. 定理证毕.

定理 5.1.1 指出, 在样本为独立同分布和共同分布连续下, 秩的分布与总体无关. 这是它在非参数统计中有用的根本原因. 从这个基本事实出发, 原则上不难得到任何秩统计量的分布.

定理 5.1.2 秩向量 $R=(R_1,\cdots,R_n)$ 的所有边缘分布皆为均匀分布. 特别地, 对 $1\leqslant i\leqslant n$, R_i 的边缘分布为

$$P\{R_i=r\}=\frac{1}{n},\quad r=1,\cdots,n;$$

对 $i\neq j, 1\leqslant i,j\leqslant n$, (R_i,R_j) 的边缘分布为

$$P\{R_i=r,R_j=s\}=\begin{cases}\dfrac{1}{n(n-1)}, & r\neq s, r,s=1,\cdots,n,\\ 0, & \text{其他}.\end{cases}$$

证明 见孙山泽 (2000) 的文献. 这里省略其证明.

定理 5.1.1 和定理 5.1.2 说明: 当 $X_1, \cdots, X_n$ 独立同分布, 且其共同分布连续时, 其秩向量 $R = (R_1, \cdots, R_n)$ 在集合

$$\mathcal{R} = \{(r_1, \cdots, r_n) : (r_1, \cdots, r_n) \text{ 是 } (1, \cdots, n) \text{的置换}\} \tag{5.1.1}$$

上的分布是均匀分布; 边缘分布也是均匀分布.

一般地, 对任意线性秩统计量 $L = \sum_{i=1}^{n} c_i a(R_i)$, 有 $P\{L = a\} = \dfrac{d_a}{n!}$, 其中 d_a 表示 $n!$ 个 $\sum_{i=1}^{n} c_i a(r_i)$ 中等于 a 的个数, $(r_1, \cdots, r_n)$ 取遍 $(1, \cdots, n)$ 的一切置换. 但是, 当 n 较大时, 这种分布在形式上很烦琐又无规则, 并不便于应用, 因此需用其渐近分布代之.

由定理 5.1.2 不难得到 R_i 的期望、方差和协方差:

$$E(R_i) = \frac{n+1}{2}, \quad i = 1, \cdots, n,$$

$$\operatorname{var}(R_i) = \frac{(n+1)(n-1)}{12}, \quad i = 1, \cdots, n,$$

$$\operatorname{cov}(R_i, R_j) = -\frac{n+1}{12}, \quad i \neq j, i, j = 1, \cdots, n.$$

利用定理 5.1.2, 可以得到下面的结果.

定理 5.1.3 设秩向量 $R = (R_1, \cdots, R_n)$ 的线性秩统计量为 $L = \sum_{i=1}^{n} c_i a(R_i)$, 则 $E(L) = n\bar{c}\bar{a}$, 且

$$\operatorname{var}(L) = \frac{1}{n-1}\left\{\sum_{i=1}^{n}[a(i) - \bar{a}]^2\right\}\left\{\sum_{i=1}^{n}[c_i - \bar{c}]^2\right\},$$

其中 $\bar{c} = \dfrac{1}{n}\sum_{i=1}^{n} c_i$, $\bar{a} = \dfrac{1}{n}\sum_{i=1}^{n} a(i)$.

证明 直接按定义计算, 得

$$E(a(R_i)) = \sum_{k=1}^{n} a(k) P\{R_i = k\} = \bar{a},$$

$$\begin{aligned}\operatorname{var}(a(R_i)) &= \sum_{k=1}^{n}[a(k) - \bar{a}]^2 P\{R_i = k\} \\ &= \frac{1}{n}\sum_{k=1}^{n}[a(k) - \bar{a}]^2,\end{aligned}$$

$$
\begin{aligned}
\operatorname{cov}(a(R_i), a(R_j)) &= \sum_{k \neq l}^{n} [a(k) - \bar{a}][a(l) - \bar{a}] P\{R_i = k, R_j = l\} \\
&= \frac{1}{n(n-1)} \sum_{k \neq l}^{n} [a(k) - \bar{a}][a(l) - \bar{a}] \\
&= \frac{1}{n(n-1)} \left\{ \sum_{k=1}^{n} \sum_{l=1}^{n} [a(k) - \bar{a}][a(l) - \bar{a}] - \sum_{k=1}^{n} [a(k) - \bar{a}]^2 \right\} \\
&= -\frac{1}{n(n-1)} \sum_{k=1}^{n} [a(k) - \bar{a}]^2.
\end{aligned}
$$

因此, 可以得到

$$
E(L) = \sum_{i=1}^{n} c_i \bar{a} = n\bar{c}\bar{a},
$$

$$
\begin{aligned}
\operatorname{var}(L) &= \sum_{i=1}^{n} c_i^2 \operatorname{var}(a(R_i)) + \sum_{i \neq j} c_i c_j \operatorname{cov}(a(R_i), a(R_j)) \\
&= \sum_{i=1}^{n} c_i^2 \left\{ \frac{1}{n} \sum_{k=1}^{n} [a(k) - \bar{a}]^2 \right\} + \sum_{i \neq j} c_i c_j \left\{ -\frac{1}{n(n-1)} \sum_{k=1}^{n} [a(k) - \bar{a}]^2 \right\} \\
&= \frac{1}{n(n-1)} \sum_{k=1}^{n} [a(k) - \bar{a}]^2 \left\{ (n-1) \sum_{i=1}^{n} c_i^2 - \sum_{i \neq j} c_i c_j \right\} \\
&= \frac{1}{n(n-1)} \sum_{k=1}^{n} [a(k) - \bar{a}]^2 \left\{ (n-1) \sum_{i=1}^{n} c_i^2 - \sum_{i=1}^{n} \sum_{j=1}^{n} c_i c_j + \sum_{i=1}^{n} c_i^2 \right\} \\
&= \frac{1}{n(n-1)} \sum_{k=1}^{n} [a(k) - \bar{a}]^2 \left\{ n \sum_{i=1}^{n} c_i^2 - n^2 \bar{c}^2 \right\} \\
&= \frac{1}{n-1} \left\{ \sum_{k=1}^{n} [a(k) - \bar{a}]^2 \right\} \left\{ \sum_{i=1}^{n} [c_i - \bar{c}]^2 \right\}.
\end{aligned}
$$

定理证毕.

例 5.1.1 两样本问题. 设样本 $X_1, \cdots, X_{n_1}$ 来自分布 $F(x)$, 样本 $Y_1, \cdots, Y_{n_2}$ 来自分布 $G(y)$. 又设 $F(x) \equiv G(x)$, $F(x)$ 处处连续, $X_1, \cdots, X_{n_1}, Y_1, \cdots, Y_{n_2}$ 独立同分布. 用 R_{n_1+j} 表示 Y_j 在合样本 $X_1, \cdots, X_{n_1}, Y_1, \cdots, Y_{n_2}$ 中的秩. 构造统计量

$$
W_Y = \sum_{j=1}^{n_2} R_{n_1+j}.
$$

称 W_Y 为 Wilcoxon 秩和统计量. 在 5.3.1 小节中我们再介绍它的应用. 试求 W_Y 的期望和方差.

解 由 W_Y 的定义知, 它为线性秩统计量, 其中 $a(i)=i,\ i=1,\cdots,n_1+n_2$,

$$c_i=\begin{cases}0, & i=1,\cdots,n_1,\\ 1, & i=n_1+1,\cdots,n_1+n_2.\end{cases}$$

记 $n=n_1+n_2$. 容易算出

$$\sum_{i=1}^{n}[a(i)-\bar{a}]^2=\frac{n(n^2-1)}{12},\quad \sum_{i=1}^{n}[c_i-\bar{c}]^2=\frac{n_1n_2}{n}.$$

于是得到

$$E(W_Y)=\frac{n_2(n+1)}{2},\quad \operatorname{var}(W_Y)=\frac{n_1n_2(n+1)}{12}.$$

下面的定理涉及线性秩统计量分布的对称性.

定理 5.1.4 对线性秩统计量 $L=\sum\limits_{i=1}^{n}c_ia(R_i)$, 如果下面两个条件至少成立其一:

$$a(i)+a(n+1-i)=a(1)+a(n),\quad i=1,\cdots,n, \tag{5.1.2}$$

$$c_i+c_{n+1-i}=c_1+c_n,\quad i=1,\cdots,n, \tag{5.1.3}$$

则 L 的分布关于其期望 $n\bar{a}\bar{c}$ 对称.

证明 由定理 5.1.1 有

$$(n+1-R_1,\cdots,n+1-R_n)\overset{d}{=}(R_1,\cdots,R_n), \tag{5.1.4}$$

其中 $\overset{d}{=}$ 表示等式两端的随机向量有相同分布.

如果式 (5.1.2) 成立, 则 $a(1)+a(n)=2\bar{a}$, 于是 $a(R_i)-\bar{a}=\bar{a}-a(n+1-R_i)$. 因此, 由式 (5.1.4) 可得

$$\begin{aligned}L-n\bar{a}\bar{c}&=\sum_{i=1}^{n}c_i[a(R_i)-\bar{a}]=\sum_{i=1}^{n}c_i[\bar{a}-a(n+1-R_i)]\\&\overset{d}{=}\sum_{i=1}^{n}c_i[\bar{a}-a(R_i)]=n\bar{a}\bar{c}-L,\end{aligned}$$

即 $L-n\bar{a}\bar{c}$ 与 $-(L-n\bar{a}\bar{c})$ 同分布, 因而 $L-n\bar{a}\bar{c}$ 的分布关于 0 对称. 这就意味着 L 的分布关于 $n\bar{a}\bar{c}$ 对称. 当式 (5.1.3) 成立时证明类似. 定理证毕.

5.1.2 渐近正态性

本小节仍然假定样本 $X_1,\cdots,X_n$ 是独立同分布的, 并且其共同的分布函数 $F(x)$ 连续, $R=(R_1,\cdots,R_n)$ 为秩统计量. 考虑线性秩统计量

$$L_n=\sum_{i=1}^{n}c_{ni}a_n(R_i). \tag{5.1.5}$$

这是因为要考虑样本容量 $n \to \infty$ 时的情况, 我们把前面用过的记号 c_i, $a(R_i)$ 和 L 都添上足标 n. 在式 (5.1.5) 中, 分值 $a_n(\cdot)$ 为一个定义在集合 $\{1, \cdots, n\}$ 上的实函数, 回归系数 $c_{n1}, \cdots, c_{nn}$ 为常数.

问题是要研究当 $\{c_{ni}\}$ 和 $a_n(\cdot)$ 满足什么条件时,

$$\frac{L_n - E(L_n)}{\sqrt{\operatorname{var}(L_n)}}$$

依分布收敛于 $N(0,1)$. 曾有不少统计学家对这个问题进行了研究, 而以 Hájek (1961) 的工作最完整 (见他于 1961 年发表在 *The Annals of Mathematical Statistics* 上的论文). 他的证法富有技巧性, 但比较烦琐, 这里证明从略. 就用于统计推断而言, 最一般形式的 Hájek 定理并不方便利用, 而由之推出的两个结果适用于许多问题, 因此我们不加证明地给出这两个结果. 作为准备需要引入几个概念.

设对每个自然数 n, 给定了 n 个实数 $c_{n1}, \cdots, c_{nn}$. 记 $\bar{c}_n = (c_{n1} + \cdots + c_{nn})/n$.

定义 5.1.3 如果当 $n \to \infty$ 时, 有

$$\frac{\max\limits_{1 \leqslant i \leqslant n} (c_{ni} - \bar{c}_n)^2}{\sum\limits_{i=1}^{n} (c_{ni} - \bar{c}_n)^2} \longrightarrow 0, \tag{5.1.6}$$

则称序列 $\{(c_{n1}, \cdots, c_{nn}) : n = 1, 2, \cdots\}$ 满足条件 N.

该条件是由 Nother 引进的, 因此取名为条件 N. 有时, 我们仅对自然数的一个序列 $\{n_1, n_2, \cdots\}$ 中的 n 给定了 $(c_{n1}, \cdots, c_{nn})$. 这时定义 5.1.3 仍有效. 但把 $n \to \infty$ 改为 n_i 中的 $i \to \infty$. 条件 (5.1.6) 的含义是, 在当 $n \to \infty$ 时, 构成平方和 $\sum\limits_{i=1}^{n} (c_{ni} - \bar{c}_n)^2$ 的每一项所起的作用一致地趋向于 0, 这与中心极限定理中起关键作用的所谓 "一致渐近可忽略" 的条件类似.

我们引入一个函数类 $\mathcal{SS}$, 它由一切定义在区间 $(0,1)$ 上的满足下述条件的函数 φ 构成: $\varphi = \varphi_1 - \varphi_2$, φ_1 和 φ_2 都是定义在 $(0,1)$ 上非减的平方可积函数, 且 φ_1 和 φ_2 在区间 $(0,1)$ 内都不恒等于常数.

定理 5.1.5 对于线性秩统计量 (5.1.5), 如果下述条件满足:

(i) $\{(c_{n1}, \cdots, c_{nn}) : n \geqslant 1\}$ 满足条件 N;

(ii) 存在常数 $b_n \neq 0$ 及函数 $\varphi \in \mathcal{SS}$, 使

$$a_n(i) = b_n \varphi\left(\frac{i}{n+1}\right), \quad i = 1, \cdots, n.$$

则当 $n \to \infty$ 时, 有

$$\frac{L_n - E(L_n)}{\sqrt{\operatorname{var}(L_n)}} \xrightarrow{D} N(0,1).$$

定理 5.1.5 的证法是基于 U 统计量的渐近正态性的证明思路, 即把 L_n 表示为一个独立随机变量之和加上一个余项, 后者当 $n \to \infty$ 时依概率收敛于 0, 由此可以利用独立随机变量之和的中心极限定理获得所要的结果.

例 5.1.2　考察 Wilcoxon 秩和统计量 W_Y 的渐近正态性.

解　由例 5.1.1 中 W_Y 的定义可知

$$(c_{n1}, \cdots, c_{nn}) = (0, \cdots, 0, 1, \cdots, 1) \quad (n_1 \text{ 个 } 0 \text{ 和 } n_2 \text{ 个 } 1),$$

其中 $n = n_1 + n_2$. 不难算得 $\sum\limits_{i=1}^{n}(c_{ni} - \bar{c}_n)^2 = \dfrac{n_1 n_2}{n}$, 而 $\max\limits_{1 \leqslant i \leqslant n}(c_{ni} - \bar{c}_n)^2 < 1$. 因此, 只要 $\dfrac{n_1 n_2}{n} \to \infty$, 则条件 N 满足. 不难看出 $\dfrac{n_1 n_2}{n} \to \infty \iff n_1 \to \infty,\ n_2 \to \infty$, 由此可推出条件 N 成立.

此外, 如果令 $\varphi(u) = u (0 < u < 1)$, 而 $b_n = n + 1$, 则

$$a_n(i) = i = b_n \varphi\left(\frac{i}{n+1}\right), \quad i = 1, \cdots, n.$$

$\varphi(u)$ 可表示为 $2u - u$, 其中 $2u$ 和 u 都是在 $(0, 1)$ 上非减、非常数的平方可积函数. 于是 $\varphi \in \mathcal{SS}$. 再利用例 5.1.1 中已求得的 $E(W_Y)$ 和 $\operatorname{var}(W_Y)$ 可得, 当 $n_1 \to \infty$ 且 $n_2 \to \infty$ 时,

$$\frac{W_Y - n_2(n+1)/2}{\sqrt{n_1 n_2 (n+1)/12}} \xrightarrow{D} N(0, 1).$$

这个结果可用于大样本检验.

记 $S_n = [L_n - E(L_n)]/\sqrt{\operatorname{var}(L_n)}$. 定理 5.1.5 指明, 在一定的条件下, 线性秩统计量 L_n 经过标准化后得到的 S_n 依分布收敛于标准正态分布. 当 n 较小时, S_n 的确切分布容易根据定理 5.1.1 算出, 计算结果与标准正态分布比较, 其差距并不大. 因此, 有理由相信, 当 n 更大时, 逼近的精度很高. 陈希孺和柴根象 (1993) 给出了计算结果.

5.2　符号秩检验

5.2.1　符号秩统计量及其性质

符号秩统计量来源于对称中心的检验. 设 $X_1, \cdots, X_n$ 是从总体分布 $F(x - \theta)$ 中抽取的独立同分布样本, 其中 $F(x)$ 为关于 0 对称的分布函数, θ 为实参数, $F(x)$ 和 θ 都未知, 要检验原假设 $\theta = \theta_0$, 或 $\theta \leqslant \theta_0$(或 $\theta \geqslant \theta_0$). 不失一般性, 下面总设 $\theta_0 = 0$. 这只要用 $X_i - \theta_0$ 代替 X_i 即可. 如果用秩方法来检验这个问题, 则我们可以这样设想: 如果 $\theta \neq 0$, 如说 $\theta > 0$, 则在样本 $X_1, \cdots, X_n$ 中, 取正值者倾向于

多, 而那些取正值的样本, 其在 $\{|X_1|,\cdots,|X_n|\}$ 中的秩也倾向于大. 基于以上的考虑, 可以建立原假设的种种秩检验法, 细节将以后再讲. 此刻我们只需注意: 在上述考虑中, 既涉及 $|X_i|$ 在 $\{|X_1|,\cdots,|X_n|\}$ 中的秩, 也涉及 X_i 的符号. 这导致以下关于符号秩的概念.

定义 5.2.1 设 $|X_1|,\cdots,|X_n|$ 互不相同. 记 $\Psi_i = I(X_i > 0)$, 并令 R_i^+ 为 $|X_i|$ 在 $\{|X_1|,\cdots,|X_n|\}$ 中的秩, $i = 1,\cdots,n$, 则称

$$R^+ = (\Psi_1 R_1^+,\cdots,\Psi_n R_n^+)$$

为样本 $X_1,\cdots,X_n$ 的符号秩统计量.

简言之, 符号秩统计量的含义是: 如果 $X_i \leqslant 0$, 则其符号秩为 0; 如果 $X_i > 0$, 则 X_i 的秩定义为 X_i 在 $|X_1|,\cdots,|X_n|$ 中的秩. 任何由 R^+ 派生出的统计量也称为符号秩统计量, 它的一般形式为

$$L^+ = \sum_{i=1}^n \Psi_i a(R_i^+), \tag{5.2.1}$$

称它为线性符号秩统计量, 其中分值 $a(1),\cdots,a(n)$ 是一组不全为 0 的非负常数.

关于符号秩统计量的分布有如下结果.

定理 5.2.1 设随机变量 $X_1,\cdots,X_n$ 独立同分布, 其共同分布连续且关于 0 对称, 则

$$L^+ = \sum_{i=1}^n \Psi_i a(R_i^+) \overset{d}{=} \sum_{i=1}^n \Psi_i a(i).$$

证明 L^+ 有下列表达式

$$L^+ = \sum_{j=1}^n \Psi_j a(R_j^+) = \sum_{i=1}^n \Psi_{D_i} a(i),$$

其中当 $R_j^+ = i(i = 1,\cdots,n)$ 时, $D_i = j$, 即 D_i 为 i 在 $R_1^+,\cdots,R_n^+$ 中的位置. 由定理 5.1.1 知, 当 $(R_1^+,\cdots,R_n^+)$ 在集合 $\mathcal{R}$($\mathcal{R}$ 的定义见式 (5.1.1)) 上均匀分布时, $D = (D_1,\cdots,D_n)$ 也在 $\mathcal{R}$ 上均匀分布, 而

$$\begin{aligned}
&P\{\Psi_{D_1} = \psi_1,\cdots,\Psi_{D_n} = \psi_n\} \\
={}& \sum_{(d_1,\cdots,d_n)} P\{\Psi_{d_1} = \psi_1,\cdots,\Psi_{d_n} = \psi_n, D = (d_1,\cdots,d_n)\} \\
={}& \sum_{(d_1,\cdots,d_n)} P\{\Psi_{d_1} = \psi_1,\cdots,\Psi_{d_n} = \psi_n\} P\{D = (d_1,\cdots,d_n)\} \\
={}& \frac{1}{n!} \sum_{(d_1,\cdots,d_n)} P\{\Psi_{d_1} = \psi_1,\cdots,\Psi_{d_n} = \psi_n\}
\end{aligned}$$

$$= P\{\Psi_1 = \psi_1, \cdots, \Psi_n = \psi_n\},$$

即

$$(\Psi_{D_1}, \cdots, \Psi_{D_n}) \stackrel{d}{=} (\Psi_1, \cdots, \Psi_n).$$

因此

$$L^+ \stackrel{d}{=} \sum_{i=1}^{n} \Psi_i a(i).$$

定理证毕.

定理 5.2.2　设随机变量 $X_1, \cdots, X_n$ 独立同分布, 其共同分布连续且关于 0 对称, 则

$$E(L^+) = \frac{1}{2}\sum_{i=1}^{n} a(i) = \frac{1}{2}n\bar{a},$$

$$\mathrm{var}(L^+) = \frac{1}{4}\sum_{i=1}^{n} a^2(i),$$

其中 L^+ 如式 (5.2.1) 定义.

证明　由定理 5.2.1 及 $\Psi_1, \cdots, \Psi_n$ 独立同分布, 其共同分布为 0, 1 两点分布, 概率各为 $\frac{1}{2}$, 即可算得

$$E(L^+) = \sum_{i=1}^{n} a(i)E(\Psi_i) = \frac{1}{2}\sum_{i=1}^{n} a(i) = \frac{1}{2}n\bar{a},$$

$$\mathrm{var}(L^+) = \sum_{i=1}^{n} a^2(i)\mathrm{var}(\Psi_i) = \frac{1}{4}\sum_{i=1}^{n} a^2(i).$$

定理证毕.

定理 5.2.3　设随机变量 $X_1, \cdots, X_n$ 独立同分布, 其共同分布连续且关于 0 对称, 则由式 (5.2.1) 定义的线性符号秩统计量 L^+ 的分布关于 $n\bar{a}/2$ 对称.

证明　对 L^+, 有

$$\begin{aligned}
L^+ - \frac{1}{2}n\bar{a} &\stackrel{d}{=} \sum_{i=1}^{n} \Psi_i a(i) - \frac{1}{2}n\bar{a} \\
&\stackrel{d}{=} \sum_{i=1}^{n} (1 - \Psi_i)a(i) - \frac{1}{2}n\bar{a} \\
&= \frac{1}{2}n\bar{a} - \sum_{i=1}^{n} \Psi_i a(i) \\
&\stackrel{d}{=} \frac{1}{2}n\bar{a} - L^+.
\end{aligned}$$

定理证毕.

为了给出线性符号秩统计量的渐近性质, 不妨将式 (5.2.1) 改写为

$$L_n^+ = \sum_{i=1}^n \varPsi_i a_n(R_i^+),$$

其中

$$\bar{a}_n = \frac{1}{n}\sum_{i=1}^n a_n(i), \quad A_n^2 = \sum_{i=1}^n a_n^2(i).$$

对 L_n^+, 我们有如下渐近正态性.

定理 5.2.4 设随机变量 $X_1, \cdots, X_n$ 独立同分布, 其共同分布连续且关于 0 对称, $\{a_n(i)\}$ 满足条件

$$\frac{\max\limits_{1\leqslant i\leqslant n} a_n^2(i)}{A_n^2} \longrightarrow 0, \quad n\to\infty, \tag{5.2.2}$$

则当 $n\to\infty$ 时, 有

$$\frac{L_n^+ - n\bar{a}_n/2}{A_n/2} \xrightarrow{D} N(0,1). \tag{5.2.3}$$

证明 由定理 5.2.1 易知 L_n^+ 与 $\sum\limits_{i=1}^n \varPsi_i a_n(i)$ 同分布, 而后者是一个独立和, 其渐近正态性可用中心极限定理去处理. 此处我们使用 Lyapunov 中心极限定理. 由于 $E(\varPsi_i)=\dfrac{1}{2}$, $\mathrm{var}(\varPsi_i)=\dfrac{1}{4}$, 根据 Lyapunov 中心极限定理, 为证式 (5.2.3), 只需证明: 当 $n\to\infty$ 时, 有

$$\frac{\sum\limits_{i=1}^n E\left(|a_n(i)\varPsi_i - a_n(i)/2|^3\right)}{(A_n^2/4)^{3/2}} \longrightarrow 0.$$

显然, 此式可由条件 (5.2.2) 推出. 定理证毕.

例 5.2.1 考虑符号检验统计量

$$S^+ = \sum_{i=1}^n \varPsi_i, \tag{5.2.4}$$

其中 $\varPsi_i = I(X_i > 0)$ 为示性函数.

对此检验统计量, $\bar{a}=1$, $A_n^2 = n$, 且满足条件 (5.2.2). 此时

$$\frac{S^+ - n/2}{\sqrt{n}/2} \xrightarrow{D} N(0,1), \quad n\to\infty.$$

因此, 双边假设 $\theta = 0$ 的显著性水平为 α 的大样本拒绝域是

$$\left|S^+ - \frac{n}{2}\right| \geqslant \frac{1}{2}\sqrt{n}\, z_{1-\alpha/2}.$$

单边假设 $\theta \leqslant 0$ 的拒绝域则是

$$S^+ \geqslant \frac{n}{2} + \frac{1}{2}\sqrt{n}\, z_{1-\alpha},$$

其中 $z_{1-\alpha}$ 为标准正态分布的 $1-\alpha$ 分位数.

5.2.2　Wilcoxon 符号秩检验

1. 对称中心的检验

在 2.3.1 小节我们用 U 统计量讨论了对称中心的假设检验问题. Wilcoxon 符号秩检验也可以用来解决这个问题. 假定 $X_1, \cdots, X_n$ 是来自总体 X 的独立同分布样本, X 的分布连续且关于 θ 对称. 对连续型总体 X, 能够以概率 1 确保样本 $X_1, \cdots, X_n$ 互不相等. 这里假定总体分布连续只是为了理论研究的需要, 在实际应用时不必拘泥于这个假定是否成立, 对离散型分布也可以使用符号秩检验方法. 当 X 的分布关于 θ 对称时, $X - \theta_0$ 的分布关于 $\theta - \theta_0$ 对称, 其中 θ_0 是任意给定的常数. 于是, 对称中心 θ 是否等于 θ_0 的检验可以转化为对称中心是否为原点 0 的检验, 此时, 需要采用样本 $X_i - \theta_0$ $(i = 1, \cdots, n)$ 构造检验统计量. 因此, 不失一般性, 不妨假定 $\theta_0 = 0$. 对称中心 θ 是否为原点 0 的假设检验问题有三种情况: 它们的原假设 H_0 都是 $\theta = 0$, 而备择假设 H_1 分别是 $\theta \neq 0$, $\theta < 0$ 和 $\theta > 0$. 因为当 X 的分布关于 θ 对称时 X 均值和中位数相同, 所以对称中心 θ 是否为原点的检验可以转化为中位数 θ 是否为 0 的检验. 因此, 符号检验可用于这种假设检验问题. 符号检验的检验统计量 S^+ 如式 (5.2.4) 定义. 显然, S^+ 仅使用了样本观测值是正数还是负数的信息, 而没有使用样本观测值有多大或多小的信息, 它并不能有效地解决对称中心 θ 是否为原点的假设检验问题. 为此, Wilcoxon 提出了符号秩检验, 其检验统计量为

$$W^+ = \sum_{i=1}^{n} \Psi_i R_i^+. \tag{5.2.5}$$

从式 (5.2.5) 可以看出, 统计量 W^+ 不仅有样本观测值是正数还是负数的信息, 而且还有样本观测值的大小的信息.

下面讨论 Wilcoxon 符号秩检验的方法. 首先考虑备择假设 H_1 为 $\theta < 0$ 的检验问题. 如果 $\theta < 0$, 则总体 X 的分布关于负数 θ 对称. 从而有

$$P\{X > 0\} < P\{X > \theta\} = \frac{1}{2},$$

$$P\{X < 0\} > P\{X < \theta\} = \frac{1}{2}.$$

上面两式说明: 观察到取正值的样本观测值的个数比较少, 取负值的样本观测值的个数比较多. 事实上, 对任意正数 a, 有

$$\begin{aligned}P\{X>a\}&=P\{X>\theta+(a-\theta)\}=P\{X<\theta-(a-\theta)\}\\&=P\{X<-a+2\theta\}<P\{X<-a\}.\end{aligned}$$

如图 5.2.1 所示. 由于对任意正数 a, $P\{X>a\}<P\{X<-a\}$, 所以一般来说, 不仅观察到取正值的样本观测值的个数比较少, 而且取正值的样本观测值的绝对值也比较小. 由此可见, W^+ 比较小. 所以我们在 W^+ 比较小时拒绝原假设 $H_0:\theta=0$, 而认为 $\theta<0$. 因此, 对给定的显著性水平 α, 该检验的拒绝域为 $W^+\leqslant w(\alpha,n)$, 其中 $w(\alpha,n)$ 为检验的临界值, 即

$$w(\alpha,n)=\sup\{w:P\{W^+\leqslant w\}\leqslant\alpha\}.$$

有时为了方便起见, 将 $w(\alpha,n)$ 满足的条件简写为 $P\{W^+\leqslant w(\alpha,n)\}=\alpha$.

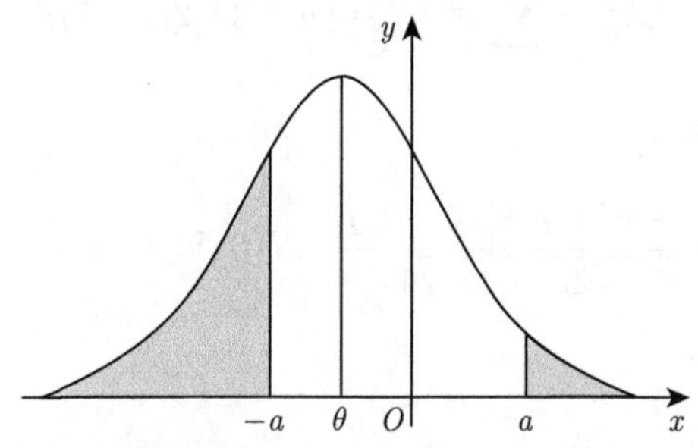

图 5.2.1 关于负数 θ 对称的分布

对于备择假设 H_1 为 $\theta>0$ 的检验, 类似地讨论可得到检验的拒绝域: $W^+\geqslant w(1-\alpha,n)$, 其中 $w(1-\alpha,n)$ 为检验的临界值, 即对给定的显著性水平 α,

$$w(1-\alpha,n)=\inf\{w:P\{W^+\geqslant w\}\leqslant\alpha\}$$

或简写为 $P\{W^+\geqslant w(1-\alpha,n)\}=\alpha$.

最后考虑备择假设 H_1 为 $\theta\neq 0$ 的检验. 由于我们在 W^+ 比较小时认为 $\theta<0$, 在 W^+ 比较大时认为 $\theta>0$, 所以对于该假设检验问题, 我们是在 W^+ 比较小或比较大时拒绝原假设 $H_0:\theta=0$, 而认为 $\theta\neq 0$. 因此, 对给定的显著性水平 α, 该检验的拒绝域为 $W^+\leqslant w(\alpha/2,n)$ 或 $W^+\geqslant w(1-\alpha/2,n)$, 其中 $w(\alpha/2,n)$ 和 $w(1-\alpha/2,n)$ 为检验的临界值, 即

$$\begin{aligned}w(\alpha/2,n)&=\sup\{w:P\{W^+\leqslant w\}\leqslant\alpha/2\},\\w(1-\alpha/2,n)&=\inf\{w:P\{W^+\geqslant w\}\leqslant\alpha/2\}.\end{aligned}$$

符号秩检验统计量是一个线性秩统计量, 它具有线性秩统计量的性质, 如分布的对称性和渐近正态性. 为得到检验的临界值, 人们构造了 Wilcoxon 符号秩检验的临界值表 (见本书附表 5). 在样本容量 $n \leqslant 30$ 时, 查附表 5 可得到 $w(1-\alpha, n)$. 由 W^+ 的对称性知, 在总体的分布关于 0 对称时, W^+ 服从对称分布, 对称中心为 $n(n+1)/4$. 由此可知

$$w(\alpha, n) = \frac{1}{2}n(n+1) - w(1-\alpha, n). \tag{5.2.6}$$

我们也可以通过确定 p 值的方法作出判断, 具体做法可参考文献 (易丹辉和董寒青, 2009), 这里不再赘述.

当样本容量 $n > 30$ 时, 我们可以由 W^+ 的大样本性质确定临界值. 下面我们讨论 Wilcoxon 符号秩统计量的渐近正态性及其大样本检验. 由于 $a(i) = i$, 因此可以计算出 $\bar{a}_n = (n+1)/2$,

$$A_n^2 = \sum_{i=1}^{n} i^2 = \frac{1}{6}n(n+1)(2n+1).$$

利用定理 5.2.4 可以证得

$$\frac{W^+ - n(n+1)/4}{\sqrt{n(n+1)(2n+1)/24}} \xrightarrow{D} N(0,1), \quad n \to \infty, \tag{5.2.7}$$

可以将此结果记为

$$W^+ \stackrel{\cdot}{\sim} N(n(n+1)/4,\ n(n+1)(2n+1)/24).$$

由上式可得到 W^+ 的近似 q 分位数

$$w_q = \frac{1}{4}n(n+1) + z_q\sqrt{n(n+1)(2n+1)/24}, \tag{5.2.8}$$

其中 z_q 是标准正态分布的 q 分位数.

由上述结果, 可得左边检验 $H_0: \theta \geqslant 0 \longleftrightarrow H_1: \theta < 0$ 的大样本拒绝域

$$W^+ \leqslant w_\alpha.$$

用 w_{obs}^+ 表示 W^+ 的观测值. 记

$$s = \frac{w_{\text{obs}}^+ - n(n+1)/4}{\sqrt{n(n+1)(2n+1)/24}}.$$

上述检验的 p 值为

$$P\{W^+ \leqslant w_{\text{obs}}^+\} \approx P\{Z \leqslant s\},$$

其中 Z 为标准正态随机变量.

右边检验 $H_0: \theta \leqslant 0 \longleftrightarrow H_1: \theta > 0$ 的大样本拒绝域为

$$W^+ \geqslant w_{1-\alpha}.$$

检验的 p 值为

$$P\{W^+ \geqslant w_{\text{obs}}^+\} \approx P\{Z \geqslant s\}.$$

双边检验 $H_0: \theta = 0 \longleftrightarrow H_1: \theta \neq 0$ 的大样本拒绝域为

$$W^+ \leqslant w_{\alpha/2} \quad \text{或} \quad W^+ \geqslant w_{1-\alpha/2}.$$

检验的 p 值: 当 $w_{\text{obs}}^+ \leqslant n(n+1)/4$ 时, p 值为

$$2P\{W^+ \leqslant w_{\text{obs}}^+\} \approx 2P\{Z \leqslant s\};$$

当 $w_{\text{obs}}^+ > n(n+1)/4$ 时, p 值为

$$2P\{W^+ \geqslant w_{\text{obs}}^+\} \approx 2P\{Z \geqslant s\}.$$

打结情况 在一些情况下, 样本观测值中有相同的数字, 称为结. 结中数字的秩为它们按升序排列后位置的平均数. 例如, 六个数 1.2, 1.8, 2.3, 2.3, 4.5, 6.8 的秩为 1, 2, 3.5, 3.5, 5, 6; 处于第三和第四个位置的数 2.3 赋予秩 $(3+4)/2 = 3.5$. 这样的秩称为平均秩. 结大于 2 时也可以用平均秩. 若结很多, 零分布的大样本公式就不准确, 因此在公式中需要作修正. 当存在结多时, 式 (5.2.7) 应修正为

$$\frac{W^+ - n(n+1)/4}{\sqrt{n(n+1)(2n+1)/24 - b}} \xrightarrow{D} N(0,1), \quad n \to \infty,$$

其中 $b = \dfrac{1}{48}\sum_{l=1}^{g}(\tau_l^3 - \tau_l)$, g 为结的个数, τ_l 为第 l 个结中的样本观测值个数, 称之为结的长度. 例如, 有 9 个数:

$$2, 3, 3, 5, 6, 6, 6, 6, 8.$$

该数据共有 $g = 2$ 个结: $\tau_1 = 2$(两个 3), $\tau_2 = 4$(四个 6).

R 语言中的函数 R 语言提供了 Wilcoxon 符号秩检验的函数:

```
wilcox.test(x, y=NULL, alternative=c("two.sided",
            "less", "greater"),
            mu = 0, paired = FALSE, exact = NULL, correct = TRUE,
            conf.int = FALSE, conf.level = 0.95, ···),
```

其中 x 是数值向量, y 是可选择的数值向量 (对两样本情形), alternative 表示备择假设且必须是 “two.sided”、“less” 或 “greater” 其中之一, mu 是指定的一个数, 其用作构成原假设的可选参数, paired 表示是否需要配对检验, exact 表示是否算出准确的 p 值, correct 表示 p 值的正态逼近是否运用连续性修正, conf.int 表示是否计算置信区间, conf.level 是置信水平. 运行该语句可以得到检验的 p 值、位置参数的点估计和置信区间等.

例 5.2.2 某公司订购了一批铸件, 在使用前需进行精加工. 为降低成本, 公司领导考虑这一任务是由公司承担或者转包给其他公司的, 确定的原则是: 如果铸件的平均质量大于 35 kg, 则转包出去, 否则不转包. 现从这批铸件中随机抽取 8 件进行测量, 每件质量分别为

$$34.3,\quad 35.8,\quad 35.4,\quad 34.8,\quad 35.2,\quad 35.1,\quad 35.0,\quad 35.5.$$

在显著性水平 $\alpha = 0.05$ 下, 能否作出这批铸件可以转包的决定?

解 首先作数据的直方图和正态 Q-Q 图, 如图 5.2.2 所示. 从图 5.2.2 可以看出, 假定铸件质量是对称分布, 比正态分布更合理. 依题意, 所考虑的假设检验问题为

$$H_0 : \theta = 35 \longleftrightarrow H_1 : \theta > 35.$$

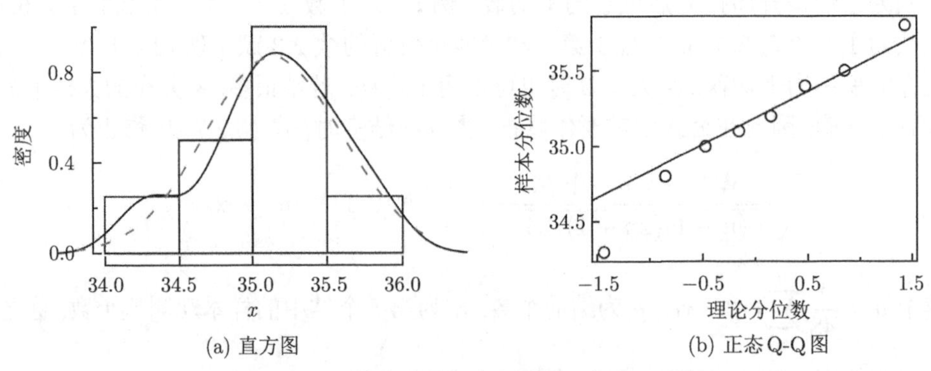

(a) 直方图　　(b) 正态 Q-Q 图

图 5.2.2 铸件质量的直方图和正态 Q-Q 图

为作出判断, 需计算 W^+, 计算过程列在表 5.2.1 中.

表 5.2.1 中 $|Z_4| = |Z_5| = 0.2$, 按 $|Z|$ 的值从小到大排列等级应是第 2 级和第 3 级, 于是取 $(2+3)/2$ 为其秩, 即 $|Z_4|$ 和 $|Z_5|$ 的秩均为 2.5. 此外, 表中第 7 个数值与假定均值正好相等, 即 $Z = 0$, 对数 0 无法给出正号或负号, 在排等级时可以忽略不计. 此时样本容量 n 应为 7. 根据表 5.2.1 中 Z 的符号和 $|Z|$ 的秩, 经过计算可得

$$W^+ = 7 + 4 + 2.5 + 1 + 5 = 19.5.$$

由 $\alpha=0.05$, $n=7$, 并查 Wilcoxon 符号秩检验的临界值表 (附表 5), 得 $w(1-\alpha,n)=w(0.95,7)=25$. 由于 $W^+=19.5<25$, 因此接受 H_0, 即这批铸件的加工任务应该由本公司承担.

表 5.2.1 检验统计量计算表

编号	质量(X)/kg	$Z=X-35$	$\|Z\|$	$\|Z\|$的秩	$\|Z\|$的符号
1	34.3	−0.7	0.7	6	−
2	35.8	0.8	0.8	7	+
3	35.4	0.4	0.4	4	+
4	34.8	−0.2	0.2	2.5	−
5	35.2	0.2	0.2	2.5	+
6	35.1	0.1	0.1	1	+
7	35.0	0	0		
8	35.5	0.5	0.5	5	+

如果用 R 语言, 则将观测数据减去 35 后赋给 x, 再执行语句

```
wilcox.test(x, alternative = "greater", mu=0, exact = FALSE)
```

可以得到 p 值 $=0.1986$. 因 p 值较大, 故接受 H_0.

2. 成对数据的检验

我们在 3.3.3 小节介绍了符号检验应用于成对数据的检验. Wilcoxon 符号秩检验也可以应用于成对数据的检验. 它利用两个样本差值的符号和大小来检验成对数据是否有差异. 因此, 该检验方法比符号检验有更精确的判断.

设随机变量 $(X_1,Y_1),\cdots,(X_n,Y_n)$ 相互独立. 记 $D_i=Y_i-X_i$, $i=1,\cdots,n$. 假定诸 D_i 全不为零 (已去掉了 D_i 为零的数对), 每个 D_i 的分布都是关于 0 对称的, 且诸 D_i 都有相同的均值 $E(D)$. 那么等式

$$P\{D_i>0\}=P\{D_i<0\},\quad i=1,\cdots,n$$

成立, 即对每个 i, Y_i 大于 X_i 的概率等于 Y_i 小于 X_i 的概率. 这就意味着全部差值 D_i 的均值等于零. 因此, 原假设可写为 $H_0:E(D)=0$. 该原假设也可以写为 $E(X_i)=E(Y_i)$. 所使用的检验统计量为 W^+, 它由式 (5.2.5) 定义, 其中 $\varPsi_i=I(D_i>0)$, R_i^+ 为 $|D_i|$ 在 $\{|D_1|,\cdots,|D_n|\}$ 中的秩, $i=1,\cdots,n$.

如果研究的问题仅关心两个变量的均值是否相同, 则采用双边检验

$$H_0:E(D)=0\longleftrightarrow H_1:E(D)\neq 0$$

或

$$H_0:E(X_i)=E(Y_i)\longleftrightarrow H_1:E(X_i)\neq E(Y_i).$$

当 $(X_1,Y_1),\cdots,(X_n,Y_n)$ 与 (X,Y) 同分布时, H_1 也可以写为 $E(X)\neq E(Y)$. 该检验的拒绝域为 $W^+\leqslant w(\alpha/2,n)$ 或 $W^+\geqslant w(1-\alpha/2,n)$, 其中 $w(\alpha/2,n)$ 和 $w(1-\alpha/2,n)$ 为检验的临界值, 它们可以由附表 5 和式 (5.2.6) 或式 (5.2.8) 获得.

如果 X_i 和 Y_i 之间的相互关系中存在某种趋势, 则应采用单边检验. 当备择假设为 $P\{D_i>0\}<P\{D_i<0\}$ 时, 认为 Y_i 的大多数值小于相应的 X_i 值, 此时采用左边检验

$$H_0: E(D)\geqslant 0 \longleftrightarrow H_1: E(D)<0$$

或

$$H_0: E(X_i)\leqslant E(Y_i) \longleftrightarrow H_1: E(X_i)>E(Y_i).$$

当 $(X_1,Y_1),\cdots,(X_n,Y_n)$ 与 (X,Y) 同分布时, H_1 也可以写为 $E(X)>E(Y)$. 该检验的拒绝域为 $W^+\leqslant w(\alpha,n)$, 其中 $w(\alpha,n)$ 为检验的临界值, 它们可以由附表 5 和式 (5.2.6) 或式 (5.2.8) 获得.

当备择假设为 $P\{D_i>0\}>P\{D_i<0\}$ 时, 认为 Y_i 的大多数值大于相应的 X_i 值, 此时采用右边检验

$$H_0: E(D)\leqslant 0 \longleftrightarrow H_1: E(D)>0$$

或

$$H_0: E(X_i)\geqslant E(Y_i) \longleftrightarrow H_1: E(X_i)<E(Y_i).$$

当 $(X_1,Y_1),\cdots,(X_n,Y_n)$ 与 (X,Y) 同分布时, H_1 也可以写为 $E(X)<E(Y)$. 该检验的拒绝域为 $W^+\geqslant w(1-\alpha,n)$, 其中 $w(1-\alpha,n)$ 为检验的临界值, 它们可以由附表 5 或式 (5.2.8) 获得.

如果考虑差值 D_i 的中位数, 则可以类似建立原假设和备择假设. 无论是对均值还是对中位数, 对假设作出判断的方法与本小节第一段中单样本对称中心的检验方法基本相同.

注 5.2.1 如果不知道每一单个 X_i 和 Y_i, 但差值 $D_i=Y_i-X_i$ 可以直接被观测到, 那么同样可以使用 Wilcoxon 符号秩检验.

例 5.2.3 某防晒霜制造者欲了解一种新配方是否有助于防晒黑, 对 7 个志愿者进行了试验, 在每人脊椎一侧涂原配方的防晒霜, 另一侧涂新配方的防晒霜. 背部在太阳下暴晒后, 按预先给定的标准测定晒黑程度, 测量结果如下:

原配方: 42, 51, 31, 61, 44, 55, 48;

新配方: 38, 53, 36, 52, 33, 49, 36.

问新配方是否有助于防晒黑?

解 本题是成对数据, 可以使用 Wilcoxon 符号秩检验. 用 X_i 表示原配方的晒黑程度, Y_i 表示新配方的晒黑程度, 于是差值 $D_i = Y_i - X_i$. 假定 D_i 的分布对称, 且诸 D_i 有相同的均值 $E(D)$, 那么两种配方对防晒黑的作用无显著差异时, D_i 的均值应是 0. 为检验新配方是否优于原配方, 假设检验问题应为

$$H_0 : E(D) \geqslant 0 \longleftrightarrow H_1 : E(D) < 0.$$

为对假设作出判断, 需要计算 W^+, 计算过程列在表 5.2.2 中.

表 5.2.2 检验统计量计算表

编号	原配方(X_i)	新配方(Y_i)	D_i	$\|D_i\|$	$\|D_i\|$的秩	$\|D_i\|$的符号
1	42	38	−4	4	2	−
2	51	53	2	2	1	+
3	31	36	5	5	3	+
4	61	52	−9	9	5	−
5	44	33	−11	11	6	−
6	55	49	−6	6	4	−
7	48	36	−12	12	7	−

由表 5.2.2 可知

$$W^+ = 1 + 3 = 4.$$

取 $\alpha = 0.05$, 对 $n = 7$ 查附表 5 得到临界值 $w(0.95, 7) = 25$. 于是由式 (5.2.6) 可得 $w(0.05, 7) = 3$. 由于 $W^+ = 4 > 3$, 因此接受 H_0, 即认为两种配方对防晒黑的作用无显著差异.

如果用 R 语言, 则将数据赋给 x, y, 再执行语句

```
wilcox.test(x, y, mu=0, alternative = "greater", paired = TRUE)
```

可以得到 p 值 $= 0.0547$. 由于 p 值比显著性水平 0.05 大, 故只能接受 H_0.

5.3 位置参数的检验

在 2.3.2 小节, 我们用 U 统计量检验法解决了位置参数的假设检验问题. 当然也可以用秩方法解决位置参数的假设检验问题. 这就是本节将要介绍的 Wilcoxon 秩和检验及 Mann-Whitney 检验. 这两种方法分别由 Wilcoxon(1945) 与 Mann 和 Whitney(1947) 先后提出. 自从 Wilcoxon 首先提出秩和检验以来, 极大地推动了秩方法的发展. 秩和检验方法用于两个总体的位置参数的比较问题, 它在应用上起了很大作用. 下面我们详细介绍这种方法.

5.3.1 Wilcoxon 秩和检验

设两个相互独立的总体 X 和 Y 分别具有连续的分布函数 $F(x)$ 和 $G(y)$, $X_1, \cdots, X_{n_1}$ 和 $Y_1, \cdots, Y_{n_2}$ 分别为来自 X 和 Y 的样本. 假定 $G(y) = F(y - \delta)$,

其中 $-\infty < \delta < \infty$. 首先考虑位置参数 δ 的右边检验

$$H_0 : \delta = 0 \longleftrightarrow H_1 : \delta > 0. \tag{5.3.1}$$

为了对假设作出判断, 将合样本 $X_1, \cdots, X_{n_1}, Y_1, \cdots, Y_{n_2}$ 由小到大排列并赋秩. 用 R_j 表示 Y_j 在合样本中的秩, 即 Y_j 是第 R_j 小的, 对任意 $j(j = 1, \cdots, n_2)$, 有

$$R_j = \#\{X_i : X_i < Y_j, 1 \leqslant i \leqslant n_1\} + \#\{Y_k : Y_k \leqslant Y_j, 1 \leqslant k \leqslant n_2\}, \tag{5.3.2}$$

其中 $\#(A)$ 表示集合 A 中元素的个数. 定义 Wilcoxon 秩和统计量

$$W_Y = \sum_{j=1}^{n_2} R_j. \tag{5.3.3}$$

显然, 在 $\delta > 0$ 时, W_Y 倾向于取比较大的值. 因此, 在 W_Y 比较大时拒绝原假设, 认为 $\delta > 0$. 此时检验的拒绝域为 $W_Y \geqslant c_{1-\alpha}$, 其中 $c_{1-\alpha}$ 满足

$$c_{1-\alpha} = \inf\{c : P\{W_Y \geqslant c\} \leqslant \alpha\}. \tag{5.3.4}$$

有时为方便起见, 将 $c_{1-\alpha}$ 满足的条件简写为 $P\{W_Y \geqslant c_{1-\alpha}\} = \alpha$. 我们也可以取 X 样本的秩和 W_X 作为检验统计量, 在 W_X 比较小时拒绝原假设, 认为 $\delta > 0$. 此时检验的拒绝域为 $W_X \leqslant d_\alpha$, 其中 d_α 满足

$$d_\alpha = \sup\{d : P\{W_X \leqslant d\} \leqslant \alpha\}, \tag{5.3.5}$$

或简写为 $P\{W_X \leqslant d_\alpha\} = \alpha$. 为方便起见, 记 $n = n_1 + n_2$. 由于 $W_X + W_Y = 1 + 2 + \cdots + n = n(n+1)/2$, 所以这两个检验方法是等价的. 这个检验方法就是著名的 Wilcoxon 秩和检验.

其次考虑位置参数 δ 的左边检验

$$H_0 : \delta = 0 \longleftrightarrow H_1 : \delta < 0. \tag{5.3.6}$$

同样取 Y 样本的秩和 W_Y 作为检验统计量, 在 W_Y 比较小时拒绝原假设, 认为 $\delta < 0$. 此时检验的拒绝域为 $W_Y \leqslant c_\alpha$, 其中 c_α 满足

$$c_\alpha = \sup\{c : P\{W_Y \leqslant c\} \leqslant \alpha\},$$

或简写为 $P\{W_Y \leqslant c_\alpha\} = \alpha$. 如果用 X 样本的秩和 W_X 作为检验统计量, 那么在 W_X 比较大时拒绝原假设, 认为 $\delta < 0$. 此时检验的拒绝域为 $W_X \geqslant d_{1-\alpha}$, 其中 $d_{1-\alpha}$ 满足

$$d_{1-\alpha} = \inf\{d : P\{W_X \geqslant d\} \leqslant \alpha\},$$

或简写为 $P\{W_X \geqslant d_{1-\alpha}\} = \alpha$.

最后考虑位置参数 δ 的双边检验

$$H_0 : \delta = 0 \longleftrightarrow H_1 : \delta \neq 0. \tag{5.3.7}$$

同样取 Y 样本的秩和 W_Y 作为检验统计量. 由于我们在 W_Y 比较小时认为 $\delta < 0$, 在 W_Y 比较大时认为 $\delta > 0$, 因此我们在 W_Y 比较小或比较大时拒绝原假设 $H_0 : \delta = 0$, 而认为 $\delta \neq 0$. 所以, 对给定的显著性水平 α, 该检验的拒绝域为 $W_Y \leqslant c_{\alpha/2}$ 或 $W_Y \geqslant c_{1-\alpha/2}$, 其中 $c_{\alpha/2}$ 和 $c_{1-\alpha/2}$ 分别满足

$$c_{\alpha/2} = \sup\{c : P\{W_Y \leqslant c\} \leqslant \alpha/2\},$$
$$c_{1-\alpha/2} = \inf\{c : P\{W_Y \geqslant c\} \leqslant \alpha/2\}.$$

当 $n_2 \leqslant n_1 \leqslant 20$ 时, 人们制作了 Wilcoxon 秩和检验的临界值表 (附表 6), 可以查该表获得检验的临界值. 注意到表中的秩和是样本容量比较小的那一组样本的秩和. 因此, 当两组样本的容量不等时, 应取容量小的那一组样本对应的秩和作为检验统计量. 附表 6 给出了显著性水平为 α 的左边临界值 c_α, 其中 c_α 满足式 (5.3.5). 利用定理 5.1.4 可以证明: 当原假设 H_0 为真时, W_Y 服从对称分布, 对称中心为 $n_2(n+1)/2$. 因此, 有了显著性水平为 α 的左边临界值 c_α 之后, 根据 W_Y 的对称性, 可以求得显著性水平为 α 的右边临界值

$$c_{1-\alpha} = n_2(n+1) - c_\alpha. \tag{5.3.8}$$

我们也可以通过查表来得到 Wilcoxon 秩和检验的 p 值.

当 $n_2 \leqslant n_1$, $n_1 > 20$ 时, 我们无法利用 Wilcoxon 秩和检验的临界值表计算显著性水平为 α 的临界值. 这时可以利用 W_Y 的渐近分布近似计算 Wilcoxon 秩和检验的显著性水平为 α 的临界值. 注意到例 5.1.2 给出了 W_Y 的渐近分布, 即

$$W_Y \mathrel{\dot\sim} N(n_2(n+1)/2, n_1 n_2(n+1)/12).$$

由上式可得到 W_Y 的近似 q 分位数

$$c_q = \frac{1}{2}n_2(n+1) + z_q\sqrt{n_1 n_2(n+1)/12},$$

其中 z_q 是标准正态分布的 q 分位数.

利用 W_Y 的渐近分布可以计算检验的 p 值. 记

$$\omega = \frac{w_{y,\text{obs}} - n_2(n+1)/2}{\sqrt{n_1 n_2(n+1)/12}},$$

其中 $w_{y,\text{obs}}$ 为 W_Y 的观测值. 右边检验 (5.3.1) 的 p 值为

$$P\{W_Y \geqslant w_{y,\text{obs}}\} \approx P\{Z \geqslant \omega\},$$

其中 Z 为标准正态随机变量.

左边检验 (5.3.6) 的 p 值为

$$P\{W_Y \leqslant w_{y,\text{obs}}\} \approx P\{Z \leqslant \omega\}.$$

双边检验 (5.3.7) 的 p 值: 在 $w_{y,\text{obs}} \leqslant n_2(n+1)/2$ 时, p 值为

$$2P\{W_Y \leqslant w_{y,\text{obs}}\} \approx 2P\{Z \leqslant \omega\};$$

在 $w_{y,\text{obs}} > n_2(n+1)/2$ 时, p 值为

$$2P\{W_Y \geqslant w_{y,\text{obs}}\} \approx 2P\{Z \geqslant \omega\}.$$

打结情况 当样本观测值有结时, Wilcoxon 秩和统计量 W_Y 仍有渐近正态性, 它的渐近分布简记为

$$W_Y \dot{\sim} N\left(\frac{n_2(n+1)}{2}, \frac{n_1n_2(n+1)}{12} - \frac{n_1n_2}{12n(n-1)}\sum_{l=1}^{g}(\tau_l^3 - \tau_l)\right),$$

其中 g 为结的个数, τ_l 为第 l 个结的长度.

最后指出, Wilcoxon 秩和检验可以用于检验两个总体的均值或中位数是否相等的假设检验问题. 设 X 和 Y 的均值分别为 μ_1 和 μ_2. 考虑假设检验问题

$$H_0: \mu_1 = \mu_2 \longleftrightarrow H_1: \mu_1 < \mu_2. \tag{5.3.9}$$

设 X 和 Y 的分布函数分别为 $F(x)$ 和 $G(x)$. 令 $\delta = \mu_2 - \mu_1$. 当 $X + \delta$ 和 Y 具有相同的分布函数时, 有 $G(x) = F(x - \delta)$, 此时 δ 就是 $F(x - \delta)$ 的对称中心. 因此, 假设检验问题 (5.3.9) 可以转化为假设检验问题 (5.3.1) 来解决. 对于假设检验问题

$$H_0: \mu_1 = \mu_2 \longleftrightarrow H_1: \mu_1 > \mu_2,$$

$$H_0: \mu_1 = \mu_2 \longleftrightarrow H_1: \mu_1 \neq \mu_2,$$

可同样进行讨论. 类似地, 可以考虑中位数的假设检验问题. 这里不再赘述.

R 语言中的函数 R 语言提供的函数 wilcox.test(x, y, ⋯) 也可以用于 Wilcoxon 秩和检验, 其调用格式参见 5.2.2 小节. 如果给定 x 或给定 x 和 y, 且 paired=TRUE, 则调用该函数可以进行 Wilcoxon 符号秩检验. 否则, 如果给定 x 和 y, 且 paired = FALSE, 则调用该函数可以进行 Wilcoxon 秩和检验.

例 5.3.1 为检验某种药物对治疗肿瘤是否有效, 选择 9 只白鼠作为抗癌药物试验对象. 9 只白鼠的基本条件相同, 同时注射致癌物. 然后随机选取其中 3 只进行抗癌药物处理. 经过一段时间后, 将 9 只白鼠的肿瘤割除称其重量, 得到如下数据 (单位: g):

控制组: 1.20, 1.63, 2.26, 1.87, 2.20, 1.30;

处理组: 0.94, 1.26, 1.15.

试检验该种药物对治疗肿瘤是否有效.

解 如果该种抗癌药物有效, 那么处理组白鼠肿瘤的重量应该小于控制组的平均重量. 因此, 该题是比较两个总体的均值的大小问题, 可以使用 Wilcoxon 秩和检验. 不妨设控制组白鼠的肿瘤重量为总体 X, 处理组白鼠的肿瘤重量为总体 Y. 由于处理组数据量小, 因此为便于查表, 用 W_Y 作为检验统计量. 记 $\mu_1 = E(X)$, $\mu_2 = E(Y)$. 根据题意, 假设检验问题为

$$H_0 : \mu_1 = \mu_2 \longleftrightarrow H_1 : \mu_1 > \mu_2.$$

将肿瘤重量从小到大排序, 并得到秩, 其结果列在表 5.3.1 中.

表 5.3.1 合样本之秩的计算表

重量	0.94	1.15	1.20	1.26	1.30	1.63	1.87	2.20	2.26
秩	1	2	3	4	5	6	7	8	9
组	Y	Y	X	Y	X	X	X	X	X

由表 5.3.1 可以得到: $W_Y = 1 + 2 + 4 = 7$. 取显著性水平 $\alpha = 0.05$. 对 $n_1 = 6$ 和 $n_2 = 3$, 查 Wilcoxon 秩和检验的临界值表 (附表 6), 得 $c_{0.05} = 8$. 由于 $W_Y < c_{0.05}$, 因此拒绝原假设 H_0, 即认为该抗癌药物对控制肿瘤有显著疗效.

如果用 R 语言, 则将数据赋给 x, y, 再执行语句

```
wilcox.test(x, y, mu=0, alternative = "greater", paired = FALSE)
```

可以得到 p 值 $= 0.0238$. 由于 p 值小于 0.05, 故在显著性水平 0.05 下拒绝 H_0.

例 5.3.2 我国沿海和非沿海省区市的人均国内生产总值 (GDP) 的 1997 年抽样数据 (单位: 元) 如下. 非沿海省区市为 $(X_1, \cdots, X_{18})$:

5163, 4220, 4259, 6468, 3881, 3715, 4032, 5122, 4130,
3763, 2093, 3715, 2732, 3313, 2901, 3748, 3731, 5167.

沿海省区市为 $(Y_1, \cdots, Y_{12})$:

15044, 12270, 5345, 7730, 22275, 8447,
9455, 8136, 6834, 9513, 4081, 5500.

问沿海省区市的人均 GDP 的均值是否比非沿海省区市高?

解　设非沿海省区市的人均 GDP 为 X, 沿海省区市的人均 GDP 为 Y, 并记 $\mu_1 = E(X)$, $\mu_2 = E(Y)$. 该题是检验两个总体的均值是否相等, 即检验

$$H_0 : \mu_1 = \mu_2 \longleftrightarrow H_1 : \mu_1 < \mu_2.$$

在正态总体假定下, 这个问题通常用 t 检验. 但在不知道总体分布时, 应用 t 检验就可能有风险. 为弄清数据是否来自正态总体, 我们作数据的直方图和正态 Q-Q 图, 如图 5.3.1 所示. 从图 5.3.1 可以看出, 数据并不是来自正态总体, 不能使用 t 检验法. 因此, 我们使用 Wilcoxon 秩和检验.

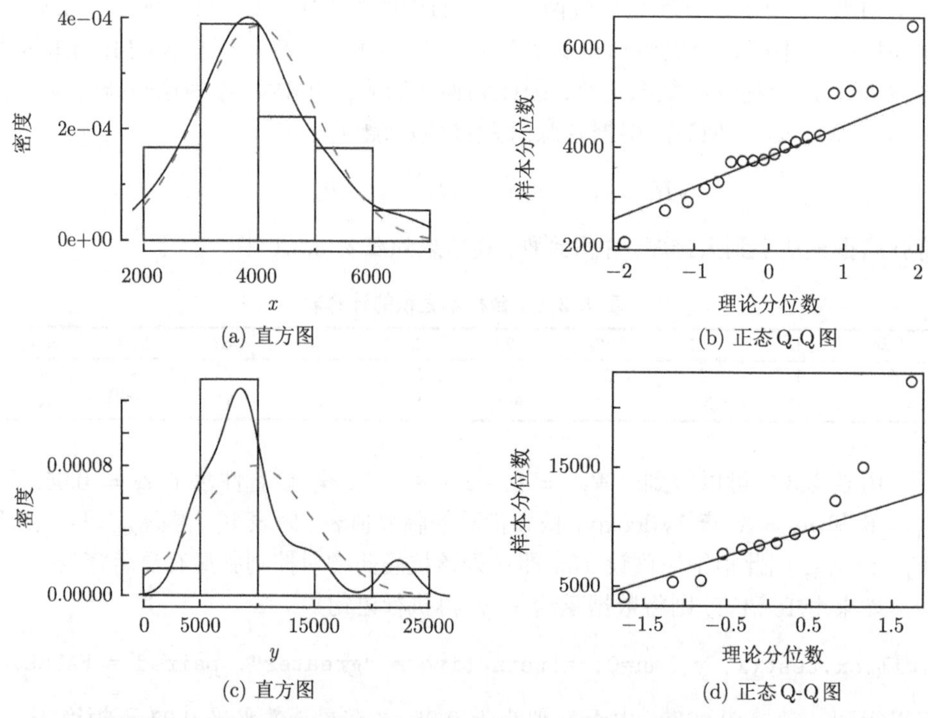

图 5.3.1　沿海和非沿海省区市的人均 GDP 的直方图和正态 Q-Q 图

为作出判断, 需计算 W_X 或 W_Y, 计算过程列在表 5.3.2 中.

将数据由小到大排序后, 两个 3175 分别排在第 5 和第 6 位置, 于是赋予它们的秩是 $(5+6)/2 = 5.5$. 由表 5.3.2 可以得到: $W_X = 180$, $W_Y = 285$. 此外, $n_1 = 18$, $n_2 = 12$. 取显著性水平 $\alpha = 0.05$. 查 Wilcoxon 秩和检验的临界值表 (附表 6), 得 $c_{0.05} = 146$. 于是, 由式 (5.3.8) 可得 $c_{0.95} = 12(30+1) - 146 = 226$. 由于 $W_Y \geqslant c_{0.95}$, 因此拒绝原假设 H_0, 即认为沿海省区市的人均 GDP 的均值比非沿海省区市显著高.

如果用 R 语言, 则将数据赋给 x, y, 再执行语句

```
wilcox.test(x, y, mu=0, alternative = "less",
            paired = F, exact = F)
```

可以得到 p 值 $= 0.1521 \times 10^{-4}$. 由于 p 值非常小, 故拒绝 H_0.

表 5.3.2 合样本之秩的计算表

GDP	2093	2732	2901	3313	3715	3715	3731	3748	3763	3881
秩	1	2	3	4	5.5	5.5	7	8	9	10
组	X	X	X	X	X	X	X	X	X	X
GDP	4032	4081	4130	4220	4259	5122	5163	5167	5345	5500
秩	11	12	13	14	15	16	17	18	19	20
组	X	Y	X	X	X	X	X	X	Y	Y
GDP	6468	6834	7730	8136	8447	9455	9513	12270	15044	22275
秩	21	22	23	24	25	26	27	28	29	30
组	X	Y	Y	Y	Y	Y	Y	Y	Y	Y

5.3.2 Mann-Whitney 检验

本小节讨论 Mann-Whitney 检验. 用 W_{XY} 表示合样本中 X 的观测小于 Y 的观测的个数, 那么有

$$W_{XY} = \#\{(X_i, Y_j) : X_i < Y_j, 1 \leqslant i \leqslant n_1, 1 \leqslant j \leqslant n_2\}. \tag{5.3.10}$$

称 W_{XY} 为 Mann-Whitney 统计量, 并称与之相应的检验方法为 Mann-Whitney 检验. 它是由 Mann 和 Whitney 于 1947 年提出的. 经计算可得

$$W_{XY} = W_Y - \frac{1}{2}n_2(n_2+1). \tag{5.3.11}$$

事实上, 为简化讨论, 不妨设 Y 样本 $Y_1, \cdots, Y_{n_2}$ 已由小到大排列, 从而由式 (5.3.2) 不难得到

$$R_j = \#\{X_i : X_i < Y_j, 1 \leqslant i \leqslant n_1\} + j.$$

于是

$$\begin{aligned} W_{XY} &= \sum_{j=1}^{n_2} \#\{X_i : X_i < Y_j, 1 \leqslant i \leqslant n_1\} = \sum_{j=1}^{n_2}(R_j - j) \\ &= \sum_{j=1}^{n_2} R_j - \sum_{j=1}^{n_2} j = W_Y - \frac{1}{2}n_2(n_2+1). \end{aligned}$$

从式 (5.3.11) 可以看出, Wilcoxon 秩和统计量与 Mann-Whitney 统计量是等价的. 因此, 人们也把这种类型的检验方法统称为 Wilcoxon-Mann-Whitney 检验. 类似地, 有 $W_{YX} = W_X - n_1(n_1+1)/2$. 由此得到 $W_{XY} + W_{YX} = n_1 n_2$, 这说明 W_{XY} 与 W_{YX} 等价.

需要说明的是: Mann-Whitney 统计量与式 (2.3.5) 中的 U 统计量是等价的. 事实上, 利用示性函数 $h(x;y)=I(x<y)$, 可以将 Mann-Whitney 统计量表示为

$$W_{XY}=\sum_{i=1}^{n_1}\sum_{j=1}^{n_2}h(X_i;Y_j).$$

因此, 由式 (2.3.5) 可知 $W_{XY}=n_1n_2U_{n_1n_2}$, 其中 $U_{n_1n_2}$ 是两样本 U 统计量. 这就说明了 W_{XY} 与 $U_{n_1n_2}$ 等价. 再由 Wilcoxon 秩和统计量与 Mann-Whitney 统计量的等价性可以得到 Wilcoxon 秩和统计量与式 (2.3.5) 中的 U 统计量也是等价的. 因此, 利用 U 统计量的性质可以得到 Wilcoxon 秩和统计量与 Mann-Whitney 统计量的性质. 此外, 由于 Wilcoxon 秩和统计量与 Mann-Whitney 统计量都是线性秩统计量, 因此也可以根据线性秩统计量的性质推出它们的性质. 例 5.1.1 和例 5.1.2 给出了 W_Y 的均值、方差和渐近分布. 下面仅给出 W_{XY} 的渐近性质.

定理 5.3.1 当原假设 H_0 为真时, 有

$$E(W_{XY})=\frac{n_1n_2}{2},$$
$$\mathrm{var}(W_{XY})=\frac{n_1n_2(n+1)}{12},$$

且在 $\min\{n_1,n_2\}\to\infty$ 及 $\dfrac{n_1}{n}\to\lambda\in(0,1)$ 的条件下,

$$\frac{W_{XY}-n_1n_2/2}{\sqrt{n_1n_2(n+1)/12}}\xrightarrow{D}N(0,1),$$

该渐近正态性简记为

$$W_{XY}\dot{\sim}N(n_1n_2/2,\ n_1n_2(n+1)/12).$$

由式 (5.3.11) 可知, Mann-Whitney 检验的临界值等于 Wilcoxon 秩和检验的临界值与 $n_2(n_2+1)/2$ 之差. 其 p 值的计算与 Wilcoxon 秩和检验 p 值的计算类似, 这里省略其细节.

R 语言中的函数 R 语言提供的函数 wilcox.test(x, y, $\cdots$) 也可以用于 Mann-Whitney 检验, 其调用格式参见 5.2.2 小节和 5.3.1 小节.

5.4 尺度参数的检验

前面考虑了位置参数的假设检验问题. 位置参数描述了总体分布的位置. 而描述总体分布的分散程度的参数为尺度参数, 如方差或标准差就是尺度参数. 检验两个正态总体的方差是否相等的常用方法是 F 检验. 然而, 当总体分布不是正态时, F 检验就不合适了. 下面将要介绍的非参数方法对总体的形式没有要求.

5.4.1 Mood 检验

设总体 X 具有分布 $F\left(\frac{x-\theta_1}{\sigma_1}\right)$, $X_1,\cdots,X_{n_1}$ 为其样本; 总体 Y 具有分布 $F\left(\frac{y-\theta_2}{\sigma_2}\right)$, $Y_1,\cdots,Y_{n_2}$ 为其样本. 假定 X 和 Y 相互独立, $F(\cdot)$ 为连续函数, $F(0)=0.5$. 进一步假定两个总体的位置参数相等, 即 $\theta_1=\theta_2$. 在两个总体的位置参数不相等时, 可估计出位置参数之差, 并用平移使它们相等. 考虑假设检验问题

$$H_0:\sigma_1^2=\sigma_2^2\longleftrightarrow H_1:\sigma_1^2\neq\sigma_2^2. \tag{5.4.1}$$

记 $n=n_1+n_2$, 令 R_i 为 X_i 在合样本中的秩. 当 H_0 为真时, $X_1,\cdots,X_{n_1},Y_1,\cdots,Y_{n_2}$ 独立同分布, 于是

$$E(R_i)=\sum_{i=1}^{n}\frac{i}{n}=\frac{n+1}{2}.$$

当 H_0 为真时, 对 X 样本, 考虑秩统计量

$$M=\sum_{i=1}^{n_1}\left(R_i-\frac{n+1}{2}\right)^2. \tag{5.4.2}$$

如果 M 的值偏大或偏小, 则 X 的方差也可能偏大或偏小, 此时拒绝原假设. 这种检验法是由 Mood(1954) 提出的, 因此称之为 Mood 检验.

统计量 M 的零分布可以由秩的分布性质得出, 这里仅给出它的渐近分布. 在原假设 H_0 下, 当 $n_1\to\infty,n_2\to\infty$ 且 n_1/n 趋于常数时, 有

$$\frac{M-E(M)}{\sqrt{\mathrm{var}(M)}}\xrightarrow{D}N(0,1),$$

其中

$$E(M)=\frac{n_1(n^2-1)}{12},$$
$$\mathrm{var}(M)=\frac{n_1n_2(n+1)(n^2-4)}{180}.$$

因此, 统计量 M 的近似 q 分位数为

$$c_q=\frac{n_1(n^2-1)}{12}+z_q\sqrt{\frac{n_1n_2(n+1)(n^2-4)}{180}}, \tag{5.4.3}$$

其中 z_q 为标准正态分布的 q 分位数. 如果 $M\leqslant c_{\alpha/2}$ 或 $M\geqslant c_{1-\alpha/2}$, 则以显著性水平 α 拒绝 H_0, 否则接受 H_0. 检验的 p 值为

$$2\min\{P\{M\leqslant m_{\mathrm{obs}}\},P\{M\geqslant m_{\mathrm{obs}}\}\},$$

其中 m_{obs} 为 M 的观测值,

$$P\{M \leqslant m_{\text{obs}}\} \approx P\left\{Z \leqslant \frac{m_{\text{obs}} - n_1(n^2-1)/12}{\sqrt{n_1 n_2 (n+1)(n^2-4)/180}}\right\},$$

$$P\{M \geqslant m_{\text{obs}}\} \approx P\left\{Z \geqslant \frac{m_{\text{obs}} - n_1(n^2-1)/12}{\sqrt{n_1 n_2 (n+1)(n^2-4)/180}}\right\},$$

Z 为标准正态随机变量.

同理, 可以考虑左边检验和右边检验:

$$H_0: \sigma_1^2 = \sigma_2^2 \longleftrightarrow H_1: \sigma_1^2 < \sigma_2^2;$$

$$H_0: \sigma_1^2 = \sigma_2^2 \longleftrightarrow H_1: \sigma_1^2 > \sigma_2^2.$$

它们的拒绝域分别为 $M \leqslant c_\alpha$ 和 $M \geqslant c_{1-\alpha}$.

R 语言中的函数　R 语言提供了 Mood 检验的函数:

```
mood.test(x, y, alternative = c("two.sided", "less",
          "greater", ···)),
```

其中 x 和 y 是数值向量, alternative 标示备择假设且必须是 “two.sided”、“less” 或 “greater” 其中之一. 运行该语句可以得到检验的 p 值、检验统计量的值等.

例 5.4.1　采集 5 位健康成年人的血液, 分别用手工和仪器两种方法测量血液中的尿酸浓度, 测量结果如下:

手工 (X): 4.5, 6.5, 7.0, 10.0, 12.0;

仪器 (Y): 6.0, 7.2, 8.0, 9.0, 9.8.

问两种测量结果的精度是否存在差异.

解　设手工和仪器测量的尿酸浓度的方差分别为 σ_1^2 和 σ_2^2. 根据题意, 所考虑的假设检验问题为

$$H_0: \sigma_1^2 = \sigma_2^2 \longleftrightarrow H_1: \sigma_1^2 \neq \sigma_2^2.$$

将尿酸浓度按从小到大排序, 计算合样本的秩, 其结果列在表 5.4.1 中.

表 5.4.1　合样本之秩的计算表

浓度	4.5	6.0	6.5	7.0	7.2	8.0	9.0	9.8	10.0	12.0
秩	1	2	3	4	5	6	7	8	9	10
组	X	Y	X	X	Y	Y	Y	Y	X	X

已知 $n_1 = n_2 = 5$, 有 $(n_1 + n_2 + 1)/2 = 5.5$. 利用公式 (5.4.2) 可得

$$\begin{aligned} M &= (1-5.5)^2 + (3-5.5)^2 + (4-5.5)^2 + (9-5.5)^2 + (10-5.5)^2 \\ &= 20.25 + 6.25 + 2.25 + 12.25 + 20.25 = 61.25. \end{aligned}$$

取 $\alpha=0.05$. 查标准正态分布表可得 $z_{0.975}=1.96$. 于是, 由式 (5.4.3) 可得

$$\begin{aligned} c_{0.975} &= \frac{5(10^2-1)}{12}+1.96\times\sqrt{\frac{5\times 5(10+1)(10^2-4)}{180}} \\ &= 41.25+23.74=64.99. \end{aligned}$$

同理可得 $c_{0.025}=41.25-23.74=17.51$. 由于 $c_{0.025}<M<c_{0.975}$, 故接受 H_0, 认为两种测量法的精度没有显著差异.

如果用 R 语言, 则先将数据分别赋给向量 x 和 y, 然后再执行语句

```
mood.test(x, y, alternative = "two.sided")
```

可以得到 p 值 $=0.0987$. 由于 p 值大于 0.05, 故在显著性水平 0.05 下接受 H_0.

5.4.2 平方秩检验

Talwar 和 Gentle(1977) 提出了另一种检验两总体方差是否相等的方法, 该方法不需要先假定两总体的均值相等. 下面我们介绍这种方法.

设总体 X 和 Y 的均值和方差分别为 μ_1, μ_2, σ_1^2 和 σ_2^2, 且 X 和 Y 相互独立. $X_1,\cdots,X_{n_1}$ 为来自 X 的样本, $Y_1,\cdots,Y_{n_2}$ 为来自 Y 的样本. 根据样本需要检验两总体方差是否相等, 即考虑假设检验问题 (5.4.1). 回顾 X 的方差的定义, 它为 $(X-\mu_1)^2$ 的期望值. 因此, 要检验 $\sigma_1^2=\sigma_2^2$, 一个合理的做法是: 记录来自两个独立样本的 $(X_i-\mu_1)^2$ 和 $(Y_j-\mu_2)^2$ 的值, 并给它们赋秩; 再用离差平方 $(X_i-\mu_1)^2$ 的秩和作为检验统计量. 当然, 也可以用它们的绝对离差 $|X_i-\mu_1|$ 和 $|Y_j-\mu_2|$ 的秩, 因为它与离差平方的秩相同. 通常 μ_1 和 μ_2 是未知的, 可以用样本均值 $\overline{X}$ 和 $\overline{Y}$ 分别代替 μ_1 和 μ_2, 即考虑绝对离差:

$$\begin{aligned} U_i &= |X_i-\overline{X}|, \quad i=1,\cdots,n_1; \\ V_j &= |Y_j-\overline{Y}|, \quad i=1,\cdots,n_2. \end{aligned}$$

把两样本的绝对离差混合排列, 得到离差的秩 R_i. 如果绝对离差 U_i 和 V_j 的值没有结, 则可以使用检验统计量

$$T = \text{相应于 } U_i \text{ 的秩 } R_i \text{ 的平方和}.$$

如果样本有结, 则可以使用检验统计量

$$T_1=\frac{T-n_1\overline{R^2}}{S},$$

其中

$$\overline{R^2}=\frac{1}{n}\sum_{i=1}^{n}R_i^2, \quad S^2=\frac{n_1n_2}{n(n-1)}\sum_{i=1}^{n}R_i^4-\frac{n_1n_2}{n-1}\left(\overline{R^2}\right)^2,$$

$n=n_1+n_2$. 可以证明: T_1 的近似零分布是标准正态分布. 因此, T_1 的临界值可以从附表 1 中获得.

当没有结且 $n_1,n_2\leqslant 10$ 时, 附表 7 中给出了 T 的精确零分布的分位数. 当 $n_1,n_2>10$ 时, 可以使用 T 的近似 q 分位数

$$c_q=\frac{n_1(n+1)(2n+1)}{6}+z_q\sqrt{\frac{n_1n_2(n+1)(2n+1)(8n+11)}{180}}, \tag{5.4.4}$$

其中 z_q 为标准正态分布的 q 分位数. 如果 T 或 T_1 大于它的 $1-\alpha/2$ 分位数或小于它的 $\alpha/2$ 分位数, 则以显著性水平 α 拒绝 H_0, 否则接受 H_0.

如果使用 T_1, 其观测值记为 $t_{1,\text{obs}}$, 则双边检验的 p 值是 $P\{Z\leqslant t_{1,\text{obs}}\}$ 和 $P\{Z\geqslant t_{1,\text{obs}}\}$ 中较小者的 2 倍, 这两个概率可以直接从标准正态分布表 (附表 1) 中获得. 如果使用 T, 其观测值记为 t_{obs}, 则双边检验的 p 值为

$$2\min\{P\{T\leqslant t_{\text{obs}}\},P\{T\geqslant t_{\text{obs}}\}\},$$

当 $n_1,n_2\leqslant 10$ 时, 可以从附表 7 中获得近似 p 值. 当 $n_1,n_2>10$ 时,

$$P\{T\leqslant t_{\text{obs}}\}\approx P\left\{Z\leqslant\frac{t_{\text{obs}}-n_1(n+1)(2n+1)/6}{\sqrt{n_1n_2(n+1)(2n+1)(8n+11)/180}}\right\},$$

$$P\{T\geqslant t_{\text{obs}}\}\approx P\left\{Z\geqslant\frac{t_{\text{obs}}-n_1(n+1)(2n+1)/6}{\sqrt{n_1n_2(n+1)(2n+1)(8n+11)/180}}\right\},$$

其中 Z 为标准正态随机变量.

同理, 可以考虑左边检验和右边检验.

例 5.4.2 血库中心留有几个献血者心跳速率的记录:

男 (X): 74, 74, 76, 79, 82, 65, 86, 58;

女 (Y): 72, 73, 69, 74, 68, 75, 67, 76, 66.

问男士之间的变化显著地比女士之间的变化大吗?

解 设男士和女士的心跳速率的方差分别为 σ_1^2 和 σ_2^2. 根据题意, 所考虑的假设检验问题为

$$H_0:\sigma_1^2=\sigma_2^2\longleftrightarrow H_1:\sigma_1^2>\sigma_2^2.$$

经过计算可得 $\overline{X}=74.25$, $\overline{Y}=71.11$. 样本秩的计算结果列于表 5.4.2.

从表 5.4.2 可以算得

$$T=\text{秩平方之和 (男)}=1107.5,$$

$$\overline{R^2}=(2.25+2.25+\cdots+144+169)/17=104.9706,$$

$$\sum_{i=1}^{n}R_i^4=5.0625+5.0625+\cdots+20736+28561=327362.1,$$

$$S^2 = \frac{8\times 9}{17\times 16}\times 327362.1 - \frac{8\times 9}{16}\times 104.9706^2 = 37069.97,$$

$$T_1 = \frac{1107.5 - 8\times 104.9706}{\sqrt{37069.97}} = 1.3906.$$

取显著性水平 $\alpha = 0.05$. 由于 $z_{0.95} = 1.65$, $T_1 < z_{0.95}$, p 值为 0.0823, 故接受 H_0, 即认为男士之间与女士之间的心跳速率没有显著变化. 如果用统计量 T 进行检验, 则可查附表 7 得检验的临界值 $c_{0.95} = 1261$, 由于 $T = 1107.5 < 1261$, 故接受 H_0. 因为数据集仅有 1 个结, 所以用 T 和 T_1 进行检验的结论一致.

表 5.4.2 样本秩的计算表

原始测量		绝对离差		绝对离差的秩		秩平方		秩四次方	
男(X)	女(Y)	男(U)	女(V)	男	女	男	女	男	女
74	72	0.25	0.89	1.5	3	2.25	9	5.0625	81
74	73	0.25	1.89	1.5	5	2.25	25	5.0625	625
76	69	1.75	2.11	4	6	16	36	256	1296
79	74	4.75	2.89	11	7	121	49	14641	2401
82	68	7.75	3.11	14	8	196	64	38416	4096
65	75	9.25	3.89	15	9	225	81	50625	6561
86	67	11.75	4.11	16	10	256	100	65536	10000
58	76	16.25	4.89	17	12	289	144	83521	20736
	66		5.11		13		169		28561

5.5 多个独立样本问题

本章讨论多总体位置参数的比较问题. 这类问题可以用方差分析方法来解决. 在参数模型的方差分析中, 需要假定总体服从正态分布. 如果这个假定不成立, 那么就需要使用秩方法来进行方差分析. 在非参数统计方法中, 一般多个总体有相似的连续分布 (除位置可能不同外). 设 k 个相互独立的总体 $X_1, \cdots, X_k$ 具有连续分布函数 $F_1(x), \cdots, F_k(x)$, 假设检验问题为

$$H_0: F_1(x) = \cdots = F_k(x) \longleftrightarrow H_1: F_i(x) = F(x-\theta_i), \quad i = 1, \cdots, k, \quad (5.5.1)$$

其中 $F(\cdot)$ 是某个连续分布函数, θ_i 是位置参数且不全相同. 本章将要介绍两种关于位置参数的多样本问题的非参数统计方法, 即 Kruskal-Wallis 检验和 Jonckheere-Terpstra 检验.

5.5.1 Kruskal-Wallis 检验

本小节就以下面完全随机设计数据为例, 说明对假设检验问题 (5.5.1) 进行检验的秩方法. 将 n 个受试对象随机分为 k 组, 分别接受不同的处理. k 个处理可看作 k 个相互独立的总体. 归纳整理数据的格式、符号如表 5.5.1.

表 5.5.1　完全随机设计数据格式

总体	样本	重复次数
X_1	$X_{11}, X_{12}, \cdots, X_{1n_1}$	n_1
X_2	$X_{21}, X_{22}, \cdots, X_{2n_2}$	n_2
$\vdots$	$\vdots \quad \vdots \quad \vdots$	$\vdots$
X_k	$X_{k1}, X_{k2}, \cdots, X_{kn_k}$	n_k

在表 5.5.1 中, X_{ij} 表示第 i 个总体的第 j 个观测, n_i 为第 i 个总体中样本的重复次数. 假定每个样本内观测相互独立, 且样本之间也是相互独立的. 根据表 5.5.1 中的样本, 考虑假设检验问题

$$H_0: \theta_1 = \cdots = \theta_k \longleftrightarrow H_1: \theta_1, \cdots, \theta_k \text{ 不全相等}, \tag{5.5.2}$$

其中 θ_i 为 X_i 的位置参数 (均值或中位数) $(i = 1, \cdots, k)$.

为了对假设检验问题 (5.5.2) 进行检验, 我们采用 Kruskal 和 Wallis (1952) 提出的 Kruskal-Wallis 检验, 它是把两样本位置问题的 Wilcoxon 秩和检验及 Mann-Whitney 检验推广到 3 个或更多组检验的方法. 对完全随机设计数据, 解决多样本问题的思路与两样本 Wilcoxon 秩和检验类似, 即先把多个样本混合起来求秩, 再按样本组求秩和. 在计算合样本的秩时, 如果遇到有相同的样本观测值, 即打结的情形, 则用平均秩法确定秩. 这种检验方法的前提是假定总体是连续的, 除位置参数不同外, 分布是相似的.

现将表 5.5.1 中的所有数据从小到大赋秩, 其秩依次为 $1, \cdots, n$, 其中 $n = n_1 + \cdots + n_k$. 如果有相同的秩, 则采用平均秩. 令 R_{ij} 为样本 X_{ij} 的秩, $i = 1, \cdots, k, j = 1, \cdots, n_i$. 第 i 组样本的平均秩为

$$\bar{R}_i = \frac{R_i}{n_i}, \quad R_i = \sum_{j=1}^{n_i} R_{ij}, \quad i = 1, \cdots, k.$$

合样本之秩的平均值为

$$\bar{R} = \frac{1}{n} \sum_{i=1}^{k} \sum_{j=1}^{n_i} R_{ij} = \frac{1 + \cdots + n}{n} = \frac{n+1}{2}.$$

合样本各秩的平方和为

$$\sum_{i=1}^{k} \sum_{j=1}^{n_i} R_{ij}^2 = 1^2 + \cdots + n^2 = \frac{1}{6} n(n+1)(2n+1).$$

因此, 合样本各秩的总平方和为

$$\mathrm{SST} = \sum_{i=1}^{k} \sum_{j=1}^{n_i} (R_{ij} - \bar{R})^2 = \sum_{i=1}^{k} \sum_{j=1}^{n_i} R_{ij}^2 - n\bar{R}^2$$

$$
\begin{aligned}
&= \frac{1}{6}n(n+1)(2n+1) - n\left(\frac{n+1}{2}\right)^2 \\
&= \frac{1}{12}n(n^2-1),
\end{aligned}
$$

其总均方为

$$
\text{MST} = \frac{\text{SST}}{n-1} = \frac{1}{12}n(n+1).
$$

各处理间平方和为

$$
\begin{aligned}
\text{SSB} &= \sum_{i=1}^{k} n_i(\bar{R}_i - \bar{R})^2 = \sum_{i=1}^{k} n_i\bar{R}_i^2 - n\bar{R}^2 \\
&= \sum_{i=1}^{k} \frac{R_i^2}{n_i} - \frac{1}{4}n(n+1)^2.
\end{aligned}
$$

可以证明: 当原假设 H_0 为真时, $E(\bar{R}_i) = (n+1)/2$. 因而, 在原假设 H_0 下, $\bar{R}_i$ 应该与 $(n+1)/2$ 很接近. 如果某些 $\bar{R}_i$ 与 $(n+1)/2$ 相差很远, 则可以认为原假设不成立. 注意到 $\bar{R} = (n+1)/2$, 于是当 SSB 的值太大时就拒绝原假设. 基于上述分析, 检验统计量可定义为

$$
H = \frac{\text{SSB}}{\text{MST}} = \frac{12}{n(n+1)} \sum_{i=1}^{k} \frac{R_i^2}{n_i} - 3(n+1), \tag{5.5.3}
$$

称 H 为 Kruskal-Wallis 统计量.

类似于 Wilcoxon 秩和统计量, 检验的拒绝域为 $H \geqslant c$. 可以通过查表得到检验的临界值 c. 本书附表 8 给出了 $k=3$ 个总体的 Kruskal-Wallis 检验的临界值. 表中的 n_1, n_2, n_3 由大到小排列, 即 $n_1 \geqslant n_2 \geqslant n_3$. 如果问题中的 n_1, n_2, n_3 不是由大到小排列, 例如, $n_1=3, n_2=2, n_3=5$, 那么只需将 $(3,2,5)$ 调整为 $(5,3,2)$, 然后在 $n_1=5, n_2=3, n_3=2$ 时查附表 8 得到检验的临界值就是 $n_1=3, n_2=2, n_3=5$ 时的临界值. 当 $n \to \infty$, 且对每个 i, n_i/n 趋于某个非零常数 λ_i 时, 在原假设下 H 服从自由度为 $k-1$ 的 χ^2 分布. 此时假设检验问题 (5.5.2) 的拒绝域为 $H \geqslant \chi^2_{k-1}(1-\alpha)$, 即对给定的显著性水平 α, 如果 $H \geqslant \chi^2_{k-1}(1-\alpha)$, 则拒绝原假设 H_0, 认为总体的位置参数之间有差异. 此时, 应进一步比较哪两个总体的位置参数之间有差异. Dunn (1964) 建议用统计量

$$
d_{ij} = \frac{|\bar{R}_i - \bar{R}_j|}{\text{SE}} \tag{5.5.4}
$$

来继续检验两两总体的位置参数之间的差异, 其中 $\bar{R}_i$ 和 $\bar{R}_j$ 分别为第 i 个和第 j

个样本的平均秩, SE 为两平均秩差的标准误差, 它的计算公式为

$$\begin{aligned}\mathrm{SE} &= \sqrt{\mathrm{MST}\left(\frac{1}{n_i}+\frac{1}{n_j}\right)} \\ &= \sqrt{\frac{n(n+1)}{12}\left(\frac{1}{n_i}+\frac{1}{n_j}\right)}, \quad \forall i,j=1,\cdots,k, \quad i\neq j.\end{aligned} \tag{5.5.5}$$

当 $n_i = n_j$ 时, $n = kn_i$, 从而式 (5.5.5) 可简化为

$$\mathrm{SE} = \sqrt{k(n+1)/6}. \tag{5.5.6}$$

如果 $d_{ij} \geqslant z_{1-\alpha^*/2}$, 则表示第 i 个与第 j 个总体的位置参数之间有显著差异, 反之则认为差异不显著, 其中 $z_{1-a^*/2}$ 为标准正态分布的分位数, $\alpha^* = 2\alpha/[k(k-1)]$, α 为显著性水平.

打结情况 当样本观测值有结时, Kruskal-Wallis 统计量 H 可以修正为

$$H_c = \frac{H}{1-\dfrac{1}{n^3-n}\displaystyle\sum_{l=1}^{g}(\tau_l^3-\tau_l)}, \tag{5.5.7}$$

其中 g 为结的个数, τ_l 为第 l 个结的长度. 取平均秩后, 经过修正的 Kruskal-Wallis 检验统计量 H_c 仍渐近服从自由度为 $k-1$ 的 χ^2 分布. 因此, 检验的拒绝域为 $H_c \geqslant \chi^2_{k-1}(1-\alpha)$. 若拒绝原假设 H_0, 则认为总体的位置参数之间有差异. 此时, 由式 (5.5.5) 给出的 SE 应修正为

$$\mathrm{SE}_c = \sqrt{\left(\frac{n(n+1)}{12}-\frac{1}{12(n-1)}\sum_{l=1}^{g}(\tau_l^3-\tau_l)\right)\left(\frac{1}{n_i}+\frac{1}{n_j}\right)},$$

而式 (5.5.4) 则变为 $d_{ij}^c = |\bar{R}_i - \bar{R}_j|/\mathrm{SE}_c$. 如果 $d_{ij}^c \geqslant z_{1-\alpha^*/2}$, 则表示第 i 个与第 j 个总体的位置参数之间有显著差异, 反之则认为差异不显著, 其中 $\alpha^* = 2\alpha/[k(k-1)]$, α 为显著性水平.

R 语言中的函数 R 语言提供了 Kruskal-Wallis 检验的函数:

```
kruskal.test(x, g, ···),
```

其中 x 是数值向量或列表, g 是一个向量或相应于 x 的分类因子, 当 x 为列表时 g 可以省略. 运行该语句可以得到检验的 p 值、检验统计量的值等.

例 5.5.1 欲了解三种不同品牌的灯泡的使用寿命, 从每种品牌的灯泡中分别随机抽取 5 个、4 个和 4 个做试验, 得到如下数据 (单位: 月):

品牌 A: 73, 64, 67, 62, 70;
品牌 B: 84, 80, 81, 77;
品牌 C: 82, 79, 71, 75.

问三种灯泡的使用寿命有显著差别吗? 如果有差别, 哪些品牌不同?

解　用 $\theta_1, \theta_2, \theta_3$ 分别表示三种灯泡的平均寿命. 由题意, 所考虑的假设检验问题为

$$H_0: \theta_1 = \theta_2 = \theta_3 \longleftrightarrow H_1: \theta_1, \theta_2, \theta_3\text{不全相等}.$$

把灯泡的寿命数据从小到大赋秩, 列于表 5.5.2.

表 5.5.2　灯泡寿命数据的秩

总体	秩	R_i	n_i	$\bar{R}_i$
A	6, 2, 3, 1, 4	16	5	3.2
B	13, 10, 11, 8	42	4	10.5
C	12, 9, 5, 7	33	4	8.25

由表 5.5.2 和公式 (5.5.3) 可得

$$H = \frac{12}{13(13+1)}\left(\frac{16^2}{5} + \frac{42^2}{4} + \frac{33^2}{4}\right) - 3(13+1) = 8.4033.$$

取显著性水平 $\alpha = 0.05$, 查 χ^2 检验的临界值表 (附表 3), 得 $\chi_2^2(0.95) = 5.991$. 由于 $H > \chi_2^2(0.95)$. 故拒绝 H_0, 即认为三种品牌的灯泡的使用寿命有显著差异.

如果用 R 语言, 则将数据赋给列表 x, 再执行语句 kruskal.test(x) 可以得到 p 值 $= 0.0447$. 由于 p 值小于 0.05, 故在显著性水平 0.05 下拒绝 H_0.

下面我们利用 Dunn 方法进行两两之间的比较. 成对样本共有 $k(k-1)/2 = 3$ 种, 三种灯泡寿命的平均秩分别为

$$\bar{R}_1 = 3.2, \quad \bar{R}_2 = 10.5, \quad \bar{R}_3 = 8.25.$$
$$n_1 = 5, \quad n_2 = 4, \quad n_3 = 4.$$
$$\alpha = 0.05, \quad \alpha^* = 0.1/6 = 0.0167.$$
$$z_{1-0.0167/2} = z_{0.9917} = 2.3954.$$

利用公式 (5.5.4)~(5.5.6), 经过计算得到表 5.5.3.

表 5.5.3　两两总体的位置参数之间差异的比较

比较式	$\lvert\bar{R}_i - \bar{R}_j\rvert$	SE	d_{ij}	$z_{0.9917}$
A vs B	$\lvert 3.2 - 10.5\rvert = 7.30$	2.6125	2.7943	2.3954
A vs C	$\lvert 3.2 - 8.25\rvert = 5.05$	2.6125	1.9330	2.3954
B vs C	$\lvert 10.5 - 8.25\rvert = 2.25$	2.7538	0.8171	2.3954

由表 5.5.3 中三种灯泡的使用寿命比较可知, 仅 A 与 B 有显著差异外, 其他灯泡的寿命之间都不存在显著差异. 该结果与直观结论基本吻合.

5.5.2 Jonckheere-Terpstra 检验

Jonckheere-Terpstra 检验是由 Jonckheere (1954) 和 Terpstra (1952) 独立提出的, 它比 Kruskal-Wallis 检验有更强的功效. 下面我们介绍这种检验方法.

假定 k 个独立总体 $X_1,\cdots,X_k$ 有同样形状的连续分布函数 $F(x-\theta_1),\cdots,F(x-\theta_k)$, 其中 $\theta_1,\cdots,\theta_k$ 是位置参数. 类似于两总体位置参数的单边检验, 我们感兴趣的是关于这些位置参数的趋势性检验. 单调上升趋势性的假设检验问题为

$$H_0:\theta_1=\cdots=\theta_k \longleftrightarrow H_1:\theta_1\leqslant\cdots\leqslant\theta_k,$$

其中至少有一个不等式是严格的. 如果总体的位置参数呈下降趋势, 则备择假设 H_1 的不等式反号.

设 $X_{i1},\cdots,X_{in_i}$ 是来自第 i 个总体 X_i 的样本, $i=1,\cdots,k$. 假定每个样本内观测相互独立, 且样本之间也是相互独立的. 类似于 Mann-Whitney 统计量的形式, 我们定义 Jonckheere-Terpstra 统计量

$$J=\sum_{i<j}U_{ij}$$

作为检验统计量, 其中求和运算是对所有的 U_{ij} 在 $i<j$ 范围求和, 而 U_{ij} 为第 i 个样本中的观测小于第 j 个样本中的观测的个数, 即

$$U_{ij}=\#\{(X_{il},X_{jm}):X_{il}<X_{jm},l=1,\cdots,n_i,m=1,\cdots,n_j\}.$$

统计量 J 的取值从 0 到 $\sum\limits_{i<j}n_in_j$ 变化. 类似于 Mann-Whitney 检验, Jonckheere-Terpstra 检验的拒绝域为 $J\geqslant c_{1-\alpha}$. 当 $k=3$ 时, 可以通过查附表 9, 用 (n_1,n_2,n_3) 和显著性水平 α 得到检验的临界值 $c_{1-\alpha}$, 它满足 $P\{J\geqslant c_{1-\alpha}\}=\alpha$. 当样本容量超过附表 9 中的范围时, 可以用正态分布近似. 利用 Mann-Whitney 统计量的性质可以得到如下结果: 在 H_0 成立的条件下, 当 $\min\limits_{1\leqslant i\leqslant k}n_i\to\infty$ 且 $\lim\limits_{n_i\to\infty}\dfrac{n_i}{n}=\lambda_i\in(0,1)$ 时, 有

$$\frac{J-E(J)}{\sqrt{\mathrm{var}(J)}}\xrightarrow{D}N(0,1),$$

其中 $n=n_1+\cdots+n_k$,

$$E(J)=\frac{1}{4}\left(n^2-\sum_{i=1}^k n_i^2\right), \tag{5.5.8}$$

$$\mathrm{var}(J)=\frac{1}{72}\left[n^2(2n+3)-\sum_{i=1}^k n_i^2(2n_i+3)\right]. \tag{5.5.9}$$

利用上述结果, 可得 Jonckheere-Terpstra 检验的近似临界值

$$c_{1-\alpha}=E(J)+z_{1-\alpha}\sqrt{\operatorname{var}(J)}, \tag{5.5.10}$$

其中 $z_{1-\alpha}$ 为标准正态分布的 $1-\alpha$ 分位数.

打结情况 当有结, 即有相等的样本观测值时, 我们可将 U_{ij} 修改为

$$\begin{aligned}U_{ij}^*=&\#\{(X_{il},X_{jm}):X_{il}<X_{jm},l=1,\cdots,n_i,m=1,\cdots,n_j\}\\&+\frac{1}{2}\cdot\#\{(X_{il},X_{jm}):X_{il}=X_{jm},l=1,\cdots,n_i,m=1,\cdots,n_j\}.\end{aligned}$$

统计量 J 也相应地变为

$$J^*=\sum_{i<j}U_{ij}^*. \tag{5.5.11}$$

统计量 J^* 仍有渐近正态性, 即在 H_0 成立的条件下, 当 $\min\limits_{1\leqslant i\leqslant k} n_i\to\infty$ 时, 有

$$\frac{J^*-E(J^*)}{\sqrt{\operatorname{var}(J^*)}}\xrightarrow{D}N(0,1),$$

其中 $E(J^*)=E(J)$,

$$\begin{aligned}\operatorname{var}(J^*)=&\operatorname{var}(J)-\frac{1}{72}\sum_{l=1}^{g}\tau_l(\tau_l-1)(2\tau_l+5)\\&+\frac{1}{36n(n-1)(n-2)}\left[\sum_{i=1}^{k}n_i(n_i-1)(n_i-2)\right]\left[\sum_{l=1}^{g}\tau_l(\tau_l-1)(\tau_l-2)\right]\\&+\frac{1}{8n(n-1)}\left[\sum_{i=1}^{k}n_i(n_i-1)\right]\left[\sum_{l=1}^{g}\tau_l(\tau_l-1)\right],\end{aligned} \tag{5.5.12}$$

其中 g 为结的个数, τ_l 为第 l 个结的长度. 利用上述结果, 可得检验的近似临界值

$$c_{1-\alpha}^*=E(J^*)+z_{1-\alpha}\sqrt{\operatorname{var}(J^*)}. \tag{5.5.13}$$

例 5.5.2 为研究不同年龄组的人的 β 蛋白含量的变化趋势, 观察三组男性, 每组 10 人. 第一组人的年龄在 20 岁到 30 岁之间, 第二组人的年龄在 30 岁到 40 岁之间, 第三组人的年龄在 40 岁到 50 岁之间. 他们的 β 蛋白含量的测量值如下:

第一组: 260, 200, 240, 170, 270, 205, 190, 200, 250, 200;
第二组: 310, 310, 190, 225, 170, 210, 280, 210, 280, 240;
第三组: 225, 260, 360, 310, 270, 380, 240, 295, 260, 250.

问这三组人的测量值是否符合人们的经验: 年龄越大, 人的 β 蛋白含量越高?

解 显然, 本例的备择假设是有方向的, 所以假设检验问题为

$$H_0: \theta_1 = \theta_2 = \theta_3 \longleftrightarrow H_1: \theta_1 \leqslant \theta_2 \leqslant \theta_3 \text{ 且 } \theta_1 < \theta_3.$$

为便于计算, 我们把各组的测量值由小到大排列, 如表 5.5.4.

表 5.5.4 不同年龄组男性的 β 蛋白含量的排列

第一组	170	190	200	200	200	205	240	250	260	270
第二组	170	190	210	210	225	240	280	280	310	310
第三组	225	240	250	260	260	270	295	310	360	380

由表 5.5.4 不难计算 U_{ij}^* 的值:

$$U_{12}^* = 9.5 + 8.5 + 8 + 8 + 8 + 8 + 4.5 + 4 + 4 + 4 = 66.5;$$
$$U_{13}^* = 10 + 10 + 10 + 10 + 10 + 10 + 8.5 + 7.5 + 6 + 4.5 = 86.5;$$
$$U_{23}^* = 10 + 10 + 10 + 10 + 9.5 + 8.5 + 4 + 4 + 2.5 + 2.5 = 71.$$

在计算 U_{12}^* 时, 第 1 个数 9.5 是将第一组的第 1 个数 170 与第二组的每一个数都作比较后得到的. U_{12}^* 的其他值以及 U_{13}^* 和 U_{23}^* 中的值可类似求得. 因此, 由式 (5.5.11) 可得

$$J^* = 66.5 + 86.5 + 71 = 224.$$

由于样本容量比较大, 因此在 Jonckheere-Terpstra 检验的临界值表 (附表 9) 中不能查到 (n_1, n_2, n_3) 为 (10, 10, 10) 时的临界值. 这时需要使用 Jonckheere-Terpstra 统计量的渐近正态性. 由公式 (5.5.8) 可得 $E(J^*) = E(J) = 150$. 全部样本中有 $g = 11$ 个结, 其中 7 个长度为 2 的结, 4 个长度为 3 的结. 因此, 由公式 (5.5.12) 可得 $\text{var}(J^*) = 687.78$. 对给定的显著性水平 $\alpha = 0.05$, 查标准正态分布表可得 $z_{0.95} = 1.65$, 于是利用公式 (5.5.13) 可得 $c_{0.95}^* = 150 + 1.65 \times \sqrt{687.78} = 193.27$. 由于 $J^* = 224 > c_{0.95}^*$, 故拒绝原假设 H_0, 即认为年龄越大, 男性的 β 蛋白含量越高. 也可以用检验的近似 p 值作判断. 由于 $z = (224 - 150)/\sqrt{687.78} = 2.82$, 于是 p 值为 $P\{Z \geqslant 2.82\} = 0.0024$. 因此, 在显著性水平 $\alpha \geqslant 0.0024$ 下拒绝原假设.

5.6 区 组 设 计

在 5.5 节中, 我们介绍了多个独立样本的 Kruskal-Wallis 检验和 Jonckheere-Terpstra 检验. 这两种检验方法都是针对完全随机试验数据, 所考虑的问题相应于一种没有区组影响的单因子试验设计的统计分析. 本节, 我们考虑的区组设计

是基于多个相关样本, 即各处理的样本之间不相互独立. 在样本服从正态分布时, 可以采用两因素试验的方差分析方法对随机区组数据进行分析. 在样本不是来自正态总体时, 我们需要使用非参数方法. 如果是完全区组设计, 引进 Friedman 检验和 Page 检验来处理两种 (有序与否) 备择假设情况. 当数据为二元时, 可使用 Corchran 检验. 对平衡的不完全区组设计, 可考虑 Durbin 检验.

5.6.1 Friedman 检验

Friedman (1937) 提出了秩差分析方法, 人们称之为 Friedman 检验, 它是符号检验的推广. 假定样本是由 b 个相互独立的 k 维随机变量组成的, 记为 $(X_{1j},\cdots,X_{kj})$, $j=1,\cdots,b$, 其中 b 为区组个数, X_{ij} 为第 i 个处理在第 j 个区组中的观测值. b 个区组的排列如表 5.6.1 所示.

关于位置参数的假设检验问题是

$$H_0:\theta_1=\cdots=\theta_k \longleftrightarrow H_1:\theta_1,\cdots,\theta_k\ \text{不全相等}, \tag{5.6.1}$$

其中 θ_i 为第 i 个处理的位置参数 (均值或中位数).

表 5.6.1 完全区组设计数据格式

	区组 1	区组 2	$\cdots$	区组b
处理 1	X_{11}	X_{12}	$\cdots$	X_{1b}
处理 2	X_{21}	X_{22}	$\cdots$	X_{2b}
$\vdots$	$\vdots$	$\vdots$		$\vdots$
处理 k	X_{k1}	X_{k2}	$\cdots$	X_{kb}

由于区组的影响, 不同区组中的秩没有可比性. 例如, 在肥料 (处理) 效能的农业试验中, 不同条件的土壤构成了区组; 优质土壤即便不施肥, 其产量也可能比施了优等肥料的劣质土壤的产量高. 然而, 如果按照不同的区组收集数据, 那么同一区组的不同处理之间的比较是有意义的, 也就是说, 在其他影响因素相同的情况下, 比较同一块土壤的不同肥料的增产效果是有意义的. 因此, 我们在每一个区组内分配各处理的秩, 得到秩数据如表 5.6.2 所示.

表 5.6.2 完全区组设计的秩数据

	区组 1	区组 2	$\cdots$	区组b	秩和R_i
处理 1	R_{11}	R_{12}	$\cdots$	R_{1b}	R_1
处理 2	R_{21}	R_{22}	$\cdots$	R_{2b}	R_2
$\vdots$	$\vdots$	$\vdots$		$\vdots$	$\vdots$
处理k	R_{k1}	R_{k2}	$\cdots$	R_{kb}	R_k

在表 5.6.2 中, R_{ij} 表示在第 j 个区组中第 i 个样本观测值的秩, 即对区组 j,

相互比较 $X_{1j},\cdots,X_{kj}$, 最小的观测值赋以秩 1, 次小的观测值赋以秩 2, 以此类推, 最大观测值赋以秩 k. 给所有 b 个区组赋秩. 如果有结, 则用平均秩.

对每一处理的秩求和得到 R_i, 从而得到各处理的平均秩 $\bar{R}_i = R_i/b$, 其中

$$R_i = \sum_{j=1}^{b} R_{ij}, \quad i = 1, \cdots, k.$$

容易计算, 总平均秩为

$$\bar{R} = \frac{1}{bk}\sum_{i=1}^{k}\sum_{j=1}^{b} R_{ij} = \frac{1}{bk} b(1+2+\cdots+k) = \frac{k+1}{2}.$$

于是, 各处理间平方和为

$$\mathrm{SSB} = b\sum_{i=1}^{k}(\bar{R}_i - \bar{R})^2 = \frac{1}{b}\sum_{i=1}^{k} R_i^2 - \frac{1}{4}bk(k+1)^2.$$

这个 SSB 可以作为检验统计量, 我们在它的值比较大时认为这 k 个位置参数不全相等. Friedman 提出用 $12/[k(k+1)]$ 乘以 SSB, 得到检验统计量

$$Q = \frac{12}{bk(k+1)}\sum_{i=1}^{k} R_i^2 - 3b(k+1), \tag{5.6.2}$$

称 Q 为 Friedman 统计量. 对给定的显著性水平 α, 检验的拒绝域为 $Q \geqslant c_{1-\alpha}$, 其中 $c_{1-\alpha}$ 满足 $P\{Q \geqslant c_{1-\alpha}\} = \alpha$. 对有限的几个 k 和 b, 可查附表 10 得到检验的临界值 $c_{1-\alpha}$, 当表中查不到时, 可以用自由度为 $k-1$ 的 χ^2 分布近似.

可以证明, 当原假设 H_0 为真时, 对固定的 k, Friedman 统计量 Q 渐近服从自由度为 $k-1$ 的 χ^2 分布, 即

$$Q \xrightarrow{D} \chi^2_{k-1}, \quad b \to \infty. \tag{5.6.3}$$

由式 (5.6.3) 知, 在 Q 中之所以将 SSB 乘以 $12/[k(k+1)]$, 是为了使 Q 渐近服从自由度为 $k-1$ 的 χ^2 分布. 由于 χ^2 分布的期望等于它的自由度, 所以这个常数因子应等于 $(k-1)/E(\mathrm{SSB}) = 12/[k(k+1)]$.

根据式 (5.6.3) 可以得到假设检验问题 (5.6.1) 的拒绝域: $Q \geqslant \chi^2_{k-1}(1-\alpha)$, 其中 α 为显著性水平.

当 Friedman 检验的结果为拒绝原假设时, 我们可以比较各个处理间的差异. Hollander 和 Wolfe(1973) 提出了两处理间的比较公式:

$$D_{ij} = \frac{|R_i - R_j|}{\mathrm{SE}}, \tag{5.6.4}$$

其中 R_i 和 R_j 为第 i 与第 j 样本 (处理) 的秩和, $\mathrm{SE}=\sqrt{bk(k+1)/6}$.

如果 $D_{ij}\geqslant z_{1-\alpha^*/2}$, 则认为第 i 与第 j 处理间有显著差异, 反之则认为差异不显著, 其中 $\alpha^*=2\alpha/[k(k-1)]$, α 为显著性水平, $z_{1-\alpha^*/2}$ 为标准正态分布的 $1-\alpha^*/2$ 分位数.

打结情况 当样本观测值有结时, 把 Q 值修正为

$$Q_c=\frac{Q}{1-\dfrac{1}{bk(k^2-1)}\displaystyle\sum_{l=1}^{g}(\tau_l^3-\tau_l)},\tag{5.6.5}$$

其中 g 为结的个数, τ_l 为第 l 个结的长度. 有结时取平均秩之后, 修正的 Friedman 统计量 Q_c 仍渐近服从自由度为 $k-1$ 的 χ^2 分布. 如果 $Q_c\geqslant\chi^2_{k-1}(1-\alpha)$, 则拒绝原假设 H_0, 认为处理间有差异. 此时, 式 (5.6.4) 中的 SE 应修正为

$$\mathrm{SE}_c=\sqrt{\frac{bk(k+1)}{b}-\frac{b}{6(k-1)}\sum_{l=1}^{g}(\tau_l^3-\tau_l)}\,.$$

因此, 式 (5.6.4) 则变为 $D_{ij}^c=|R_i-R_j|/\mathrm{SE}_c$. 如果 $D_{ij}^c\geqslant z_{1-\alpha^*/2}$, 则认为第 i 与第 j 处理间有显著差异, 反之则认为差异不显著, 其中 $\alpha^*=2\alpha/[k(k-1)]$, α 为显著性水平.

R 语言中的函数 R 语言提供了 Friedman 检验的函数:

```
friedman.test(y, groups, blocks, ···),
```

其中 y 是数值向量或矩阵; 在 y 为向量时 groups 是相应于 y 的组, 在 y 为矩阵时 groups 省略; 在 y 为向量时 blocks 是相应于 y 的块, 在 y 为矩阵时 blocks 省略. 运行该语句可以得到检验的 p 值、检验统计量的值等.

例 5.6.1 四种药物可以治疗同一种疾病. 为检验其效果是否有显著差异, 选取了 32 名患者接受治疗. 每组 4 人, 分 8 组. 同一组的 4 名患者符合配对条件, 随机指定某人使用药物 A、B、C, 剩余 1 人用药物 D. 经过一个周期的治疗后, 根据病情好转的情况评分, 结果如表 5.6.3.

表 5.6.3 患者好转得分

药物 \ 患者组	1	2	3	4	5	6	7	8
A	14	19	17	17	16	15	18	16
B	23	25	22	21	24	26	26	22
C	26	25	29	28	28	27	27	30
D	30	33	28	27	32	26	36	32

试检验四种药物的治疗效果是否有显著差异.

解　由于不同患者的体质情况可能有所不同, 有的可能有很大差别, 因此本例是区组设计, 适合于用 Friedman 检验. 假设检验问题为

$$H_0: \theta_1 = \theta_2 = \theta_3 = \theta_4 \longleftrightarrow H_1: \theta_1, \theta_2, \theta_3, \theta_4 \text{ 不全相等}.$$

考虑到区组的影响, 所以 Friedman 检验仅将同一个区组内的 $k = 4$ 个样本观测值由小到大排列, 然后求出观测值在区组内的秩. 在同一个区组内的观测值有结, 即有相等的观测值时, 取平均秩. 把表 5.6.3 中的每一个数都用它的区组内的秩代替, 得到表 5.6.4.

表 5.6.4　患者好转程度的秩

药物＼患者组	1	2	3	4	5	6	7	8	R_i
A	1	1	1	1	1	1	1	1	8
B	2	2.5	2	2	2	2.5	2	2	17
C	3	2.5	4	4	3	4	3	3	26.5
D	4	4	3	3	4	2.5	4	4	28.5

由表 5.6.4 和式 (5.6.2) 可得

$$\begin{aligned} Q &= \frac{12}{8 \times 4(4+1)}(8^2 + 17^2 + 26.5^2 + 28.5^2) - 3 \times 8(4+1) \\ &= \frac{22410}{160} - 120 = 20.0625. \end{aligned}$$

从表 5.6.4 可以看出, 第 2 组和第 6 组各有 2 个结点, 其秩都为 2.5, 此时 $g = 2$, τ_1 和 τ_2 都为 2. 于是, $(\tau_1^3 - \tau_1) + (\tau_2^3 - \tau_2) = 6 + 6 = 12$. 由式 (5.6.5) 可得

$$Q_c = \frac{20.0625}{1 - \dfrac{12}{8 \times 4(4^2 - 1)}} = 20.5769.$$

给定显著性水平 $\alpha = 0.05$, 查 χ^2 检验的临界值表 (附表 3), 得 $\chi_3^2(0.95) = 7.815$. 由于 $Q_c > \chi_3^2(0.95)$, 故拒绝 H_0, 即认为四种药物的治疗效果有显著差异.

如果用 R 语言, 则将数据分别赋给矩阵 y, 再执行语句

```
friedman.test(y)
```

可以得到 $p = 0.000129$. 由于 p 值非常小, 故拒绝 H_0.

下面考虑四种药物中哪两个之间最不相同, 可以采用 Hollander-Wolfe 两处理间比较. 成对样本比较有 $4(4-1)/2 = 6$ 种. 取显著性水平 $\alpha = 0.1$, 可得 $\alpha^* = 0.2/12 = 0.0167$, $z_{1-0.0167/2} = z_{0.9917} = 2.3954$. 此外,

$$\mathrm{SE}_c = \sqrt{\frac{8 \times 4(4+1)}{6} - \frac{8 \times 12}{6 \times (4-1)}} = 4.6188.$$

由表 5.6.4 可知 $R_1 = 8$, $R_2 = 17$, $R_3 = 26.5$, $R_4 = 28.5$. 因此, 由公式 (5.6.4) 可得比较表 5.6.5.

表 5.6.5 两两处理之间差异的 Hollander-Wolfe 比较

比较式	$\lvert R_i - R_j\rvert$	SE	SE_c	D_{ij}	D_{ij}^c	$z_{0.9917}$
A vs B	$\lvert 8-17\rvert = 9$	5.1640	4.6188	1.7428	1.9486	2.3954
A vs C	$\lvert 8-26.5\rvert = 18.5$	5.1640	4.6188	3.5825	4.0054	2.3954
A vs D	$\lvert 8-28.5\rvert = 20.5$	5.1640	4.6188	3.9698	4.4384	2.3954
B vs C	$\lvert 17-26.5\rvert = 9.5$	5.1640	4.6188	1.8397	2.0568	2.3954
B vs D	$\lvert 17-28.5\rvert = 11.5$	5.1640	4.6188	2.2270	2.4898	2.3954
C vs D	$\lvert 26.5-28.5\rvert = 2$	5.1640	4.6188	0.3873	0.4330	2.3954

从表 5.6.5 可以看出: 对于显著性水平 $\alpha = 0.1$, 若利用修正后的 D_{ij}^c 来判断, 除药物 A 与 C、A 与 D 及 B 与 D 的治疗效果之间有显著差异外, 其他药物的治疗效果之间差异不显著, 尤其药物 C 与 D 的治疗效果之间没有重大不同; 若利用未修正的 D_{ij} 来判断, 只有药物 A 与 C 及 A 与 D 的治疗效果之间有显著差异, 而药物 B 与 D 的治疗效果之间的差异就不显著了, 这说明在结存在时对检验统计量作修正是很有必要的. 由于评秩是根据评分由小到大排列, 评分低表明病情好转程度低, 即治疗效果差. 因此, 表 5.6.4 提供的秩和说明, 四种药物的治疗效果最好的是 D, 下面依次是 C, B, A.

注 5.6.1 当区组设计的组数较大或处理个数较小时, Friedman 检验的效果就不理想. 因为 Friedman 检验的赋秩是在一个区组内进行的, 这种赋秩的方法仅限于区组内的效应, 所以直接比较不同区组间的效应就显得毫无意义. 为消除区组效应, 首先求出表 5.6.1 中各个区组的样本均值:

$$\overline{X}_j = \frac{1}{k}\sum_{i=1}^{k} X_{ij}, \quad j = 1, \cdots, b.$$

然后对样本进行调整:

$$X'_{ij} = X_{ij} - \overline{X}_j, \quad i = 1, \cdots, k,\ j = 1, \cdots, b.$$

最后对调整后的样本 X'_{ij}, 类似于 Kruskal-Wallis 检验, 对全部数据求混合秩, 有结时用平均秩. 仍用 R_{ij} 表示 X'_{ij} 的秩, 由此可以构造假设检验问题 (5.6.1) 的检验统计量 $\widetilde{Q}$, 并由 $\widetilde{Q}$ 的渐近分布得到检验的拒绝域. 称这种检验方法为 Hodges-Lehmmann 检验, 也称之为调整秩和检验, 它是由 Hodges 和 Lehmmann(1962) 提出的. 有兴趣的读者也可参考王静龙和梁小筠 (2006) 的著作 (7.2 节) 或王星 (2004)(5.4 节) 的著作, 在这两个文献中可以找到关于 Hodges-Lehmmann 检验的详细讨论, 这里不再赘述.

5.6.2 Page 检验

5.6.1 小节介绍的 Friedman 检验是讨论区组设计的无方向假设检验问题. 对于区组设计的趋势性假设检验问题, Page(1963) 提出了一种检验方法, 称之为 Page 检验. 单调上升趋势性检验问题为

$$H_0: \theta_1 = \cdots = \theta_k \longleftrightarrow H_1: \theta_1 \leqslant \cdots \leqslant \theta_k \text{ 且 } \theta_1 < \theta_k.$$

而单调下降趋势性假设检验问题的原假设 H_0 不变, 备择假设 H_1 的不等号反号.

同 Friedman 检验一样, 计算每一个数据在它所在区组的 k 个观测值中的秩. 用 R_{ij} 表示 X_{ij} 的第 i 个处理在第 j 个区组中的秩, 那么第 i 个处理的秩和为

$$R_i = \sum_{j=1}^{b} R_{ij}, \quad i = 1, \cdots, k.$$

检验统计量定义为

$$L = \sum_{i=1}^{k} iR_i, \tag{5.6.6}$$

称 L 为 Page 统计量.

式 (5.6.6) 中每一项乘以 i 的目的是: 在 H_1 为真时, 可以"放大"备择假设的效果. 在总体分布为连续的条件下, 如果没有结, 则该检验是与分布无关的. 由于 L 为线性秩统计量, 因此由定理 5.1.4 可以验证: 如果同一区组内的 k 个随机变量相互独立, 则当原假设 H_0 为真时, Page 统计量 L 服从对称中心为 $bk(k+1)^2/4$ 的对称分布. Page 检验的拒绝域为 $L \geqslant c_{1-\alpha}$, 其中 $c_{1-\alpha}$ 为检验的临界值. 对于一部分 k, b 和 α 的值, 可以查附表 11 得到 $c_{1-\alpha}$ 的值, 满足 $P\{L \geqslant c_{1-\alpha}\} = \alpha$. 当 k 固定, 而 $b \to \infty$ 时, Page 统计量 L 在原假设下具有渐近正态性:

$$\frac{L - bk(k+1)^2/4}{\sigma_L} \xrightarrow{D} N(0,1),$$

其中 $\sigma_L^2 = bk^2(k+1)^2(k-1)/144$. 由此可得在大样本情况下检验的拒绝域

$$L \geqslant \frac{1}{4}bk(k+1)^2 + z_{1-\alpha}\sigma_L,$$

其中 $z_{1-\alpha}$ 为标准正态分布的 $1-\alpha$ 分位数. 检验的 p 值约等于

$$P\left\{Z \geqslant \frac{l_{\text{obs}} - bk(k+1)^2/4}{\sigma_L}\right\}, \tag{5.6.7}$$

其中 Z 为标准正态随机变量, l_{obs} 为 Page 统计量 L 的观测值.

打结情况 在区组内样本观测值有结的情况下, σ_L^2 可修正为

$$\sigma_L^2 = \frac{1}{144}k(k+1)\left[bk(k^2-1) - \sum_{l=1}^{g}(\tau_l^3 - \tau_l)\right],$$

其中 g 为结的个数, τ_l 为第 l 个结的长度. 这时, Page 统计量 L 在原假设下仍有渐近正态性.

例 5.6.2 在 A, B, C 三个汽车密度不等的城市中对四种职业的人群进行血液中铅的含量测试, 测量结果如表 5.6.6.

表 5.6.6 受试者血液中铅的含量测量结果 (单位: mg/100mL)

城市 \ 受试者组	1	2	3	4
A	40	52	34	35
B	52	76	52	53
C	80	100	51	65

试检验三个城市的受试者血液中铅的含量是否呈上升趋势.

解 本题是一个 $k=3$ 个处理及 $b=4$ 个区组的区组设计, 假设检验问题为

$$H_0: \theta_1 = \theta_2 = \theta_3 \longleftrightarrow H_1: \theta_1 \leqslant \theta_2 \leqslant \theta_3 \text{ 且 } \theta_1 < \theta_3.$$

计算每一个数据在其所在区组的 3 个观测值的秩, 计算结果列在表 5.6.7 中.

表 5.6.7 受试者血液中铅的含量的秩

城市 \ 受试者组	1	2	3	4	R_i
A	1	1	1	1	4
B	2	2	3	2	9
C	3	3	2	3	11

利用表 5.6.7 和式 (5.6.6), 简单计算可得

$$L = 1\times4 + 2\times9 + 3\times11 = 55.$$

查 Page 检验的临界值表 (附表 11), 得 p 值为 $P\{L \geqslant 55\} = 0.01$. 因此, 可以在显著性水平 0.01 时, 拒绝原假设 H_0, 即认为三个城市的受试者血液中铅的含量呈上升趋势. 下面利用大样本的渐近正态分布来计算 p 值. 由式 (5.6.7) 可得 p 值为 $P\{Z \geqslant (55-48)/\sqrt{8}\} = 0.0067$. 虽然样本不够大, 但其值与 0.01 接近.

5.6.3 Cochran 检验

在完全区组试验设计中, 有时会遇到给对象的某种处理仅有两个结果, 如顾客对营业员的服务态度为“满意”或“不满意”; 消费者对某种食品的反应为“喜欢”

或 “不喜欢”; 企业对某项技术革新的结果为 “成功” 或 “失败” 等. 如果用 “1” 表示 “成功”, 用 “0” 表示 “失败”, 那么区组设计只有 1 和 0 二元数据. 此时, 由于有太多的重复数据, Friedman 检验的效果就很差. Cochran(1952) 提出的检验方法可以用来解决只取二元数据的完全区组设计的假设检验问题. 下面介绍 Cochran 检验.

假定样本是由 k 个处理和 b 个区组所构成的, 样本为计数数据, 其数据形式如表 5.6.8 所示.

表 5.6.8 只取二元数据的完全区组设计数据

	区组 1	区组 2	$\cdots$	区组b	N_i
处理 1	O_{11}	O_{12}	$\cdots$	O_{1b}	N_1
处理 2	O_{21}	O_{22}	$\cdots$	O_{2b}	N_2
$\vdots$	$\vdots$	$\vdots$		$\vdots$	$\vdots$
处理k	O_{k1}	O_{k2}	$\cdots$	O_{kb}	N_k
L_j	L_1	L_2	$\cdots$	L_b	N

在表 5.6.8 中, $O_{ij}=0$ 或 1, N_i $(i=1,\cdots,k)$ 为行总和, L_j $(j=1,\cdots,b)$ 为列总和, N 为表中 1 的总数. 假设检验问题为

$$H_0: \text{所有处理的效果相同} \longleftrightarrow H_1: \text{处理之间的效果有差异}.$$

上述假设检验问题可以用数学语言描述为

$$H_0: p_1=\cdots=p_k \longleftrightarrow H_1: p_1,\cdots,p_k\ \text{不全相等},$$

其中 $p_i=P\{\text{第 } i \text{ 行出现 “1” 的概率}\}$.

检验统计量定义为

$$Q=\frac{k(k-1)\sum_{i=1}^{k}(N_i-\overline{N})^2}{\sum_{j=1}^{b}L_j(k-L_j)},$$

称 Q 为 Cochran 统计量, 其中 $\overline{N}=\dfrac{N}{k}$, $N=\sum_{i=1}^{k}N_i$. 为便于计算, 上式也可以写成下面的形式:

$$Q=\frac{k(k-1)\sum_{i=1}^{k}N_i^2-(k-1)N^2}{kN-\sum_{j=1}^{b}L_j^2}. \tag{5.6.8}$$

Cochran 统计量 Q 的精确分布不容易求得, 但我们可以使用它的渐近分布. 可以证明: 在原假设下, 对固定的 k, 当 $b \to \infty$ 时, 有

$$Q \xrightarrow{D} \chi^2_{k-1}.$$

利用上述结果, 可以得到检验的拒绝域 $Q \geqslant \chi^2_{k-1}(1-\alpha)$, 其中 α 为显著性水平. 检验的 p 值约等于 $P\{\chi^2_{k-1} \geqslant q_{\text{obs}}\}$, 其中 q_{obs} 为 Q 的观测值.

例 5.6.3 按照一项调查, 15 名顾客对三种储蓄服务的评价 (“满意” 为 1, “不满意” 为 0) 结果如表 5.6.9.

表 5.6.9 顾客对三种储蓄服务的评价结果

服务 \ 顾客	1	2	3	4	5	6	7	8	9	10	11	12	13	14	15	总和
A	1	1	1	1	1	1	1	1	0	1	1	1	1	1	0	13
B	1	0	0	0	1	1	0	1	0	0	0	1	1	1	1	8
C	0	0	0	1	0	0	0	0	0	0	0	1	0	0	0	2
总和	2	1	1	2	2	2	1	2	0	1	1	3	2	2	1	23

问顾客对这三种服务的评价是否相同?

解 根据题意, 假设检验问题为

$$H_0: \text{顾客对三种服务的评价相同},$$
$$H_1: \text{顾客对三种服务的评价不同}.$$

由于每位顾客对储蓄服务的评价角度不同, 各项服务的质量也有差异, 故应以顾客为区组, 应用式 (5.6.8) 计算 Cochran 统计量 Q 的值. 利用表 5.6.9 中最后一行和最后一列的值, 简单计算可得

$$\sum_{i=1}^{k} N_i^2 = 13^2 + 8^2 + 2^2 = 237,$$

$$\sum_{j=1}^{b} L_j^2 = 2^2 + 1^2 + \cdots + 1^2 = 43.$$

又 $k=3,\ b=15,\ N=23$, 于是由式 (5.6.8) 可得

$$Q = \frac{(3-1)\times(3\times 237 - 23^2)}{3\times 23 - 43} = 14.$$

给定显著性水平 $\alpha = 0.05$, 查 χ^2 检验的临界值表 (附表 3), 得 $\chi^2_2(0.95) = 5.991$. 由于 $Q > \chi^2_2(0.95)$, 故拒绝 H_0, 即认为顾客对这三种服务的评价不同. 从表 5.6.9 可以看出, 对服务 A 的评价最高, 因为 $N_1 = 13$ 最大.

5.6.4 Durbin 检验

本小节考虑不完全区组设计 BIBD(k,b,t,r), 其中 k 为处理个数, b 为区组个数, t 为实际处理个数, r 为实际区组个数. Durbin (1951) 提出的秩检验可以用于均衡不完全区组设计. 考虑假设检验问题 (5.6.1). 采用 5.5.3 小节的记号, X_{ij} 为第 i 个处理在第 j 个区组中的观测. R_{ij} 为 X_{ij} 的秩, 按各处理相加得

$$R_i = \sum_{j=1}^{b} R_{ij}, \quad i = 1, \cdots, k.$$

当原假设 H_0 为真时, 可以得到

$$E(R_i) = \frac{1}{2} r(t+1), \quad i = 1, \cdots, k.$$

k 个处理的秩和在 H_0 下是很接近的, 而秩总平均为

$$\bar{R} = \frac{1}{k}\sum_{i=1}^{k} R_i = \frac{1}{k}\sum_{i=1}^{k}\sum_{j=1}^{b} R_{ij} = \frac{1}{2} r(t+1).$$

显然, 当处理 i 效应大时, 其秩和 R_i 与秩总平均 $\bar{R}$ 之间的差异也较大. 因此可以定义检验统计量

$$D = \frac{12(k-1)}{rk(t^2-1)}\sum_{i=1}^{k}(R_i - \bar{R})^2,$$

并称 D 为 Durbin 统计量. 为了计算方便, 上式也可以写为

$$D = \frac{12(k-1)}{rk(t^2-1)}\sum_{i=1}^{k} R_i^2 - \frac{3r(k-1)(t+1)}{t-1}. \tag{5.6.9}$$

显然, 在完全区组设计 $(t=k, r=b)$ 时, Durbin 统计量与 Friedman 统计量相同. 检验的拒绝域为 $D \geqslant d_{1-\alpha}$, 其中 $d_{1-\alpha}$ 为满足 $P\{D \geqslant d_{1-\alpha}\} = \alpha$ 的最小值. 仅对几组 k 和 b 计算过 Durbin 检验的临界值, 因此没有给出临界值表. 在实际应用中, 人们常用大样本方法求近似临界值. 在原假设下, 对固定的 k 和 t, 当 $r \to \infty$ 时, D 依分布收敛到自由度为 $k-1$ 的 χ^2 分布. 对小样本, 该 χ^2 近似不太精确. 此外, 当数据中有结时, 只要其长度不大, 结对 Durbin 统计量的影响不大.

例 5.6.4 某养殖场用四种饲料养对虾, 在四种盐分不同的水质中同样面积的收入 (单位: 千元) 如表 5.6.10. 试比较四种饲料品质有无差别. 括号内的数为各区组内按 4 个处理观测值大小分配的秩.

表 5.6.10 四种饲料养对虾效果的数据

饲料 \ 盐分	1	2	3	4	R_i
A	3.5(1)	2.9(1)	3.7(1)	—	3
B	3.7(2)	3.1(2)	—	4.4(1)	5
C	4.1(3)	—	4.9(2)	5.8(2)	7
D	—	4.5(3)	5.7(3)	5.9(3)	9

解 假设检验问题为

$$H_0: \text{四种饲料的品质相同} \longleftrightarrow H_1: \text{四种饲料的品质不全相同}.$$

由于 $k=4, t=3, r=3$, 于是由式 (5.6.9) 可得

$$\begin{aligned} D &= \frac{12(4-1)}{3\times 4(3^2-1)}(3^2+5^2+7^2+9^2) - \frac{3\times 3(4-1)(3+1)}{3-1} \\ &= 61.5 - 54 = 7.5. \end{aligned}$$

给定显著性水平 $\alpha = 0.05$, 查 χ^2 检验的临界值表 (附表 3), 得 $\chi^2_3(0.95) = 7.815$. 因为 $D < \chi^2_3(0.95)$, 所以接受原假设 H_0, 即认为四种饲料的品质没有差异.

5.7 相关分析

在实际问题中, 人们常常想了解变量之间是否有联系, 有怎样的联系程度, 这就是相关分析的研究内容. 相关系数正是用来度量变量之间相关程度的量. 最常用的相关系数是 Pearson 相关系数. 它广泛应用于回归分析和相关分析, 在许多统计学教科书中都可以找到这种衡量相关性的方法. 然而, Pearson 相关系数只能用来度量两个或更多个变量之间线性相关性, 却不能度量变量之间的其他相关关系, 比如单调函数关系、二次函数关系等. 本章介绍两种常用的相关系数: Spearman 秩相关系数和 Kendall τ 相关系数. 它们可以用来度量更广泛的单调 (不一定线性) 关系. 因此, 下面两节内容所说的 "相关" 是指相依或联系, 而不是线性相关.

5.7.1 Spearman 秩相关检验

假定 $(X_1, Y_1), \cdots, (X_n, Y_n)$ 是来自二维总体 (X, Y) 的独立同分布样本. 要检验 X 和 Y 是否相关. 这里取原假设为

$$H_0: X \text{ 与 } Y \text{ 不相关}.$$

备择假设有三种情况:

$$H_1: X \text{ 与 } Y \text{ 相关}; \quad H_1: X \text{ 与 } Y \text{ 正相关}; \quad H_1: X \text{ 与 } Y \text{ 负相关},$$

其中前一种情况为双边检验, 后两种分别为右边检验和左边检验.

用 R_i 表示 X_i 在 $X_1, \cdots, X_n$ 中的秩, Q_i 表示 Y_i 在 $Y_1, \cdots, Y_n$ 中的秩. 类似于 Pearson 相关系数的定义, 可以定义 Spearman 秩相关系数

$$r_s = \frac{\sum_{i=1}^{n}(R_i - \bar{R})(Q_i - \bar{Q})}{\sqrt{\sum_{i=1}^{n}(R_i - \bar{R})^2}\sqrt{\sum_{i=1}^{n}(Q_i - \bar{Q})^2}}, \tag{5.7.1}$$

其中

$$\bar{R} = \frac{1}{n}\sum_{i=1}^{n} R_i = \frac{n+1}{2},$$

$$\bar{Q} = \frac{1}{n}\sum_{i=1}^{n} Q_i = \frac{n+1}{2}.$$

注意到

$$\sum_{i=1}^{n} R_i^2 = \sum_{i=1}^{n} Q_i^2 = \frac{n(n+1)(2n+1)}{6}.$$

因此, 式 (5.7.1) 可简化为

$$r_s = 1 - \frac{6}{n(n^2-1)}\sum_{i=1}^{n}(R_i - Q_i)^2. \tag{5.7.2}$$

式 (5.7.2) 中的 $(R_i - Q_i)^2$ 可以看作某种距离的度量, 如果它们的值很小, 则说明 X 与 Y 可能正相关, 否则可能负相关. 因此, 在 $|r_s|$ 较大时拒绝原假设 H_0, 即认为 X 与 Y 是相关的. 称这种检验法为 Spearman 秩相关检验.

Spearman 秩相关系数 r_s 反映两个变量之间变化趋势的方向和程度, 其值范围为 -1 到 1, $|r_s| = 1$ 表明 X 与 Y 完全相关, $r_s = 1$ 为完全正相关, $r_s = -1$ 为完全负相关. $|r_s|$ 越接近于 1, 表明 X 与 Y 的相关程度越高; 反之, $|r_s|$ 越接近于 0, 表明相关程度越低, $r_s = 0$ 为完全不相关. 在 $r_s > 0$ 时为正相关, 在 $r_s < 0$ 时为负相关. Spearman 秩相关系数与 Pearson 相关系数的主要区别在于: Spearman 秩相关系数是衡量两个变量依赖性的 "非参数" 指标, 变量间的关系是由任意单调函数描述的, 专门用于计算等级数据之间的关系; 与此相应的, Pearson 相关系数是衡量两个连续变量间线性关系的指标, 主要适合于定量数据和正态分布. 此外, 对于适合 Pearson 相关系数的数据亦可计算 Spearman 秩相关系数, 但效率要低一些.

当样本容量 $n \leqslant 100$ 时, 可以查 Spearman 秩相关检验的临界值表 (附表 12) 得到检验的临界值. 当 n 较大时, r_s 具有渐近正态性, 即当 $n \to \infty$ 时,

$$\sqrt{n-1}\, r_s \xrightarrow{D} N(0,1). \tag{5.7.3}$$

因此, 在大样本时, 可以用正态近似. r_s 的近似 q 分位数由式 (5.7.4) 给出.

$$c_q = \frac{z_q}{\sqrt{n-1}}, \tag{5.7.4}$$

其中 z_q 是标准正态分布的 q 分位数.

双边检验的 p 值约等于

$$2P\{Z \geqslant |r_{s,\mathrm{obs}}|\sqrt{n-1}\}, \tag{5.7.5}$$

其中 Z 服从标准正态分布, $r_{s,\mathrm{obs}}$ 是 r_s 的观测值. 左边检验的 p 值约等于

$$P\{Z \leqslant r_{s,\mathrm{obs}}\sqrt{n-1}\}. \tag{5.7.6}$$

右边检验的 p 值约等于

$$P\{Z \geqslant r_{s,\mathrm{obs}}\sqrt{n-1}\}. \tag{5.7.7}$$

虽然式 (5.7.2) 在样本观测值没有结时才成立, 但在结很少时差别不大.

打结情况 当样本观测值有结时, Spearman 秩相关系数可调整为

$$r_s^* = \frac{n(n^2-1) - 6\sum_{i=1}^{n}(R_i - Q_i)^2 - \frac{1}{2}(T_x + T_y)}{\sqrt{n(n^2-1) - T_x}\sqrt{n(n^2-1) - T_y}},$$

其中 $T_x = \sum_{l=1}^{g_x}(\tau_{x,l}^3 - \tau_{x,l})$ 和 $T_y = \sum_{l=1}^{g_y}(\tau_{y,l}^3 - \tau_{y,l})$, g_x 和 g_y 分别为 X 和 Y 样本观测值中结的个数, $\tau_{x,l}$ 和 $\tau_{y,l}$ 分别为 X 和 Y 样本观测值中第 l 个结的长度.

当结的长度较小时, r_s^* 的零分布仍可用无结时的零分布近似, 即 Spearman 秩相关检验的临界值表仍可使用. 当 n 较大时, 也可用正态逼近, 即 r_s^* 有渐近正态性: $\sqrt{n-1}\, r_s^* \xrightarrow{D} N(0,1)$, $n \to \infty$. 该结果可以用作大样本检验.

R 语言中的函数 R 语言提供了 Spearman 秩相关检验的函数:

```
cor.test(x, y, alternative = c("two.sided", "less", "greater"),
         method = c("pearson", "kendall", "spearman"),
         exact = NULL, conf.level = 0.95,···),
```

其中 x 和 y 表示具有相同长度的数值向量, alternative 表示备择假设且必须是"two.sided"、"less" 或"greater" 其中之一, method 表示对相关系数使用的检验方法. 运行该语句可以得到检验的 p 值、检验统计量的值等.

例 5.7.1 某公司想了解服务和销售额之间的关系, 记录了 12 个月的销售额 (单位: 万元) 和顾客投诉的数量, 所得数据如表 5.7.1.

表 5.7.1 销售额和顾客投诉的数量

月份	1	2	3	4	5	6	7	8	9	10	11	12
销售额 (X)	452	318	310	409	405	332	497	321	406	413	334	467
投诉量 (Y)	107	147	151	120	123	135	100	143	117	118	141	100

问销售额与投诉量之间是否存在某种关系?

解 根据题意, 假设检验问题为

$$H_0\text{: 销售额与投诉量不相关} \longleftrightarrow H_1\text{: 销售额相关.}$$

计算表 5.7.1 中销售额和投诉量的秩, 列于表 5.7.2 中.

表 5.7.2 样本之秩的计算表

R_i	10	2	1	8	6	4	12	3	7	9	5	11
Q_i	3	11	12	6	7	8	1.5	10	4	5	9	1.5
$R_i - Q_i$	7	−9	−11	2	−1	−4	10.5	−7	3	4	−4	9.5

由表 5.7.2 的数据可计算得

$$\sum_{i=1}^{12}(R_i - Q_i)^2 = 7^2 + \cdots + 9.5^2 = 562.5.$$

于是, 由式 (5.7.2) 可得

$$r_s = 1 - \frac{6 \times 562.5}{12 \times (12^2 - 1)} = -0.9668.$$

取显著性水平 $\alpha = 0.05$, 查附表 12 可得出双边检验的临界值 $c_{0.975} = 0.587$. 由于 $|r_s| = 0.9668 > 0.587$. 故拒绝原假设, 即认为销售额与投诉量之间存在相关.

如果备择假设为 H_1': 销售额与投诉量负相关. 查附表 12 得出对于 $\alpha = 0.05$ 的单边检验的临界值 $c_{0.95} = 0.503$. 由于 $r_s < -c_{0.95}$, 故在 H_1' 时拒绝原假设, 即认为销售额与投诉量之间是负相关的.

如果用 R 语言, 则将数据分别赋给 x 和 y, 再执行语句

```
cor.test(x, y, alternative = "t", method = "spearman", exact = F)
```

可以得到 p 值 $= 0.1752 \times 10^{-6}$. 由于 p 值很小, 故拒绝 H_0.

5.7.2 Kendall τ 相关检验

本小节从另一个角度来讨论相关问题. 同样考虑 5.7.1 小节所提出的原假设: X 与 Y 不相关, 以及三种备择假设: X 与 Y 相关、X 与 Y 正相关、X 与 Y 负

相关. 先引进协同的概念. 设 $(X_1,Y_1),\cdots,(X_n,Y_n)$ 是来自总体 (X,Y) 的样本. 如果 $(X_j-X_i)(Y_j-Y_i)>0$, 则称 (X_i,Y_i) 与 (X_j,Y_j) 为协同 (concordant). 如果 $(X_j-X_i)(Y_j-Y_i)<0$, 则称 (X_i,Y_i) 与 (X_j,Y_j) 为不协同 (disconcordant). 用 N_c 表示协同对个数, N_d 表示不协同对个数. 由于 n 个观测值的可能不同方式配对共有 $\binom{n}{2}=n(n-1)/2$ 种, 因此在观测值没有结时, $N_c+N_d=n(n-1)/2$. Kendall(1962) 提出的没有结的相关性度量如下:

$$\tau=\frac{N_c-N_d}{n(n-1)/2}. \tag{5.7.8}$$

如果所有数对都是协同的, 则 $N_c=n(n-1)/2$, $N_d=0$, $\tau=1$. 如果所有数对都是不协同的, 则 $N_c=0$, $N_d=n(n-1)/2$, $\tau=-1$. 因此, τ 的取值在 -1 与 1 之间, 称为 Kendall τ 相关系数. τ 可以作为检验统计量用来检验 X 与 Y 的独立性, 称此检验法为 Kendall τ 相关检验. 当 $|\tau|$ 很大时, 应拒绝原假设, 不同的 τ 的符号相应于不同的备择假设. 人们构造了 Kendall τ 相关检验的临界值表, 见本书附表 13.

Kendall τ 相关系数也可以表示为下面的形式:

$$\tau=\frac{2}{n(n-1)}\sum_{1\leqslant i<j\leqslant n}\operatorname{sign}((X_j-X_i)(Y_j-Y_i)), \tag{5.7.9}$$

其中

$$\operatorname{sign}((X_j-X_i)(Y_j-Y_i))=\begin{cases}1, & (X_j-X_i)(Y_j-Y_i)>0,\\ 0, & (X_j-X_i)(Y_j-Y_i)=0,\\ -1, & (X_j-X_i)(Y_j-Y_i)<0.\end{cases}$$

由式 (5.7.9) 可知, τ 是 U 统计量. 根据 U 统计量的性质可以证明: 当原假设 H_0 为真时,

$$3\sqrt{\frac{n(n-1)}{2(2n+5)}}\,\tau\xrightarrow{D}N(0,1),\quad n\to\infty. \tag{5.7.10}$$

因此, 对于较大的 n, 统计量 τ 的近似 q 分位数可以表示为

$$c_q=z_q\frac{\sqrt{2(2n+5)}}{3\sqrt{n(n-1)}},$$

其中 z_q 是标准正态分布的 q 分位数.

用 R_i 表示 X_i 在 $X_1, \cdots, X_n$ 中的秩, Q_i 表示 Y_i 在 $Y_1, \cdots, Y_n$ 中的秩. 记 $K = N_c - N_d$. 可以证明

$$K = \sum_{1 \leqslant i < j \leqslant n} \operatorname{sign}((R_j - R_i)(Q_j - Q_i)).$$

于是可得

$$\tau = \frac{2K}{n(n-1)}. \tag{5.7.11}$$

假定样本观测值无结. 把 R_i 按从小到大排序, 每一个 Q_i 也跟着它相应的 R_i 排序并改名. 排序后, $(R_1, Q_1), \cdots, (R_n, Q_n)$ 变为 $(1, S_1), \cdots, (n, S_n)$. 记

$$p_i = \sum_{i<j} I(S_i < S_j), \quad q_i = \sum_{i<j} I(S_i > S_j), \quad i = 1, \cdots, n,$$

则有

$$K = N_c - N_d = \sum_{i=1}^{n} p_i - \sum_{i=1}^{n} q_i. \tag{5.7.12}$$

式 (5.7.12) 说明: 在计算 K 时, 对每个 S_i, 求当前位置后比 S_i 大的数据个数, 再把这些数相加就得到 N_c; 求当前位置后比 S_i 小的数据个数, 再把这些数相加就得到 N_d. 这就给计算带来了方便.

在样本观测值没有结或结很少时, 我们可以直接用 K 作为检验统计量. 在原假设下, Kendall τ 相关检验的临界值一般是利用 K 的分布给出, 在那里用 K 或 τ 都可以, 给出的临界值 $c_{1-\alpha}$ 满足 $P\{K \geqslant c_{1-\alpha}\} = \alpha$. 当 $n \leqslant 40$ 且样本观测值没有结时, 查附表 13 可以得到 $c_{1-\alpha}$. 对于较大的 n, K 的近似 q 分位数为

$$c_q = z_q \sqrt{n(n-1)(2n+5)/18}, \tag{5.7.13}$$

其中 z_q 是标准正态分布的 q 分位数.

双边检验的 p 值是单边检验的 p 值中较小者的 2 倍. 左边检验和右边检验的 p 值分别为

$$p \text{ 值 (左边)} \approx P\left\{Z \leqslant \frac{(k_{\text{obs}} + 1)\sqrt{18}}{\sqrt{n(n-1)(2n+5)}}\right\}, \tag{5.7.14}$$

$$p \text{ 值 (右边)} \approx P\left\{Z \geqslant \frac{(k_{\text{obs}} - 1)\sqrt{18}}{\sqrt{n(n-1)(2n+5)}}\right\}, \tag{5.7.15}$$

其中 k_{obs} 是 K 的观测值, 连续相关是 1, Z 是标准正态随机变量.

打结情况 当样本观测值有结时, 可以采用平均秩法赋秩. Kendall τ 相关系数可调整为

$$\tau^* = \frac{K}{\sqrt{n(n-1)/2 - T_x}\sqrt{n(n-1)/2 - T_y}}, \tag{5.7.16}$$

其中 $T_x = \dfrac{1}{2}\sum_{l}^{g_x}(\tau_{x,l}^3 - \tau_{x,l})$ 和 $T_y = \dfrac{1}{2}\sum_{l}^{g_y}(\tau_{y,l}^3 - \tau_{y,l})$, g_x 和 g_y 分别为 X 和 Y 样本观测值中结的个数, $\tau_{x,l}$ 和 $\tau_{y,l}$ 分别为 X 和 Y 样本观测值中第 l 个结的长度.

当有重复的样本观测值且秩取平均时, Kendall τ 相关检验的临界值表仍可使用. 当 n 较大时, τ^* 仍有渐近正态性, 即式 (5.7.10) 仍成立, 此时仍可用正态分布得到检验的临界值和 p 值.

对于相关性的度量和检验, 究竟是使用 Spearman 秩相关系数还是使用 Kendall τ 相关系数, 没有一个确定的说法, 这两种系数也没有可比性. 建议在实际问题中这两种系数都使用.

R 语言中的函数 R 语言提供的函数 cor.test(x, y, $\cdots$) 也可以用于 Kendall τ 相关检验, 其调用方法可参见 5.7.1 小节.

例 5.7.2 欲了解某市的经济水平与教育水平之间的关系, 对该市的 12 个县区进行调查, 按规定的标准对经济水平和教育水平打分, 评定结果如表 5.7.3.

表 5.7.3 经济水平与教育水平得分

县区编号	1	2	3	4	5	6	7	8	9	10	11	12
经济水平 (X)	86	78	65	88	90	90	80	77	76	68	85	70
教育水平 (Y)	71	69	62	78	82	75	73	65	66	60	70	61

问该市的经济水平与教育水平之间是否相关?

解 根据题意, 假设检验问题为

H_0: 经济水平与教育水平不相关 $\longleftrightarrow$ H_1: 经济水平与教育水平相关.

计算经济水平与教育水平的秩, 其结果列于表 5.7.4 中.

表 5.7.4 经济水平与教育水平的秩

县区编号	3	10	12	9	8	2	7	11	1	4	5	6
经济水平的秩	1	2	3	4	5	6	7	8	9	10	11.5	11.5
教育水平的秩	3	1	2	5	4	6	9	7	8	11	12	10
p_i	9	10	9	7	7	6	3	4	3	1	0	0
q_i	2	0	0	1	0	0	2	0	0	1	1	0

将表 5.7.4 中最后两行的数据分别相加可得 $N_c = 59$, $N_d = 7$, 从而可得 $K = 59 - 7 = 52$. 对 $\alpha = 0.05$, $n = 12$, 查 Kendall τ 相关检验的临界值表 (附表

13), 得 $c_{0.975} = 30$. 由于 $|K| > 30$, 因此可以在显著性水平 $\alpha = 0.05$ 下拒绝 H_0, 即认为该市的经济水平与教育水平相关. 由于 K 的值是正的, 因此我们可以考虑备择假设 H_1': 经济水平与教育水平正相关. 查附表 13 可以得到 $c_{0.95} = 26$. 由于 $K > 26$, 因此可以在显著性水平 $\alpha = 0.05$ 时接受备择假设 H_1', 即认为经济水平高的县区, 其教育水平也高. 当用式 (5.7.16) 给出的 τ 作为检验统计量时, 由于结很少, 其计算结果是类似的.

如果用 R 语言, 则将数据分别赋给 x 和 y, 再执行语句

```
cor.test(x, y, alternative = "t", method = "kendall", exact = F)
```

可以得到 p 值 $= 0.000456$. 由于 p 值很小, 故拒绝 H_0.

5.7.3　多变量 Kendall 协同系数检验

在实际问题中, 人们常常关心多个变量之间是否存在相关性, 例如, 裁判员对体操运动员打分, 不同的裁判员对同一个运动员的打分是否一致? 又如消费者对 5 种品牌的手机性能评等级, 消费者的评估结果之间是否相关, 等等. Kendall (1962) 提出的协同系数 (coefficient of concordance) 可以用来对这类问题进行检验. 这种检验方法可以看成两个变量的 Kendall τ 相关检验在多变量情况下的推广. 下面我们介绍这种方法.

假定有 m 个变量 $X_1, \cdots, X_m$, 每个变量都有容量为 n 的样本, 第 j 个变量 X_j 的样本为 $X_{1j}, \cdots, X_{nj}$. 假设检验问题是

$$H_0: m \text{ 个变量不相关} \longleftrightarrow H_1: m \text{ 个变量相关}. \tag{5.7.17}$$

上述假设检验问题实际上是检验 m 个变量有没有同时上升 (下降) 的趋势. 对多个变量, 这样的假设检验问题称为一致性检验.

记 R_{ij} 为 X_{ij} 在 $X_{1j}, \cdots, X_{nj}$ 中的秩, 并记

$$R_i = \sum_{j=1}^{m} R_{ij}, \quad \bar{R} = \frac{1}{n}\sum_{i=1}^{n} R_i.$$

当一致性成立时, $R_1, \cdots, R_n$ 的取值比较离散. 由于它们的离散程度可以用离差平方和来表述, 所以可以用

$$S = \sum_{i=1}^{n} (R_i - \bar{R})^2$$

作为检验统计量. 当一致性成立时, S 的值比较大. 当然, S 也可以用来度量一致性. S 的值越大说明一致性就越强. 一般来说, 人们希望度量值不超过 1. 为此下面计算 S 的最大值. 在完全一致, 如 $R_{ij} = i(i = 1, \cdots, n, j = 1, \cdots, m)$ 时,

$R_1, \cdots, R_n$ 的取值最为分散, 其中 $R_1 = m, \cdots, R_n = nm$. 这时, S 的值最大, 它等于

$$S = \sum_{i=1}^{n} R_i^2 - \frac{1}{4}m^2 n(n+1)^2 = \frac{1}{12}m^2 n(n^2-1),$$

上式计算中用到了 $\bar{R} = m(n+1)/2$. 因此, 令

$$W = \frac{12S}{m^2 n(n^2-1)} = \frac{12\sum\limits_{i=1}^{n} R_i^2 - 3m^2 n(n+1)^2}{m^2 n(n^2-1)}. \tag{5.7.18}$$

显然, $0 \leqslant W \leqslant 1$, 它可以用来度量一致性. 人们通常称 W 为 Kendall 协同系数. 称其检验法为 Kendall 协同系数检验, 该检验的临界值可以在附表 10 中查到. 将 n 和 m 分别看成附表 10 中的 k 和 b, 由式 (5.7.18) 和式 (5.6.2) 可推得 W 和 Q 的 q 分位数 w_q 和 c_q 有下列关系

$$w_q = \frac{c_q}{m(n-1)}.$$

当 $n \leqslant 6$ 时, 查附表 10 可得 c_q, 从而由上式即可计算 w_q. 当 $n > 6$ 时, 我们可利用下面的大样本性质计算检验的临界值. 在原假设下, 对固定的 n, 当 $m \to \infty$ 时,

$$m(n-1)W \xrightarrow{D} \chi^2_{n-1}. \tag{5.7.19}$$

打结情况 当样本观测值有结时, 用平均秩方法赋秩, 将 W 修正为

$$W^* = \frac{12\sum\limits_{i=1}^{n} R_i^2 - 3m^2 n(n+1)^2}{m^2 n(n^2-1) - mT}, \tag{5.7.20}$$

其中 $T = \sum\limits_{l=1}^{g}(\tau_l^3 - \tau_l)$, g 为样本观测值中结的个数, τ_l 为第 l 个结的长度.

打结会使式 (5.7.18) 计算的 W 值偏低. 当结的个数所占的比例较小时, 这种影响可以忽略不计, 仍用式 (5.7.18) 计算 W 的值. 当结的个数所占的比例较大时, 这种影响不能忽略, 应利用式 (5.7.20) 计算.

例 5.7.3 表 5.7.5 是 4 个评估机构对 12 种彩电的综合性能的排序结果:

表 5.7.5 评估机构对彩电的评级

彩电编号	1	2	3	4	5	6	7	8	9	10	11	12
机构A	12	9	2	4	10	7	11	6	8	5	3	1
机构B	10	1	3	12	8	7	5	9	6	11	4	2
机构C	11	8	4	12	2	10	9	7	5	6	3	1
机构D	9	1	2	10	12	6	7	4	8	5	11	3

检验这些排序是否产生较一致的效果.

解 根据题意, 要评价 4 个评估机构的整体排序效果, 实际上是评价 4 个评估机构整体排序的一致程度. 因此, 假设检验问题为

H_0: 4 个评估机构的排序效果不一致,

H_1: 4 个评估机构的排序效果一致.

采用 Kendall 协同系数检验. 计算 12 种彩电的秩及 R_i^2, 其结果如表 5.7.6.

表 5.7.6 R_i 的计算表

彩电编号	1	2	3	4	5	6	7	8	9	10	11	12	合计
R_i	42	19	11	38	32	30	32	26	27	27	21	7	312
R_i^2	1764	361	121	1444	1024	900	1024	676	729	729	441	49	9262

由于 $m=4, n=12$, 利用式 (5.7.18) 和表 5.7.6 可得

$$W=\frac{12\times 9262-3\times 16\times 12\times (12+1)^2}{16\times 12\times (12^2-1)}=0.5.$$

给定显著性水平 $\alpha=0.05$, 查 χ^2 检验的临界值表 (附表 3), 得 $\chi_{11}^2(0.95)=19.675$. 由式 (5.7.19) 可得

$$m(n-1)W=4\times(12-1)\times 0.5=22>19.675.$$

因此, 拒绝原假设 H_0, 即接受 H_1, 认为 4 个评估机构的排序效果一致.

5.8 线性回归的非参数方法

考虑一元线性回归模型

$$Y_i=a+bX_i+\varepsilon_i,\quad i=1,\cdots,n, \tag{5.8.1}$$

其中 X_i 为协变量, Y_i 为响应变量, a 和 b 为未知参数, ε_i 为随机误差, 其期望为 0, 方差为 σ^2. 假定 ε_i 与 X_i 独立. 利用最小二乘法可以得到 a 和 b 的估计量, 即极小化误差平方和

$$Q(a,b)=\sum_{i=1}^{n}[Y_i-(a+bX_i)]^2,$$

即可得到 a 和 b 的最小二乘估计量 $\hat{a}$ 和 $\hat{b}$. 经过求解可以得到

$$
\begin{cases}
\hat{a} = \overline{Y} - \hat{b}\overline{X}, \\
\hat{b} = \dfrac{\sum\limits_{i=1}^{n}(X_i - \overline{X})(Y_i - \overline{Y})}{\sum\limits_{i=1}^{n}(X_i - \overline{X})^2},
\end{cases} \tag{5.8.2}
$$

其中

$$
\overline{X} = \frac{1}{n}\sum_{i=1}^{n} X_i, \quad \overline{Y} = \frac{1}{n}\sum_{i=1}^{n} Y_i.
$$

由此可以得到一条经验回归直线

$$
\hat{Y} = \hat{a} + \hat{b}X. \tag{5.8.3}
$$

之所以称它为经验回归直线, 是因为 $\hat{a}$ 和 $\hat{b}$ 是通过观测到的一些数据计算出来的. 对任何两个变量 X 和 Y, 无论它们之间是否存在相关关系, 只要利用 (X,Y) 的样本 $\{(X_i,Y_i);1\leqslant i\leqslant n\}$ 和式 (5.8.2) 都可得到 a 和 b 的最小二乘估计量 $\hat{a}$ 和 $\hat{b}$, 从而得到经验回归直线 (5.8.3). 然而, 所得到的经验回归直线能否真正反映变量 X 与 Y 之间客观存在的关系, 需要人们进行判断. 我们可以借助于统计方法作出决断, 这就是回归方程的显著性检验. 经典的检验方法有 t 检验法和 F 检验法. 但是, 这两种检验方法都假定模型误差服从正态分布. 一旦这个假定不成立, 就会导致错误的结论. 非参数方法可以弥补这个不足. 我们可以采用 Spearman 秩相关检验法对斜率 b 的假设作检验. 用 b_0 表示某个指定数, 对每对 (X_i,Y_i), 计算 $Y_i-b_0X_i\triangleq U_i$. 求出 $\{(X_i,U_i), i=1,\cdots,n\}$ 的 Spearman 秩相关系数 r_s. 附表 12 给出了当原假设为真且没有结时 Spearman 秩相关检验的临界值. 与其他假设检验问题一样, 我们可以考虑双边检验和单边检验.

双边检验

$$
H_0: b=b_0 \longleftrightarrow H_1: b\neq b_0.
$$

如果 $r_s\leqslant c_{\alpha/2}$ 或 $r_s\geqslant c_{1-\alpha/2}$, 则以显著性水平 α 拒绝 H_0, 否则接受 H_0.

左边检验

$$
H_0: b=b_0 \longleftrightarrow H_1: b< b_0.
$$

如果 $r_s< c_{\alpha}$, 则以显著性水平 α 拒绝 H_0, 否则接受 H_0.

右边检验

$$
H_0: b=b_0 \longleftrightarrow H_1: b> b_0.
$$

如果 $r_s > c_{1-\alpha}$, 则以显著性水平 α 拒绝 H_0, 否则接受 H_0.

下面我们讨论斜率 b 的置信区间. 对每一对点 (X_i, Y_i) 和 (X_j, Y_j), 使得 $i < j$ 且 $X_i \neq X_j$, 来计算 "两点斜率"

$$S_{ij} = \frac{Y_j - Y_i}{X_j - X_i}. \tag{5.8.4}$$

用 N 表示所计算的斜率个数. 对所有得到的斜率进行排序, 记 $S^{(1)} \leqslant \cdots \leqslant S^{(N)}$ 为排序的斜率. 为求 b 的置信水平为 $1-\alpha$ 的置信区间, 我们从附表 13 中查到 $K = N_c - N_d$ 的 $1-\alpha/2$ 分位数 $c_{1-\alpha/2}$. 记 r 和 s 为

$$r = \lfloor (N - c_{1-\alpha/2})/2 \rfloor, \tag{5.8.5}$$

$$s = \lceil (N + c_{1-\alpha/2})/2 + 1 \rceil = \lceil N - r + 1 \rceil. \tag{5.8.6}$$

其中 $\lfloor x \rfloor$ 表示小于等于 x 的最大正整数, $\lceil x \rceil$ 表示大于等于 x 的最小正整数. 则 b 的置信水平为 $1-\alpha$ 的置信区间为 $[S^{(r)}, S^{(s)}]$, 即

$$P\{S^{(r)} \leqslant b \leqslant S^{(s)}\} \geqslant 1 - \alpha.$$

需要说明的是, 由于斜率 b 的置信区间是基于 Kendall τ 统计量的, 因此 b 的最小二乘估计 $\hat{b}$ 可能在其置信区间 $[S^{(r)}, S^{(s)}]$ 之外. 例如, 根据其他观测来判断, 当 Y 的一个值比我们期望的偏离非常大或非常小时, 这样的一个离群值将最小二乘线 "推" 高 (或低), 使得线在损害其他观测的情况下更接近这一点. 在这种情况下, 我们可以选择估计量 $\hat{b}^* =$ "S_{ij} 的样本中位数" 和 $\hat{a}^* = Y_{0.5} - \hat{b}^* X_{0.5}$, 其中 $X_{0.5}$ 和 $Y_{0.5}$ 分别为 X 样本和 Y 样本的中位数.

为了弄清斜率 S_{ij} 和 Kendall τ 统计量之间的关系, 注意到对假设的斜率 b_0 和模型 (5.8.1), 有

$$S_{ij} = \frac{Y_j - Y_i}{X_j - X_i} = \frac{b_0 X_j + e_j - b_0 X_i - e_i}{X_j - X_i} = b_0 + \frac{e_j - e_i}{X_j - X_i},$$

其中 $e_i = Y_i - b_0 X_i - a$. 依照 (X_i, e_i) 和 (X_j, e_j) 是协同或者是不协同来确定斜率 S_{ij} 大于 b_0 或小于 b_0. 如果用 T="S_{ij} 小于 b_0 的个数" 作为检验统计量, 来检验 $H_0: b = b_0$ 是否成立, 则只要不协同的个数 N_d 不是太小或太大, 我们就接受 H_0. 由于 $N_c + N_d = N$, 其中 N_c 是协同对的个数, N 是总对数, 并且如果我们有真实斜率和 e_i 与 X_i 独立性的假定, 则附表 13 可给出了 $K = N_c - N_d$ 的分位数. 如果 K 大于附表 13 的 $c_{1-\alpha/2}$, 则就说 N_d 太小, 这也等价于说 N_d 小于 $r = \lfloor (N - c_{1-\alpha/2})/2 \rfloor$. 换句话说, 如果 b_0 至少大于 r 个 S_{ij}(或 $b_0 > S^{(r)}$), 则 b_0 是可接受的. 同样的讨论可给出 b_0 的上界, 从而得到 b 的置信区间.

例 5.8.1 为研究商品价格与销售总额之间的关系, 现收集了某商品在一个地区 15 个时间段内的平均价格 X(单位: 元) 和销售总额 Y(单位: 万元), 统计数据列在表 5.8.1 中.

表 5.8.1 商品平均价格与销售总额数据

序号	1	2	3	4	5	6	7	8	9	10	11	12	13	14	15
平均价格 (X)	9.1	8.3	7.2	7.5	6.3	5.8	7.6	8.1	7.0	7.3	6.5	6.9	8.2	6.8	5.5
销售总额 (Y)	8.7	9.6	6.1	8.4	6.8	5.5	7.1	8.0	6.6	7.9	7.6	7.8	9.0	7.0	6.3

试在显著性水平 $\alpha = 0.05$ 下检验 X 与 Y 之间是否存在线性关系.

解 经过计算可得 $\overline{X} = 7.2067, \overline{Y} = 7.4933$,

$$\sum_{i=1}^{n}(X_i - \overline{X})^2 = 13.3293, \quad \sum_{i=1}^{n}(X_i - \overline{X})(Y_i - \overline{Y}) = 12.3807.$$

因此, 应用公式 (5.8.2) 可得 $\hat{a} = 0.7996, \hat{b} = 0.9288$. 于是经验回归直线为

$$\hat{Y} = 0.7996 + 0.9288X.$$

下面检验

$$H_0 : b = 0.9288 \longleftrightarrow H_1 : b \neq 0.9288.$$

计算商品平均价格 X 和样本残差 $U = Y - 0.9288X$ 的秩, 列在表 5.8.2 中.

表 5.8.2 各样本之秩的计算表

X_i	9.1	8.3	7.2	7.5	6.3	5.8	7.6	8.1	7.0	7.3	6.5	6.9	8.2	6.8	5.5
U_i	0.2	1.9	−0.6	1.4	0.9	0.1	0.04	0.5	0.1	1.1	1.6	1.4	1.38	0.7	1.2
R_i	15	14	8	10	3	2	11	12	7	9	4	6	13	5	1
Q_i	5	15	1	13	8	4	2	6	3	9	14	12	11	7	10

由表 5.8.2 的数据可计算得

$$\sum_{i=1}^{15}(R_i - Q_i)^2 = 546.$$

于是, 由式 (5.7.2) 可得

$$r_s = 1 - \frac{6 \times 546}{15 \times (15^2 - 1)} = 0.025.$$

取显著性水平 $\alpha = 0.05$, 查附表 12 得 $c_{0.975} = 0.521$. 由于 $r_s = 0.025 < 0.521$. 故接受原假设, 即认为商品平均价格与销售总额之间存在相关.

如果用 R 语言, 则将数据分别赋给 x 和 u, 再执行语句

```
cor.test(x, u, alternative = "t", method = "kendall", exact = F)
```

可以得到 p 值 $= 0.9604$. 由于 p 值很大, 故接受 H_0.

利用式 (5.8.4)~ 式 (5.8.6) 可以计算 b 的置信水平为 $1-\alpha$ 的置信区间. 作为练习, 请读者自己完成.

习 题 5

5.1 设 L 是一个线性秩统计量, 其回归常数为

$$c_i = \begin{cases} 0, & i = 1, \cdots, n_1, \\ 1, & i = n_1 + 1, \cdots, n, \end{cases}$$

其中 $n = n_1 + n_2$, 而分值为

$$a(i) = \begin{cases} \dfrac{i}{n+1} - \dfrac{1}{4}, & i \leqslant \dfrac{n+1}{4}, \\ 0, & \dfrac{n+1}{4} < i < \dfrac{3(n+1)}{4}, \\ \dfrac{i}{n+1} - \dfrac{3}{4}, & i \geqslant \dfrac{3(n+1)}{4}. \end{cases}$$

证明当秩向量 $R = (R_1, \cdots, R_n)$ 在集合 $\mathcal{R}$ 上均匀分布时, L 的分布关于它的均值对称, 并求出均值, 其中 R 如式 (5.1.1) 定义.

5.2 为弄清垃圾邮件对公司决策层的影响程度, 某网站收集了 19 家公司的首席执行官 (CEO) 邮箱里每天收到的垃圾邮件件数, 得到如下数据 (单位: 封):

310, 350, 370, 375, 385, 400, 415, 425, 440, 295,
325, 295, 250, 340, 295, 365, 375, 360, 385.

问在显著性水平 $\alpha = 0.05$ 下, 我们能否认为收到垃圾邮件的数量的中位数超出了 320 封?

5.3 某超市经理要了解每个顾客在该超市购买的商品平均件数是否为 10 件, 随机观察了 12 位顾客, 得到如下数据 (单位: 件):

22, 9, 4, 5, 1, 16, 15, 26, 47, 8, 31, 7.

问在显著性水平 $\alpha = 0.05$ 下, 我们能否认为每个顾客在该超市购买的商品平均件数为 10 件.

(1) 采用符号检验进行决策.

(2) 采用 Wilcoxon 符号秩检验进行决策, 并与符号检验的结果作比较.

5.4 有人认为儿童上幼儿园有助于其认识社会, 有人则认为儿童在家同样可以获得社会知识. 为弄清他们认识社会的能力是否存在差异, 对 8 个同性别孪生儿童进行试验, 随机指定 8 对儿童中一个上幼儿园, 另一个则在家中. 经过一个时期后, 采用询问方式对他们分别作出评价, 评分结果如下:

上幼儿园儿童: 78, 70, 67, 81, 76, 72, 85, 83;
在家儿童: 62, 58, 63, 77, 80, 73, 82, 78.

问在显著性水平 $\alpha = 0.05$ 下, 我们能否认为幼儿园的生活对孩子的社会知识有影响?

5.5 股票指数的波动程度可以用来衡量投资的风险, 取自同一年 11 月和 12 月的前 10 个交易日的股票指数样本观测值如下:

11 月: 1149, 1152, 1176, 1149, 1155, 1169, 1182, 1160, 1129, 1171;
12 月: 1116, 1130, 1184, 1194, 1184, 1147, 1125, 1125, 1166, 1151.

问在显著性水平 $\alpha = 0.05$ 下, 我们能否认为这段时间的股票指数的波动程度不相同?

5.6 为研究不同饲料对雌鼠体重增加是否有差异, 将 19 只雌鼠随机分为两组, 第一组 12 只, 第二组 7 只. 用高蛋白和低蛋白两种饲料喂养, 测量不同饲料的两组雌鼠在 8 周内的体重 (单位: g), 其数据如下:

高蛋白组: 134, 146, 104, 119, 124, 161, 112, 83, 113, 129, 97, 123;
低蛋白组: 70, 118, 101, 85, 107, 132, 94.

试在显著性水平 $\alpha = 0.05$ 下, 检验这两种饲料对雌鼠体重增加的影响是否有差异.

5.7 两个工厂的彩电显像管的寿命 (单位: 月) 如下:

甲厂: 52, 49, 54, 47, 56, 55, 45, 57, 55, 54;
乙厂: 49, 48, 39, 44, 40, 50, 36, 41.

试在显著性水平 $\alpha = 0.05$ 下, 检验这两个厂家产品的寿命是否不同.

5.8 欲了解不同学科的博士学位论文除了内容以外还有什么不同, 对一个大学的数学和经济学的各 16 个博士学位论文的页数进行抽样, 得到如下数据 (单位: 页):

数学: 56, 105, 63, 88, 72, 112, 96, 93, 65, 105, 94, 87, 64, 65, 68, 87;
经济学: 88, 94, 93, 96, 99, 79, 91, 94, 91, 100, 99, 90, 100, 110, 102, 95.

仅仅从页数上看, 这两个学科的博士学位论文有什么不同? ($\alpha = 0.05$)

5.9 在一次考试中, 两个学校的各 15 名考生的成绩如下:

学校 A: 83, 79, 83, 74, 75, 74, 86, 76, 84, 73, 78, 77, 80, 83, 78;
学校 B: 75, 62, 58, 89, 77, 81, 27, 85, 72, 85, 74, 100, 43, 52, 75.

问这两个学校学生的考试成绩有没有不同? 从什么意义上说有区别? ($\alpha = 0.05$)

5.10 两个工人加工的零件尺寸 (单位: mm) 如下:

工人 A: 18.0, 17.1, 16.4, 16.9, 16.9, 16.7, 16.7, 17.2, 17.5, 16.9;
工人 B: 17.0, 16.9, 17.0, 16.9, 17.2, 17.1, 16.8, 17.1, 17.1, 16.2.

问这个结果能否说明两个工人的水平 (加工精度) 一致? 为什么? ($\alpha = 0.05$)

5.11 对 A 和 B 两块土壤的有机质含量进行抽查, 其结果如下:

土壤 A: 8.8, 8.2, 5.6, 4.9, 8.9, 4.2, 3.6, 7.1, 5.5, 8.6, 6.3, 3.9;
土壤 B: 13.0, 14.5, 22.8, 20.7, 19.6, 18.4, 21.3, 24.2, 19.6, 11.7.

试在显著性水平 $\alpha = 0.05$ 下, 检验两组数据的方差是否存在差异.

5.12 测得中风患者与健康成人血液中尿酸浓度如下:

患者: 8.2, 10.7, 7.5, 14.6, 6.3, 9.2, 11.9, 5.6, 12.8, 5.2, 4.9, 13.5;
非患者: 4.7, 6.3, 5.2, 6.8, 5.6, 4.2, 6.0, 7.4, 8.1, 6.5.

试在显著性水平 $\alpha = 0.05$ 下, 检验中风患者与健康成人血液的尿酸浓度的变异是否相同.

5.13 为研究四种不同的药物对儿童咳嗽的治疗效果, 将 25 个体质相似的患者随机分为 4 组, 各组人数分别为 8 人、4 人、7 人和 6 人, 各自采用 A, B, C, D 四种药物进行治疗. 假定其他条件都保持相同, 5 天后测量各个患者每天的咳嗽次数如下:

药物 A: 80, 203, 236, 252, 284, 368, 457, 393;
药物 B: 133, 180, 100, 160;
药物 C: 156, 295, 320, 448, 465, 481, 279;
药物 D: 194, 214, 272, 330, 386, 475.

试在显著性水平 $\alpha = 0.05$ 下, 检验这四种药物的治疗效果是否相同.

5.14 在被分割成若干块的土地上随机用四种方法培植水稻, 测量每块的亩产量 (单位: kg), 其结果如下:

方法 1: 830, 910, 940, 890, 890, 960, 910, 920, 900;
方法 2: 910, 900, 810, 830, 840, 830, 880, 910, 890, 840;
方法 3: 1010, 1000, 910, 930, 960, 950, 940;
方法 4: 780, 820, 810, 770, 790, 810, 800, 810.

试在显著性水平 $\alpha = 0.05$ 下, 检验每种培植方法的亩产量是否相同; 若不同, 比较任意两种培植方法的亩产量之间的差异.

5.15 为测试不同的医务防护服的功能, 让三组体质相似的受试者分别着不同的防护服装, 记录受试者每分钟心脏跳动的次数, 每人试验 5 次, 得到 5 次平均数, 测试结果如下:

第一组: 125, 136, 116, 101, 105 109;
第二组: 122, 114, 132, 120, 119, 127;
第三组: 128, 142, 128, 134, 135, 132, 140, 129.

医学理论判定: 这三组受试者的心跳次数可能存在如下关系: 第一组 $\leqslant$ 第二组 $\leqslant$ 第三组. 试在显著性水平 $\alpha = 0.05$ 下, 检验这一论断是否可靠.

5.16 为研究三组教学法对儿童记忆英文单词能力的影响, 将 18 名水平、智力、年龄等各方面条件相同的儿童随机分成三组, 每组分别采用不同的教学法施教, 在学习一段时间后, 对三组学生记忆英文单词的能力进行测试, 得到如下成绩:

组 A: 40, 35, 38, 43, 44, 41;
组 B: 38, 40, 47, 44, 40, 42;
组 C: 48, 40, 45, 43, 46, 44.

教学法的研究者经验认为三组成绩应该按 A, B, C 次序增加排列 (至少有一个严格不等号成立). 试在显著性水平 $\alpha = 0.05$ 下, 检验研究者的经验是否可靠.

5.17 为比较五种药物 A, B, C, D, E 注射后产生的皮肤疱疹面积的大小, 选取 6 只兔子, 分别给每只兔子按随机排列的次序注射这五种药物. 试验结果列于下表:

药物 \ 兔子	1	2	3	4	5	6
A	73	75	67	61	69	79
B	83	81	99	82	85	87
C	73	60	73	77	68	74
D	58	64	64	71	77	74
E	77	75	73	59	85	82

问在显著性水平 $\alpha = 0.05$ 下, 这个数据集能否说明这五种药物注射后产生的皮肤疱疹的面积大小有差异?

5.18 某商店为扩大糕点的品种和销量, 对顾客的喜爱程度进行了一次调查. 随机抽取 10 个消费者, 请他们对 A, B, C 三种糕点的喜爱作出评价, 凡喜爱的记作 1, 不喜爱记作 0. 调查结果列于下表:

糕点 \ 顾客	1	2	3	4	5	6	7	8	9	10	N_i
A	1	1	1	1	1	1	1	1	1	0	9
B	1	1	0	1	0	1	0	0	1	1	6
C	0	0	1	1	0	0	0	0	0	1	3
L_j	2	2	2	3	1	2	1	1	2	2	18

试在显著性水平 $\alpha = 0.05$ 下, 检验顾客对这三种糕点的喜爱是否相同.

5.19 某种药物有镇痛效果. 一般来说, 镇痛药物的剂量越大, 镇痛时间就越长. 为检验该药物有没有这样的效果, 取它的 6 个剂量对 9 个患者做试验. 对每一个患者先后分别按随机排列的次序用该药物的这 6 个剂量镇痛, 镇痛时间 (单位: min) 列于下表:

剂量 (1~6mg) \ 患者	1	2	3	4	5	6	7	8	9
1	36	62	53	105	36	118	42	51	114
2	51	91	81	63	46	65	108	63	51
3	71	40	67	49	62	126	123	55	30
4	63	51	75	65	63	96	32	86	109
5	82	33	116	107	42	122	69	41	97
6	128	81	38	33	104	112	102	121	86

试在显著性水平 $\alpha = 0.05$ 下, 检验 "镇痛药物的剂量越大, 镇痛时间就越长" 的正确性.

5.20 某养猪场需要对四种饲料 (处理) 的养猪效果进行试验, 用以比较饲料的质量. 选 4 胎母猪所生的猪仔进行试验, 每头所生的猪仔体重相当的 3 头. 三个月后测量所有猪仔的体重 (单位: 磅) 如下表:

饲料 \ 猪仔	1	2	3	4
A	73	74	—	71
B	—	75	67	72
C	74	75	68	—
D	75	—	72	75

试在显著性水平 $\alpha = 0.05$ 下, 检验四种饲料的品质有无差别.

5.21 欲研究学生的中学学习成绩与大学学习成绩之间的相关关系, 收集了某大学的 12 位学生的一年级英语成绩及其英语高考成绩, 其数据如下:

$$\text{高考成绩 }(X)\text{: } 65, 79, 67, 66, 89, 85, 84, 73, 88, 80, 86, 75;$$
$$\text{大学成绩 }(Y)\text{: } 62, 66, 50, 68, 88, 86, 64, 62, 92, 64, 81, 80.$$

试在显著性水平 $\alpha = 0.05$ 下, 检验学生的英语高考成绩与大学成绩是否相关.

5.22 欲研究体重与肺活量之间的关系, 测量了某中学的 12 位学生的体重与肺活量, 其数据如下:

$$\text{体重 }(X)\text{: } 75, 95, 85, 70, 76, 68, 60, 66, 80, 88;$$
$$\text{肺活量 }(Y)\text{: } 2.62, 2.91, 2.94, 2.11, 2.17, 1.98, 2.04, 2.20, 2.65, 2.69.$$

试在显著性水平 $\alpha = 0.05$ 下, 检验学生的体重与肺活量是否相关.

5.23 在某次业余歌手大赛上, 4 名裁判员对 10 名参赛歌手的评分等级如下:

$$\text{裁判员 A: } 9, 2, 4, 10, 7, 6, 8, 5, 3, 1;$$
$$\text{裁判员 B: } 10, 1, 3, 8, 7, 5, 9, 6, 4, 2;$$
$$\text{裁判员 C: } 8, 4, 2, 10, 9, 7, 5, 6, 3, 1;$$
$$\text{裁判员 D: } 9, 1, 2, 10, 6, 7, 4, 8, 5, 3.$$

试在显著性水平 $\alpha = 0.01$ 下, 检验这些排序是否产生较一致的效果.

5.24 某公司销售一种特殊的商品, 该公司观察了 12 个城市在某季度对该商品的销售量 Y(单位: 万件) 和该地区的人均收入 X(单位: 百元), 其数据如下:

$$X\text{: } 58.8, 61.4, 71.3, 74.4, 76.7, 70.7, 57.5, 46.4, 39.1, 48.5, 70.0, 70.1;$$
$$Y\text{: } 8.4, 9.27, 8.73, 6.36, 8.50, 7.82, 9.14, 8.24, 9.57, 9.58, 8.11, 6.83.$$

试在显著性水平 $\alpha = 0.05$ 下, 检验 X 与 Y 之间是否存在线性关系.

第 6 章　检验的功效函数与渐近相对效率

前面几章介绍了一些非参数假设检验方法, 使我们对非参数方法有了一定了解. 非参数方法对总体的分布仅给出很一般的假定, 如总体分布连续、对称等. 因此, 非参数方法的一个主要优点是它的适用面广, 人们会自然地认为它的效率不高. 与参数方法相比较, 非参数方法的效率怎样? 如何评价检验的优良性? 这是本章所要讨论的两个基本问题: 检验的功效函数与渐近相对效率.

6.1　功效函数

6.1.1　基本概念

为了建立备择假设, 可以将非参数问题形式地参数化. 如考虑单样本问题: 随机变量 $X_1,\cdots,X_n$ 是来自连续分布 $F(x-\theta)$ 的样本, 函数 $F(t)$ 关于 0 对称, 假设检验问题为

$$H_0:\theta=0\longleftrightarrow H_1:\theta>0. \tag{6.1.1}$$

则可确定形式参数 $\xi=(\theta,F(t))$, 参数空间为

$$\Omega=\{(\theta,F(t))\mid\theta\geqslant 0,F(t)\text{ 连续且关于 0 对称}\},$$

H_0 所确定的空间为

$$\omega=\{(0,F(t))\mid F(t)\text{ 连续且关于 0 对称}\},$$

H_1 的空间为 $\Omega\setminus\omega$. 此时功效函数的定义与统计学教材中的定义完全相同.

定义 6.1.1　对形式参数 $\xi\in\Omega$ 有关的假设检验, 其功效函数定义为

$$\mathcal{P}(\xi)=P_\xi\{H_0\text{ 被拒绝}\},$$

其中 $P_\xi\{\cdot\}$ 表示在参数 ξ 所确定分布下的概率. 当 $\xi\in\omega$ 时, $\mathcal{P}(\xi)$ 为第一类错误的概率, 当 $\xi\in\Omega\setminus\omega$ 时, $1-\mathcal{P}(\xi)$ 为第二类错误的概率.

定义 6.1.2　设形式参数 $\xi\in\Omega$, 假设检验问题为

$$H_0:\xi\in\omega\longleftrightarrow H_1:\xi\in\Omega\setminus\omega, \tag{6.1.2}$$

对功效函数为 $\mathcal{P}(\xi)$ 的一个检验, 如果

$$\sup_{\xi\in\omega}\mathcal{P}(\xi)\leqslant\alpha,$$

则称检验是水平为 α 的; 如果对任一 $\xi\in\omega$, 均有

$$\mathcal{P}(\xi)=\alpha,$$

则称检验是精确水平为 α 的.

定义 6.1.3 对假设检验问题 (6.1.2) 及功效函数 $\mathcal{P}(\xi)$ 的一个显著性水平为 α 的检验, 如果满足

$$\mathcal{P}(\xi)\geqslant\alpha,\quad 对一切\ \xi\in\Omega\setminus\omega,$$

则称该检验为显著性水平为 α 的无偏检验.

6.1.2 功效函数的统计模拟

功效函数可以用来衡量一个假设检验问题的优良性, 一个好的检验一般应有大的功效. 对假设检验问题 (6.1.2), 检验统计量为 S, 拒绝域为 $S\geqslant c$ (c 为临界值), 其功效函数为

$$\mathcal{P}_S(\xi)=P_\xi\{S\geqslant c\}.$$

对非参数假设检验问题, 不易求得 $\mathcal{P}_S(\xi)$ 的明确表达式. 但是, 借助于计算机, 可以选择若干有代表性的 ξ 点, 用统计模拟的技术计算出 $\mathcal{P}_S(\xi)$ 在这些点的近似值. 通过这些近似值可以比较不同的检验方法, 在一定的样本容量下, 看它们的功效函数的值是否有明显的差异. 下面以单样本假设检验问题为例加以说明.

单样本位置问题 设随机变量 $X_1,\cdots,X_n$ 独立同分布, 其共同的分布函数为 $F(x-\theta)$, 函数 $F(t)$ 连续且关于 0 对称. 对假设检验问题 (6.1.1), 可以用下列一些检验方法.

(1) t 检验. 检验统计量为

$$T=\frac{\overline{X}}{S/\sqrt{n}},$$

其中 $\overline{X}=\dfrac{1}{n}\sum\limits_{i=1}^{n}X_i$, $S^2=\dfrac{1}{n-1}\sum\limits_{i=1}^{n}(X_i-\overline{X})^2$. 拒绝域为 $T\geqslant t_{n-1}(1-\alpha)$.

(2) 符号检验. 检验统计量为

$$S^+=\sum_{i=1}^{n}\psi(X_i),$$

其中 $\psi(X_i)=I(X_i>0)$. 拒绝域为 $S^+\geqslant b(1-\alpha,n)$.

(3) 符号秩检验. 检验统计量为

$$W^+ = \sum_{i=1}^{n} \psi(X_i) R_i^+.$$

拒绝域为 $W^+ \geqslant w(1-\alpha, n)$.

可以用统计模拟的方法比较它们的功效, 即选择典型的点 (θ, F), 计算这些点上的功效函数值, 然后加以比较. 我们选择一些典型的常用对称分布 $F(t)$. 例如, 下面一些峰度值由小到大的分布.

(a) 均匀分布

$$f(t) = \frac{1}{2}, \quad \theta - 1 < t < \theta + 1,$$

期望 $\mu = \theta$, 方差 $\sigma^2 = \dfrac{1}{3}$, 偏度 $S_w = 0$, 峰度 $K_u = 1.8$, 其中

$$S_w = \frac{E[X - E(X)]^3}{\{E[X - E(X)]^2\}^{3/2}}, \quad K_u = \frac{E[X - E(X)]^4}{\{E[X - E(X)]^2\}^2}.$$

(b) 正态分布

$$f(t) = \frac{1}{\sqrt{2\pi}} \mathrm{e}^{-\frac{1}{2}(t-\theta)^2}, \quad -\infty < t < \infty,$$

期望 $\mu = \theta$, 方差 $\sigma^2 = 1$, 偏度 $S_w = 0$, 峰度 $K_u = 3$.

(c) Logistic 分布

$$f(t) = \frac{\mathrm{e}^{-(t-\theta)}}{[1 + \mathrm{e}^{-(t-\theta)}]^2}, \quad -\infty < t < \infty,$$

期望 $\mu = \theta$, 方差 $\sigma^2 = \dfrac{\pi^2}{3}$, 偏度 $S_w = 0$, 峰度 $K_u = 4.2$.

(d) Cauchy 分布

$$f(t) = \frac{1}{\pi[1 + (t-\theta)^2]}, \quad -\infty < t < \infty,$$

此分布的各阶矩均不存在. 度量此分布的离散程度常取 σ^2, 使

$$P\{-\sigma < X < \sigma\} = 0.6826, \quad X \sim N(0, \sigma^2).$$

上述四种概率密度函数曲线展示在图 6.1.1 中.

取定 $F(t)$ 后, θ 的值可选取 $\theta = 0,\ 0.1\sigma,\ 0.2\sigma,\ 0.3\sigma,\ \cdots$. 这样对给定的 (θ, F) 点, 就有一个确定的分布, 然后通过计算机产生该分布的一组样本观测值

$x_1,\cdots,x_n$, 由此计算出检验统计量的值, 即可判定这组样本观测值是否落入拒绝域. 重复产生分布 (θ, F) 的样本观测值 1000 次 (或更多), 即可得到总体为 (θ, F) 时, 事件

$$\{T \geqslant t_{n-1}(1-\alpha)\}, \quad \{S^+ \geqslant b(1-\alpha, n)\}, \quad \{W^+ \geqslant w(1-\alpha, n)\}$$

在这 1000 次试验中出现的频率, 它就是各个检验在点 (θ, F) 处的功效函数的近似值. 可以通过比较值的大小来比较检验的优良性, 值大的检验功效大, 检验就好.

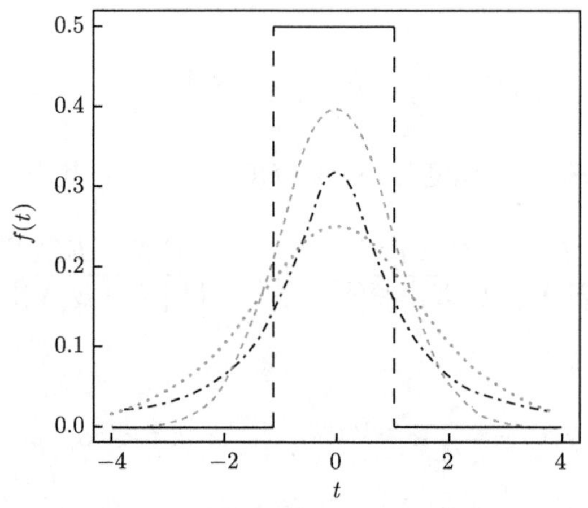

图 6.1.1 四种密度函数的曲线图

实线是均匀分布, 虚线是正态分布, 点线是 Logistic 分布, 点虚线是 Cauchy 分布. $\theta = 0$

对上述单样本位置问题的三种检验方法, 取样本容量 $n = 30$, 显著性水平 $\alpha = 0.05$, 在上述一些典型的 (θ, F) 点上计算功效, 其结果展示在图 6.1.2 中.

根据模拟结果可以得到如下一些结论:

(a) 当总体为均匀分布时, T 比 W^+ 好, S^+ 较差;

(b) 当总体为正态分布时, T 与 W^+ 相差甚微, T 稍好, S^+ 较差;

(c) 当总体为 Logistic 分布时, 三者接近, W^+ 最好, S^+ 稍差;

(d) 当总体为 Cauchy 分布时, T 很差, S^+ 最好.

在实际工作中, 如果对 H_1 下的分布有一定的先验知识, 如知道分布的峰度值的大小, 则可选择适宜的检验方法. 可以根据样本的次序统计量 $X_{(1)},\cdots,X_{(n)}$ 的值, 通过计算公式来观察总体的偏度和峰度.

类似地, 用统计模拟方法, 可以比较两样本位置参数的假设检验问题的不同检验方法在不同总体分布下的功效. 这里不再赘述.

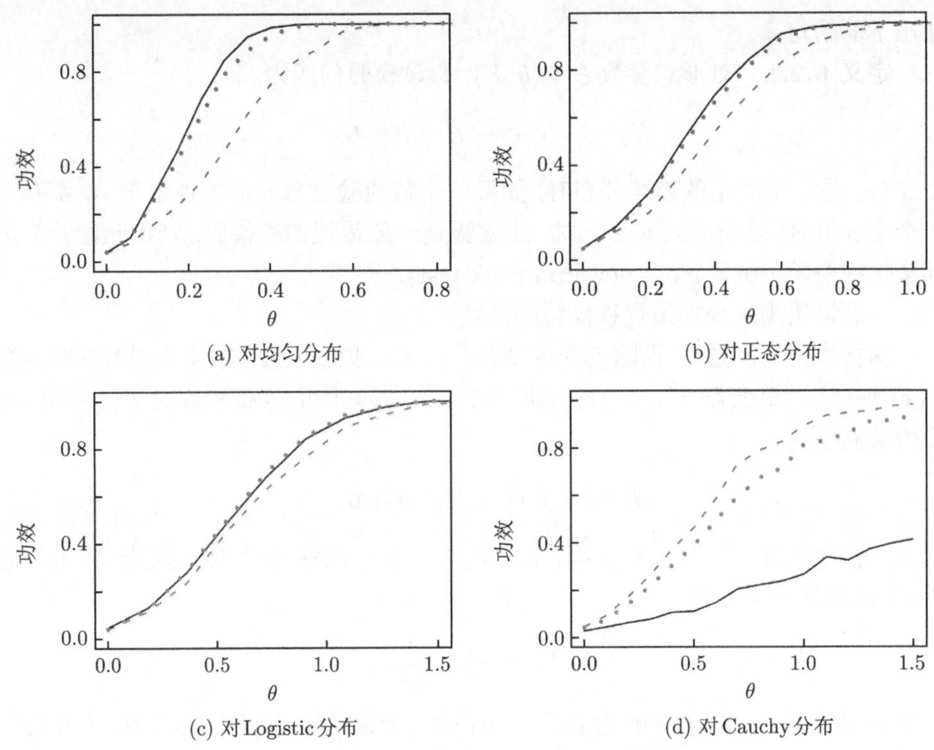

(a) 对均匀分布　(b) 对正态分布

(c) 对Logistic分布　(d) 对Cauchy分布

图 6.1.2　比较三种检验方法在不同总体分布下的功效

实线为 t 检验, 虚线为符号检验, 点线为符号秩检验

6.2　局部最优秩检验

对于同一个假设检验问题, 可供选择的检验方法有多种, 那么选哪一个好呢? 要回答这个问题, 就需要考虑检验的优良性. 6.1 节采用统计模拟的方法, 计算功效函数的近似值, 从而来比较检验的优劣. 本节将引进一个判别检验优良性的准则——局部最优性.

我们获得样本之后要检验某个原假设 H_0. 当 H_0 成立时总体分布属于一定的分布族 $\mathcal{F}$, 备择假设一般也是一个很大的分布族. 我们从其中挑出一个可由一实参数 θ 去刻画的子族. 例如, 在单样本位置问题中, 当原假设不成立时, 总体分布为 $F(x-\theta)$. 考虑子族 $\{F(x-\theta):\theta\geqslant 0\}$, 其中 $F(\cdot)$ 已知. 设当 $\theta=0$ 时属于原假设, 而当 $\theta>0$ 时属于备择假设. 我们希望找到一个显著性水平为 α 的秩检验, 其在 $\{\theta>0\}$ 这部分备择假设上一致最优. 这种检验一般不存在. 于是我们退而求其次, 找这样一个显著性水平为 α 的秩检验, 使它对某个 $\varepsilon>0$, 在 $\{0<\theta<\varepsilon\}$ 上局部达到最优. 如果这种秩检验存在, 则可称为“局部一致最优秩检验”. 由此,

给出下面的定义.

定义 6.2.1 对形式参数 $\xi=(\theta,F)$, 假设检验问题为

$$H_0:\theta=0\longleftrightarrow H_1:\theta>0.$$

在 $F(x)$ 是一个固定的连续分布时, 如果一个秩检验对每一显著性水平 α, 都存在一个 $\varepsilon>0$, 使得当 $0<\theta<\varepsilon$ 时, 此检验是一致最优的秩检验, 则称此检验为局部最优秩检验 (local most powerful rank test).

下面讨论满足局部最优秩检验的条件.

两样本位置问题 设随机变量 $X_1,\cdots,X_{n_1}$ 独立同分布, 其共同的分布函数 $F(x)$ 连续; 随机变量 $Y_1,\cdots,Y_{n_2}$ 独立同分布, 其共同的分布函数为 $F(x-\delta)$, 假设检验问题为

$$H_0:\delta=0\longleftrightarrow H_1:\delta>0,$$

则当 H_0 为真时, 合样本 $X_1,\cdots,X_{n_1},Y_1,\cdots,Y_{n_2}$ 的秩向量 R 在集合 $\mathcal{R}$ 上均匀分布, 即对任一 $r\in\mathcal{R}$,

$$P_{H_0}\{R=r\}=\frac{1}{n!},$$

其中 $n=n_1+n_2$, $\mathcal{R}=\{r|r$ 为 $(1,\cdots,n)$ 的一个置换$\}$, $P_{H_0}\{\cdot\}$ 表示 H_0 为真时的概率. 因而, 一个对 $\delta>0$ 的最优秩检验的拒绝域包含的点 r, 应是使 $P_\delta\{R=r\}$ 取较大值的那些点, 也就是从取值最大的开始, 然后第二大的 …… 直至取满 ℓ 个, 使 $\dfrac{\ell}{n!}=\alpha$, 满足给定的显著性水平. 对任一 $r\in\mathcal{R}$, 记

$$K_r(\delta)=P_\delta\{R=r\}.$$

假定存在 $\varepsilon_0>0$, 使对任一 $r\in\mathcal{R}$, 在 $(-\varepsilon_0,\varepsilon_0)$ 区间上一阶导数 $K_r'(\delta)$ 存在且连续. 那么由 Lagrange 中值定理, 有

$$K_r(\delta)=K_r(0)+\delta K_r'(\delta^*)=\frac{1}{n!}+\delta K_r'(\delta^*),$$

其中 $0<\delta^*<\delta<\varepsilon_0$. 由此, 对 $r_1,r_2\in\mathcal{R}$, 有

$$\frac{1}{\delta}[K_{r_1}(\delta)-K_{r_2}(\delta)]=K_{r_1}'(\delta_1^*)-K_{r_2}'(\delta_2^*),$$

其中 $0<\delta_1^*<\delta$, $0<\delta_2^*<\delta$, 则

$$\lim_{\delta\to 0}\frac{1}{\delta}[K_{r_1}(\delta)-K_{r_2}(\delta)]=K_{r_1}'(0)-K_{r_2}'(0).$$

那么当 $K_{r_1}'(0)-K_{r_2}'(0)>0$, 存在 $\varepsilon>0$, 使 $\delta<\varepsilon$ 时, 有 $K_{r_1}(\delta)-K_{r_2}(\delta)>0$. 因而, 局部最优秩检验的拒绝域应包含使 $K_r'(0)$ 取较大值的那些 r.

定理 6.2.1 设分布函数 $F(x)$ 的概率密度函数 $f(x)$ 几乎处处可微, 导数 $f'(x)$ 除可数个点外连续 ($f'(x)$ 不存在处适当补值). 又设对某个 $\varepsilon_0 > 0$, 存在函数 $g_1(x)$ 和 $g_2(x)$, 使得当 $\delta \in (-\varepsilon_0, \varepsilon_0)$ 时, 对一切 x, 有

$$|f'(x-\delta)| \leqslant g_1(x), \quad f(x-\delta) \leqslant g_2(x),$$

而

$$E_F\left[\frac{g_1(W_1)\prod_{j=2}^{n_2} g_2(W_j)}{\prod_{i=1}^{n_2} f(W_i)}\right] < \infty,$$

其中 $W_1, \cdots, W_{n_2}$ 独立同分布, 其共同的分布函数为 $F(x)$, $E_F[\cdot]$ 表示在 $F(x)$ 下的期望, 且当 $\delta > 0$ 时, $f(x)$ 不为零的区域包含 $f(x-\delta)$ 不为零的区域. 则对假设检验问题 $H_0: \delta = 0 \longleftrightarrow H_1: \delta > 0$, 其局部最优秩检验统计量为

$$S^* = \sum_{j=1}^{n_2} a^*(R_j),$$

其中 $R = (R_1, \cdots, R_{n_2})$ 为 $(Y_1, \cdots, Y_{n_2})$ 在合样本 $X_1, \cdots, X_{n_1}, Y_1, \cdots, Y_{n_2}$ 中的秩,

$$a^*(i) = E\left[\frac{-f'(F^{-1}(U_{(i)}))}{f(F^{-1}(U_{(i)}))}\right], \quad i = 1, \cdots, n,$$

$U_{(1)} < \cdots < U_{(n)}$ 是 $[0, 1]$ 上均匀分布的独立同分布样本的次序统计量.

证明 仅给出证明的主要步骤. 经过概率计算, 不难得到

$$P_\delta\{R = r\} = \frac{1}{n!} E\left[\frac{\prod_{j=1}^{n_2} f(V_{(r_j)} - \delta)}{\prod_{i=1}^{n_2} f(V_{(r_i)})}\right],$$

其中 $V_{(1)} < \cdots < V_{(n)}$ 是 $f(x)$ 的独立同分布样本的次序统计量. 定理的条件保证了可积分号下求微商. 因此

$$\frac{\partial}{\partial \delta} P_\delta\{R = r\} = \frac{1}{n!} E\left[\frac{\sum_{k=1}^{n_2}\left\{\prod_{j \neq k}^{n_2} f(V_{(r_j)} - \delta) \cdot [-f'(V_{(r_k)} - \delta)]\right\}}{\prod_{i=1}^{n_2} f(V_{(r_i)})}\right],$$

则在 $\delta=0$ 点的值为

$$\begin{aligned}\left.\frac{\partial}{\partial\delta}P_\delta\{R=r\}\right|_{\delta=0}&=\frac{1}{n!}\sum_{k=1}^{n_2}E\left[\frac{-f'(V_{(r_k)})}{f(V_{(r_k)})}\right]\\&=\frac{1}{n!}\sum_{k=1}^{n_2}E\left[\frac{-f'(F^{-1}(U_{(r_k)}))}{f(F^{-1}(U_{(r_k)}))}\right]\\&=\left[\frac{1}{n!}S^*\right]_{R=r}.\end{aligned}$$

因此, 对应 S^* 取较大值的 r 组成的拒绝域是最优秩检验. 定理证毕.

例 6.2.1 考虑正态分布

$$f(x)=\frac{1}{\sqrt{2\pi}}\mathrm{e}^{-\frac{1}{2}x^2},\quad -\infty<x<\infty,$$

此时

$$\frac{-f'(x)}{f(x)}=-\frac{\mathrm{d}}{\mathrm{d}x}[\ln f(x)]=x.$$

定理 6.2.1中的 $a^*(i)$ 为

$$a^*(i)=E\left[\frac{-f'(F^{-1}(U_{(i)}))}{f(F^{-1}(U_{(i)}))}\right]=E[F^{-1}(U_{(i)})].$$

在上式中 $F(x)$ 为正态分布的分布函数, $a^*(i)$ 为正态分布样本的第 i 个次序统计量的期望值, 称为正态期望值分值. 局部最优秩检验统计量为

$$S^*=\sum_{j=1}^{n_2}a^*(R_j)=\sum_{j=1}^{n_2}E[F^{-1}(U_{(R_j)})].$$

例 6.2.2 考虑 Logistic 分布

$$f(x)=\frac{\mathrm{e}^{-x}}{(1+\mathrm{e}^{-x})^2},\quad -\infty<x<\infty,$$

此时

$$\frac{-f'(x)}{f(x)}=-\frac{\mathrm{d}}{\mathrm{d}x}[\ln f(x)]=\frac{2}{1+\mathrm{e}^{-x}}-1=2F(x)-1.$$

定理 6.2.1中的 $a^*(i)$ 此时为

$$a^*(i)=2E[F(F^{-1}(U_{(i)}))]-1=2E[U_{(i)}]-1=\frac{2i}{n+1}-1.$$

局部最优秩检验统计量为

$$S^* = \sum_{j=1}^{n_2} a^*(R_j) = \frac{2}{n+1}\sum_{j=1}^{n_2} R_j - n_2.$$

它与 Wilcoxon 秩和统计量 $W_Y = \sum_{j=1}^{n_2} R_j$ 等价. 因此, Wilcoxon 秩和检验对 Logistic 分布是局部最优秩检验.

通常称函数

$$\phi(u,f) = \frac{-f'(F^{-1}(u))}{f(F^{-1}(u))}$$

为对应 $F(x)$ 的**最优分值函数**.

如果分布函数 $F(x)$ 与 $G(x)$ 有关系 $F(x) = G\left(\frac{x-\mu}{\sigma}\right), -\infty < \mu < \infty, \sigma > 0$, 则对应的最优分值函数之间有关系式

$$\phi(u,f) = \frac{1}{\sigma}\phi(u,g),$$

其中 $f(x)$ 为 $F(x)$ 的概率密度函数, $g(x)$ 为 $G(x)$ 的概率密度函数. 上式说明对服从分布 $F(x)$ 的随机变量作线性变换不影响局部最优秩检验统计量.

事实上, 由 $F(x) = G\left(\frac{x-\mu}{\sigma}\right) = u$, 得 $x = F^{-1}(u)$, $\frac{x-\mu}{\sigma} = G^{-1}(u)$. 因此, $F^{-1}(u) = \sigma G^{-1}(u) + \mu$. 注意到 $f(x) = \frac{1}{\sigma}g\left(\frac{x-\mu}{\sigma}\right)$, $f'(x) = \frac{1}{\sigma^2}g'\left(\frac{x-\mu}{\sigma}\right)$, 从而

$$\begin{aligned}\phi(u,f) &= \frac{-f'(F^{-1}(u))}{f(F^{-1}(u))} = \frac{-\frac{1}{\sigma^2}g'\left(\frac{F^{-1}(u)-\mu}{\sigma}\right)}{\frac{1}{\sigma}g\left(\frac{F^{-1}(u)-\mu}{\sigma}\right)} \\ &= \frac{1}{\sigma}\left[\frac{-g'(G^{-1}(u))}{g(G^{-1}(u))}\right] = \frac{1}{\sigma}\phi(u,g).\end{aligned}$$

单样本位置问题 单样本位置问题与两样本位置问题有类似的结果. 我们仅给出下列定理, 其证明从略.

定理 6.2.2 设 $X_1, \cdots, X_n$ 独立同分布, 其共同的分布函数为 $F(x-\theta)$, $F(t)$ 关于 0 对称, 相应的概率密度函数 $f(t) > 0\,(-\infty < t < \infty)$, 导数 $f'(t)$ 存在且在 $t \neq 0$ 处连续, $f'(0) = 0$, $-f'(t)/f(t)$ 是 t 的非减函数. 又设对某个 $\varepsilon_0 > 0$, 存在函数 $g_1(t)$ 和 $g_2(t)$, 使得当 $\theta \in (-\varepsilon_0, \varepsilon_0)$ 时, 对一切 t, 有

$$|f'(t-\theta)| \leqslant g_1(t), \quad f(t-\theta) \leqslant g_2(t),$$

而

$$E_F\left[\frac{g_1(W_1)\prod_{j=2}^{n}g_2(W_j)}{\prod_{i=1}^{n}f(W_i)}\right]<\infty,$$

其中 $W_1,\cdots,W_n$ 独立同分布, 则对假设检验问题 $H_0:\theta=0\longleftrightarrow H_1:\theta>0$, 其局部最优符号秩检验统计量为

$$\widetilde{S}=\sum_{i=1}^{n}\varPsi_i\tilde{a}(R_i^+),$$

其中 $\varPsi_i=I(X_i>0)$, R_i^+ 为 $|X_i|$ 在 $\{|X_1|,\cdots,|X_n|\}$ 中的秩,

$$\tilde{a}(i)=E\left[-\frac{f'\left(F^{-1}\left(\frac{1}{2}+\frac{1}{2}U_{(i)}\right)\right)}{f\left(F^{-1}\left(\frac{1}{2}+\frac{1}{2}U_{(i)}\right)\right)}\right],\quad i=1,\cdots,n,$$

$U_{(1)}<\cdots<U_{(n)}$ 是 $[0,1]$ 上均匀分布的独立同分布样本的次序统计量.

例 6.2.3 考虑 Logistic 分布, 其概率密度函数为

$$f(x)=\frac{\mathrm{e}^{-x}}{(1+\mathrm{e}^{-x})^2},\quad -\infty<x<\infty,$$

此时 $-f'(x)/f(x)=2F(x)-1$. 由定理 6.2.2 可得

$$\tilde{a}(i)=2E\left[F\left(F^{-1}\left(\frac{1}{2}+\frac{1}{2}U_{(i)}\right)\right)\right]-1=E[U_{(i)}]=\frac{i}{n+1},$$

它与 $\tilde{a}(i)=i$ 等价. 故局部最优秩检验统计量为

$$\widetilde{S}=\sum_{i=1}^{n}\Psi_i\tilde{a}(R_i^+)=\sum_{i=1}^{n}\Psi_iR_i^+.$$

这就是常用的 Wilcoxon 符号秩统计量 W^+. 因此, Wilcoxon 符号秩检验对 Logistic 分布是局部最优秩检验.

6.3 Pitman 渐近相对效率

本节从两个检验的相对效率的角度引进一种比较的准则, 来讨论两种检验方法的优良性. Pitman 于 1948 年引入了渐近相对效率 (asymptotic relative efficiency, ARE) 的概念. 下面介绍 Pitman 的 ARE 定义.

考虑假设检验问题

$$H_0 : \theta \in \omega \longleftrightarrow H_1 : \theta \in \Omega \setminus \omega.$$

设 $\{S_n\}$ 和 $\{T_n\}$ 为两列检验统计量, 其中 n 为统计量使用的样本容量. S_n 和 T_n 的显著性水平为 α 的拒绝域分别为 C_n 和 D_n, 即有

$$P_\theta\{S_n \in C_n\} \leqslant \alpha, \quad \forall\, \theta \in \omega,$$
$$P_\theta\{T_n \in D_n\} \leqslant \alpha, \quad \forall\, \theta \in \omega.$$

比较此两列检验, 通常比较它们的功效函数

$$\mathcal{P}_{S_n}(\theta) = P_\theta\{S_n \in C_n\}, \quad \theta \in \Omega \setminus \omega,$$
$$\mathcal{P}_{T_n}(\theta) = P_\theta\{T_n \in D_n\}, \quad \theta \in \Omega \setminus \omega.$$

对于特定的 $\theta^* \in \Omega \setminus \omega$, 其功效函数值 $\mathcal{P}_{S_n}(\theta^*)$ 与 $\mathcal{P}_{T_n}(\theta^*)$ 大者为优. 在给定显著性水平的情况下, 功效函数值的大小依赖于样本容量, 样本容量越大, 功效函数值就越大. 因此, 讨论功效函数值的大小问题可以转化为样本容量大小的比较, 即在相同的功效下, 比较不同检验所需要的样本容量大小, 所需样本容量小的检验认为是优的. Pitman 的渐近相对效率就是在原假设的一个邻近区域内, 固定功效的值, 比较所需的样本容量. 由此给出如下定义.

定义 6.3.1 对假设检验问题 $H_0 : \theta = \theta_0 \longleftrightarrow H_1 : \theta \neq \theta_0$, 取一列特定的备择假设 $\theta = \theta_i (i = 1, 2, \cdots)$, $\theta_i \neq \theta_0$ 且 $\lim\limits_{i \to \infty} \theta_i = \theta_0$. S_{n_i} 和 T_{m_i} 是对应于

$$H_0 : \theta = \theta_0 \longleftrightarrow H_1 : \theta = \theta_i$$

的检验统计量, n_i 和 m_i 是对应的样本容量, 满足

(1) $\lim\limits_{i\to\infty} \mathcal{P}_{S_{n_i}}(\theta_0) = \lim\limits_{i\to\infty} \mathcal{P}_{T_{m_i}}(\theta_0) = \alpha$;

(2) $\lim\limits_{i\to\infty} \mathcal{P}_{S_{n_i}}(\theta_i) = \lim\limits_{i\to\infty} \mathcal{P}_{T_{m_i}}(\theta_i) = \beta, \;\; 0 < \alpha < \beta < 1$.

如果对一切满足上述条件的 $\{\theta_i\}, \{m_i\}$ 和 $\{n_i\}$ 存在相同的极限 $\lim\limits_{i\to\infty} \dfrac{m_i}{n_i}$, 则称此极限值为 S_n 对 T_n 的渐近相对效率, 记为 $\mathrm{ARE}(S, T)$.

注 6.3.1 第 (1) 条是要求两序列检验 $\{S_{n_i}\}$ 和 $\{T_{m_i}\}$ 都有渐近水平 α. 第 (2) 条是指在备择假设序列 $\{\theta_i\}$ 上, 二者的渐近功效相同. 其余条件是为了使渐近功效与显著性水平 α、功效 β 及 $\{\theta_i\}$ 都无关, 而只成为 S_n 与 T_n 之间的对比.

我们自然会提出一个问题: 由定义 6.3.1 给出的 $\mathrm{ARE}(S, T)$ 只在样本容量很大时, 才能成为比较二者效率的合理指标, 而通常在实用中样本容量不一定非常大, 因而在每一个具体问题中, 我们都难以仅凭借 ARE 去判定两检验何者为优.

这个问题有一定道理. 但是, 由于有限样本带来的复杂性而无法实施时转向取极限, 这是统计学中常用的一种做法. 把有限样本可能掩盖的某些本质的东西, 通过取极限提取出来, 无疑是有认识意义的. 即使从使用的角度来说, 在许多情况下由小样本算出的相对效率, 已与 ARE 很接近.

关于渐近相对效率的计算, 下面的 Noether 定理是最基本的结果.

定理 6.3.1 (Noether 定理) 对假设检验问题 $H_0: \theta=\theta_0 \longleftrightarrow H_1: \theta=\theta_i (i=1,2,\cdots)$ 且 $\lim\limits_{i\to\infty}\theta_i=\theta_0$, $\{S_{n_i}\}$ 和 $\{T_{m_i}\}$ 是两列检验统计量, 如果存在与它们相联系的数列 $\{\mu_{S_{n_i}}(\theta)\}$, $\{\mu_{T_{m_i}}(\theta)\}$, $\{\sigma_{S_{n_i}}(\theta)\}$ 和 $\{\sigma_{T_{m_i}}(\theta)\}$ 满足下列条件 $(\mathrm{A}_1)\sim(\mathrm{A}_6)$:

(A_1) $\dfrac{S_{n_i}-\mu_{S_{n_i}}(\theta_i)}{\sigma_{S_{n_i}}(\theta_i)}$ 和 $\dfrac{T_{m_i}-\mu_{T_{m_i}}(\theta_i)}{\sigma_{T_{m_i}}(\theta_i)}$, 当 $\theta=\theta_i$ 为真时, 有相同的取值范围及相同的连续渐近分布 $H(\cdot)$;

(A_2) 当条件 (A_1) 中 θ_i 代之为 θ_0 时, 有同样假定;

(A_3) $\lim\limits_{i\to\infty}\dfrac{\sigma_{S_{n_i}}(\theta_i)}{\sigma_{S_{n_i}}(\theta_0)}=\lim\limits_{i\to\infty}\dfrac{\sigma_{T_{m_i}}(\theta_i)}{\sigma_{T_{m_i}}(\theta_0)}=1$;

(A_4) μ 作为 θ 的函数, 在 θ_0 的某一闭域内存在连续导数, 且 $\mu'_{S_{n_i}}(\theta_0)$ 和 $\mu'_{T_{m_i}}(\theta_0)$ 不为 0;

(A_5) $\lim\limits_{i\to\infty}\dfrac{\mu'_{S_{n_i}}(\theta_i)}{\mu'_{S_{n_i}}(\theta_0)}=\lim\limits_{i\to\infty}\dfrac{\mu'_{T_{m_i}}(\theta_i)}{\mu'_{T_{m_i}}(\theta_0)}=1$;

(A_6) $\lim\limits_{n\to\infty}\dfrac{\mu'_{S_n}(\theta_0)}{\sqrt{n\sigma^2_{S_n}(\theta_0)}}=K_S$, $\lim\limits_{n\to\infty}\dfrac{\mu'_{T_n}(\theta_0)}{\sqrt{n\sigma^2_{T_n}(\theta_0)}}=K_T$, 其中 K_S 和 K_T 为正的常数. 则 S_n 对 T_n 的渐近相对效率为

$$\mathrm{ARE}(S,T)=\left(\frac{K_S}{K_T}\right)^2. \tag{6.3.1}$$

证明 设 $\{S_{n_i}\}$ 和 $\{T_{m_i}\}$ 对应的拒绝域分别为 $\{S_{n_i}\geqslant c_{n_i}\}$ 和 $\{T_{m_i}\geqslant d_{m_i}\}$, 且满足渐近相对效率的要求, 即有定义 6.3.1 中的 (1) 和 (2) 成立, 则由条件 (A_1) 和 (A_2) 得

$$\lim_{i\to\infty}\frac{c_{n_i}-\mu_{S_{n_i}}(\theta_i)}{\sigma_{S_{n_i}}(\theta_i)}=\lim_{i\to\infty}\frac{d_{m_i}-\mu_{T_{m_i}}(\theta_i)}{\sigma_{T_{m_i}}(\theta_i)}=H^{-1}(1-\beta), \tag{6.3.2}$$

$$\lim_{i\to\infty}\frac{c_{n_i}-\mu_{S_{n_i}}(\theta_0)}{\sigma_{S_{n_i}}(\theta_0)}=\lim_{i\to\infty}\frac{d_{m_i}-\mu_{T_{m_i}}(\theta_0)}{\sigma_{T_{m_i}}(\theta_0)}=H^{-1}(1-\alpha). \tag{6.3.3}$$

由条件 (A_3) 知, 式 (6.3.2) 中两个极限号下的表达式中的分母, 分别可以用 $\sigma_{S_{n_i}}(\theta_0)$ 和 $\sigma_{T_{m_i}}(\theta_0)$ 代替, 代替后的式子与式 (6.3.3) 相减, 得

$$\lim_{i\to\infty}\frac{\mu_{S_{n_i}}(\theta_i)-\mu_{S_{n_i}}(\theta_0)}{\sigma_{S_{n_i}}(\theta_0)}=\lim_{i\to\infty}\frac{\mu_{T_{m_i}}(\theta_i)-\mu_{T_{m_i}}(\theta_0)}{\sigma_{T_{m_i}}(\theta_0)}.$$

利用条件 (A_4), 将上式极限号下之分子用中值定理, 并相除得

$$\lim_{i\to\infty}\left(\frac{\mu'_{S_{n_i}}(\theta_i^*)}{\sigma_{S_{n_i}}(\theta_0)}\Bigg/\frac{\mu'_{T_{m_i}}(\theta_i^{**})}{\sigma_{T_{m_i}}(\theta_0)}\right)=1,$$

其中 $\theta_i^*,\theta_i^{**}\in(\theta_0,\theta_i)(i=1,2,\cdots)$. 再由条件 ($A_5$) 和 ($A_6$), 得

$$\lim_{i\to\infty}\left(\frac{\sqrt{n_i}K_S}{\sqrt{m_i}K_T}\right)=1.$$

因此

$$\mathrm{ARE}(S,T)=\lim_{i\to\infty}\frac{m_i}{n_i}=\left(\frac{K_S}{K_T}\right)^2.$$

定理证毕.

从式 (6.3.1) 可以看出, S_n 对 T_n 的 ARE 为两个因子之比, 一个与 S_n 有关, 另一个与 T_n 有关. 因此, 我们给出下列效力因子的定义.

定义 6.3.2 对假设检验问题 $H_0:\theta=\theta_0\longleftrightarrow H_1:\theta=\theta_i(i=1,2,\cdots)$ 且 $\lim\limits_{i\to\infty}\theta_i=\theta_0$, 如果 S_{n_i} 为其检验统计量, 则定理 6.3.1 中的量

$$K_S=\lim_{n\to\infty}\frac{\mu'_{S_n}(\theta_0)}{\sqrt{n\sigma^2_{S_n}(\theta_0)}}$$

称为 S_n 的效力因子, 记为 eff(S).

上面仅讨论了双边检验的情况. 对单边检验的情况, 连同其导出的公式, 都与此类似, 不再赘述.

例 6.3.1 考虑正态总体, 其概率密度函数为

$$f(x;\theta,\sigma)=\frac{1}{\sqrt{2\pi}\sigma}\mathrm{e}^{-\frac{(x-\theta)^2}{2\sigma^2}},\quad -\infty<x<\infty.$$

检验假设 $H_0:\theta=0\longleftrightarrow H_1:\theta=\theta_i(i=1,2,\cdots)$, $\lim\limits_{i\to\infty}\theta_i=0$. 使用检验统计量

$$T=\sqrt{n}\overline{X}/S,\quad \overline{X}=\frac{1}{n}\sum_{i=1}^{n}X_i,\quad S^2=\frac{1}{n-1}\sum_{i=1}^{n}(X_i-\overline{X})^2,\tag{6.3.4}$$

$$S^+=\sum_{i=1}^{n}\psi(X_i),\quad \psi(X_i)=I\ (X_i>0).$$

则取

$$\mu_{T_n}(\theta)=\frac{\sqrt{n}\theta}{\sigma},\quad \sigma_{T_n}(\theta)=1,$$
$$\mu_{S_n^+}(\theta)=np,\quad \sigma_{S_n^+}(\theta)=\sqrt{np(1-p)},$$

其中

$$p=\frac{1}{\sqrt{2\pi}\sigma}\int_0^{\infty}\mathrm{e}^{-\frac{(t-\theta)^2}{2\sigma^2}}\mathrm{d}t.$$

可以验证它们满足 Noether 定理的条件 $(\mathrm{A}_1)\sim(\mathrm{A}_6)$, 且

$$\begin{aligned}\mu'_{T_n}(\theta)&=\frac{\sqrt{n}}{\sigma},\\ \mu'_{S_n^+}(\theta)&=\frac{n}{\sqrt{2\pi}\sigma}\int_0^{\infty}\frac{1}{\sigma^2}(t-\theta)\mathrm{e}^{-\frac{(t-\theta)^2}{2\sigma^2}}\mathrm{d}t\\ &=\frac{n}{\sqrt{2\pi}\sigma}\int_0^{\infty}\mathrm{d}(-\mathrm{e}^{-\frac{(t-\theta)^2}{2\sigma^2}})=\frac{n}{\sqrt{2\pi}\sigma}\mathrm{e}^{-\frac{\theta^2}{2\sigma^2}}.\end{aligned}$$

因此, T 和 S^+ 的效力因子分别为 $\mathrm{eff}(T)=\dfrac{1}{\sigma}$ 和

$$\mathrm{eff}(S^+)=\lim_{n\to\infty}\frac{\mu'_{S_n^+}(0)}{\sqrt{n\sigma^2_{S_n^+}(0)}}=\lim_{n\to\infty}\left(\frac{n}{\sqrt{2\pi}\sigma}\Big/\frac{n}{2}\right)=\frac{1}{\sigma}\sqrt{\frac{2}{\pi}},$$

故 S^+ 对 T 的渐近相对效率为

$$\mathrm{ARE}(S^+,T)=\left(\frac{1}{\sigma}\sqrt{\frac{2}{\pi}}\Big/\frac{1}{\sigma}\right)^2=\frac{2}{\pi}.$$

6.4 单样本位置问题的线性符号秩检验的渐近相对效率

设样本 $X_1,\cdots,X_n$ 独立同分布, 其共同的分布函数为 $F(x-\theta)$, $F(t)$ 关于 0 对称, 且具有概率密度函数 $f(t)$. 假设检验问题为

$$H_0:\theta=0\longleftrightarrow H_1:\theta>0.$$

检验此问题可以用线性符号秩统计量

$$L_n^+=\sum_{i=1}^n\Psi_i a_n(R_i^+),$$

其中 $R^+=(R_1^+,\cdots,R_n^+)$ 为样本 $X_1,\cdots,X_n$ 对应的绝对秩向量, $\{a_n(i)\}$ 为分值, Ψ_i 为 X_i 的符号统计量, 即 $\Psi_i=I(X_i>0)$, $i=1,\cdots,n$.

可以看到: 当 $0 \leqslant a_n(1) \leqslant \cdots \leqslant a_n(n)$ 且 $a_n(n) > 0$ 时, 统计量 L_n^+ 取大的值有利于 H_1, 则拒绝 H_0. 例如, 下列线性符号秩统计量均可以用于检验单样本位置问题. 我们仍假定

$$a_n(i) = b_n \phi^+\left(\frac{i}{n+1}\right),$$

其中 $\phi^+(\cdot)$ 是非负非降平方可积分值函数, 不依赖于 n. 取不同的 $\phi^+(\cdot)$ 和 b_n 可以得到不同的线性符号秩统计量.

如果取 $\phi^+(u) = u$, $a_n(i) = (n+1)\phi^+\left(\dfrac{i}{n+1}\right) = i$, 则得到 Wilcoxon 符号秩统计量

$$W^+ = \sum_{i=1}^n \Psi_i R_i^+.$$

如果取 $\phi^+(u) = 1$, $a_n(i) \equiv 1$, 则得到符号统计量

$$S^+ = \sum_{i=1}^n \Psi_i.$$

如果取

$$\phi_{H^+}^+(u) = \begin{cases} u, & 0 < u \leqslant \dfrac{1}{2}, \\ \dfrac{1}{2}, & \dfrac{1}{2} < u < 1, \end{cases} \tag{6.4.1}$$

$$a_{H^+}(i) = (n+1)\phi_{H^+}^+\left(\frac{i}{n+1}\right) = \begin{cases} i, & i \leqslant \dfrac{n+1}{2}, \\ \dfrac{n+1}{2}, & i > \dfrac{n+1}{2}, \end{cases}$$

则得到统计量

$$H^+ = \sum_{i=1}^n \Psi_i a_{H^+}(R_i^+). \tag{6.4.2}$$

如果取

$$\phi_{M^+}^+(u) = \begin{cases} 0, & u \leqslant \dfrac{1}{2}, \\ u - \dfrac{1}{2}, & u > \dfrac{1}{2}, \end{cases}$$

$$a_{M^+}(i) = (n+1)\phi_{M^+}^+\left(\frac{i}{n+1}\right) = \begin{cases} 0, & i \leqslant \dfrac{n+1}{2}, \\ i - \dfrac{n+1}{2}, & i > \dfrac{n+1}{2}, \end{cases}$$

则得到统计量

$$M^+ = \sum_{i=1}^{n} \Psi_i a_{M^+}(R_i^+).$$

记 $\Phi(u)$ 为标准正态分布函数. 如果取

$$\phi_{NL^+}^+(u) = \Phi^{-1}\left(\frac{1}{2} + \frac{1}{2}u\right),$$

$$a_{NL^+}(i) = \phi_{NL^+}^+\left(\frac{i}{n+1}\right) = \Phi^{-1}\left(\frac{1}{2} + \frac{i}{2(n+1)}\right),$$

则得到统计量

$$NL^+ = \sum_{i=1}^{n} \Psi_i a_{NL^+}(R_i^+).$$

下面我们求它们的效力因子. 在假设检验问题 $H_0 : \theta = 0 \longleftrightarrow H_1 : \theta = \dfrac{c}{\sqrt{n}}(c > 0)$ 下, 统计量 L_n^+ 渐近正态分布 $N(0,1)$ 的正则化常数可以有如下形式:

$$\mu_{L_n^+}(\theta) = \frac{\theta}{2}\bar{a}_n + \frac{n\theta b_n}{2}\int_0^1 \phi^+(u)\phi^+(u,f)\mathrm{d}u,$$

$$\sigma_{L_n^+}^2(\theta) = \frac{1}{4}nb_n^2\int_0^1 [\phi^+(u)]^2\mathrm{d}u,$$

其中

$$\bar{a}_n = \frac{1}{n}\sum_{i=1}^{n} a_n(i), \quad \phi^+(u,f) = \frac{-f'\left(F^{-1}\left(\dfrac{1}{2} + \dfrac{1}{2}u\right)\right)}{f\left(F^{-1}\left(\dfrac{1}{2} + \dfrac{1}{2}u\right)\right)}.$$

它们是 θ 的线性函数. 由 6.3 节中的 Noether 定理可得效力因子

$$\mathrm{eff}(L^+) = \frac{\displaystyle\int_0^1 \phi^+(u)\phi^+(u,f)\mathrm{d}u}{\sqrt{\displaystyle\int_0^1 [\phi^+(u)]^2\mathrm{d}u}}. \tag{6.4.3}$$

例 6.4.1 设 $F(x)$ 具有概率密度函数 $f(x)$, 且关于 0 对称. 计算 $\mathrm{eff}(H^+)$, 其中 $\phi_{H^+}^+(u)$ 和 H^+ 分别由式 (6.4.1) 和式 (6.4.2) 定义.

解 记 ξ_p 为总体分布 $F(x)$ 的 p 分位数. 经计算可得

$$\int_0^1 [\phi_{H^+}^+(u)]^2\mathrm{d}u = \frac{1}{6},$$

$$\begin{aligned}\int_0^1 \phi_{H^+}^+(u)\phi^+(u,f)\mathrm{d}u &= \int_0^{\frac{1}{2}} u\left[\frac{-f'\left(F^{-1}\left(\frac{1}{2}+\frac{1}{2}u\right)\right)}{f\left(F^{-1}\left(\frac{1}{2}+\frac{1}{2}u\right)\right)}\right]\mathrm{d}u \\ &\quad + \int_{\frac{1}{2}}^1 \frac{1}{2}\left[\frac{-f'\left(F^{-1}\left(\frac{1}{2}+\frac{1}{2}u\right)\right)}{f\left(F^{-1}\left(\frac{1}{2}+\frac{1}{2}u\right)\right)}\right]\mathrm{d}u \\ &= -2\int_{\xi_{1/2}}^{\xi_{3/4}} [2F(t)-1]f'(t)\mathrm{d}t - \int_{\xi_{3/4}}^{\xi_1} f'(t)\mathrm{d}t \\ &= -2\{f(t)[2F(t)-1]\}\Big|_{\xi_{1/2}}^{\xi_{3/4}} + 4\int_{\xi_{1/2}}^{\xi_{3/4}} f^2(t)\mathrm{d}t - [f(t)]\Big|_{\xi_{3/4}}^{\xi_1} \\ &= -f(\xi_{3/4}) + 4\int_{\xi_{1/2}}^{\xi_{3/4}} f^2(t)\mathrm{d}t - f(\xi_1) + f(\xi_{3/4}).\end{aligned}$$

注意到应有 $f(\xi_1)=0$, $\xi_{1/2}=0$, 于是

$$\int_0^1 \phi_{H^+}^+(u)\phi^+(u,f)\mathrm{d}u = 4\int_0^{\xi_{3/4}} f^2(t)\mathrm{d}t.$$

因此

$$\mathrm{eff}(H^+) = 4\sqrt{6}\int_0^{\xi_{3/4}} f^2(t)\mathrm{d}t.$$

类似于例 6.4.1, 利用式 (6.4.3) 可以算得

$$\begin{aligned}\mathrm{eff}(W^+) &= \sqrt{12}\int_{-\infty}^{\infty} f^2(x)\mathrm{d}x, \\ \mathrm{eff}(S^+) &= 2f(0), \\ \mathrm{eff}(M^+) &= \sqrt{96}\left[\int_{\xi_0}^{\xi_{1/4}} f^2(x)\mathrm{d}x + \int_{\xi_{3/4}}^{\xi_1} f^2(x)\mathrm{d}x\right], \\ \mathrm{eff}(NL^+) &= -\int_0^1 \Phi^{-1}(u)\cdot\frac{f'(F^{-1}(u))}{f(F^{-1}(u))}\mathrm{d}u.\end{aligned}$$

对于统计量 (6.3.4), 可以求得其效力因子

$$\mathrm{eff}(T) = \frac{1}{\sigma},$$

其中 σ 为分布 $F(x)$ 的标准差.

利用上述效力因子和公式 (6.3.1), 对于给定的分布可以计算上面给出的一些线性符号秩统计量之间的渐近相对效率. 计算结果列在表 6.4.1 中.

表 6.4.1 常见分布下一些线性符号秩统计量之间的渐近相对效率

分布	ARE(W^+,T)	ARE(S^+,W^+)	ARE(H^+,W^+)	ARE(M^+,W^+)	ARE(NL^+,W^+)
正态	$3/\pi$	0.667	0.870	0.927	1.047
Logistic	$\pi^2/9$	0.750	0.945	0.781	0.995
双指数	1.500	1.333	1.125	0.500	0.847
Cauchy	—	1.333	1.339	0.264	0.708

从表 6.4.1 中的数值可以看出, 在总体 $F(x)$ 为正态分布时, Wilcoxon 符号秩检验比 t 检验并不算差. 在 $F(x)$ 不为正态分布时, Wilcoxon 符号秩检验都优于 t 检验. 统计量 S^+ 和 H^+ 对重尾分布有较高的效力. 统计量 M^+ 对轻尾分布有较高的效力. 统计量 NL^+ 使用正态分位数分值, 对正态分布有较高的效力.

6.5 两样本位置问题的线性秩检验的渐近相对效率

设样本 $X_1,\cdots,X_{n_1}$ 独立同分布, 其共同的分布函数 $F(x)$ 连续; $Y_1,\cdots,Y_{n_2}$ 独立同分布, 其共同的分布函数为 $F(x-\delta)$. 假设检验问题为

$$H_0:\delta=0\longleftrightarrow H_1:\delta>0.$$

可以有许多线性秩统计量适合作为检验统计量. 实际上, 我们可以定义各式各样的分值 $a(i)$, 只要 $a(1)\leqslant a(2)\leqslant\cdots\leqslant a(n)$, 而回归常数 c_i 取为

$$c_i=\begin{cases}0, & i=1,\cdots,n_1,\\ 1, & i=n_1+1,\cdots,n,\end{cases}$$

其中 $n=n_1+n_2$. 把样本 $X_1,\cdots,X_{n_1}$ 和 $Y_1,\cdots,Y_{n_2}$ 混合在一起, 令 R_i 为 Y_i 在合样本中的秩, 那么线性秩统计量为

$$L=\sum_{i=1}^{n_2}a(R_i). \tag{6.5.1}$$

这样的线性秩统计量均可用来检验上述两样本位置问题, 其拒绝域的形式为 $L>c$, 临界值 c 由 L 在 H_0 下的分布和显著性水平 α 来确定. 例如, 如果取 $a(i)=i$, $i=1,\cdots,n$, 则得 Wilcoxon 秩和统计量

$$W=\sum_{i=1}^{n_2}R_i. \tag{6.5.2}$$

如果取 $a(i)$ 为

$$a_S(i)=\begin{cases} i-\dfrac{n+1}{4}, & i<\dfrac{n+1}{4}, \\ 0, & \dfrac{n+1}{4}\leqslant i\leqslant \dfrac{3(n+1)}{4}, \\ i-\dfrac{3(n+1)}{4}, & i>\dfrac{3(n+1)}{4}. \end{cases}$$

则得线性秩统计量

$$S=\sum_{i=1}^{n_2} a_S(R_i). \tag{6.5.3}$$

如果取 $a(i)$ 为

$$a_M(i)=\begin{cases} 0, & i\leqslant \dfrac{n+1}{2}, \\ 1, & i>\dfrac{n+1}{2}, \end{cases}$$

则得线性秩统计量

$$M=\sum_{i=1}^{n_2} a_M(R_i). \tag{6.5.4}$$

如果取 $a(i)$ 为

$$a_{RL}(i)=\begin{cases} i-\dfrac{n+1}{2}, & i\leqslant \dfrac{n+1}{2}, \\ 0, & i>\dfrac{n+1}{2}, \end{cases}$$

则得线性秩统计量

$$RL=\sum_{i=1}^{n_2} a_{RL}(R_i). \tag{6.5.5}$$

如果取 $a(i)$ 为 $a_{NL}(i)=\varPhi^{-1}\left(\dfrac{i}{n+1}\right)$, 则得线性秩统计量

$$NL=\sum_{i=1}^{n_2} a_{NL}(R_i), \tag{6.5.6}$$

其中 $\varPhi(u)$ 为标准正态分布 $N(0,1)$ 的分布函数.

上述线性秩统计量均可用于两样本位置问题的检验. 下面我们考虑这些线性秩统计量在各种典型总体下的渐近相对效率. 为了应用 6.3 节的 Noether 定理来

求渐近相对效率, 需要研究线性秩统计量在 H_0 下的渐近性质. 许多学者讨论了这个问题. Chernoff 和 Savage(1958) 首先证明了 c_i 取值 0, 1 时的线性秩统计量在 H_0 下的渐近正态性. 其后 Govindarajulu 等和 Hájek 等作了许多改进. 这里仅介绍线性秩统计量的结果, 它是 Chernoff 和 Savage 所给出的结果的一个特殊情况, 其证明可参阅陈希孺 (1981) 的专著. 记

$$a_n(i) = b_n\phi\left(\frac{i}{n+1}\right) + d_n, \quad i = 1, \cdots, n,$$

$$L_n = \sum_{i=1}^{n_2} a_n(R_i),$$

其中 $n = n_1 + n_2$, $\phi\left(\dfrac{i}{n+1}\right)$ 是函数 $\phi(u)$ 在 $\dfrac{i}{n+1}(i = 1, \cdots, n)$ 处的取值, $\phi(u)$ 是区间 $(0, 1)$ 上的平方可积分值函数. 在 $n \to \infty$ 及 $\delta = \delta_n = \dfrac{c}{\sqrt{n}}$(其中 $c > 0$ 为常数) 的情形下, 统计量 L_n 的渐近正态分布的正则化常数在 H_0 及 H_1 下有如下统一的形式:

$$\mu_{L_n}(\delta) = n_2\bar{a}_n + \frac{\delta n_1 n_2 b_n}{n}\int_0^1 \phi(u)\phi(u, f)\mathrm{d}u,$$

$$\sigma_{L_n}^2(\delta) = \frac{n_1 n_2 b_n^2}{n}\int_0^1 [\phi(u) - \bar{\phi}]^2\mathrm{d}u,$$

其中 $\bar{\phi} = \displaystyle\int_0^1 \phi(u)\mathrm{d}u$,

$$\int_0^1 \phi(u)\phi(u, f)\mathrm{d}u > 0, \quad \phi(u, f) = \frac{-f'(F^{-1}(u))}{f(F^{-1}(u))}.$$

上述 $\sigma_{L_n}^2(\delta)$ 是不依赖于 δ 的常数, 而 $\mu_{L_n}(\delta)$ 是 δ 的线性函数. 容易验证定理 6.3.1 的条件 $(\mathrm{A}_1) \sim (\mathrm{A}_6)$ 都能满足. 故效力因子为

$$\mathrm{eff}(L) = \lim_{n\to\infty}\frac{\mu_{L_n}'(0)}{\sqrt{n\sigma_{L_n}^2(0)}} = \sqrt{\lambda(1-\lambda)}\frac{\displaystyle\int_0^1 \phi(u)\phi(u, f)\mathrm{d}u}{\sqrt{\displaystyle\int_0^1 [\phi(u) - \bar{\phi}]^2\mathrm{d}u}}, \tag{6.5.7}$$

其中当 $n \to \infty$ 时, $\dfrac{n_1}{n} \to \lambda\ (0 < \lambda < 1)$. 上述结果的推导过程可参考孙山泽 (2000) 的著作 5.3 节.

如果设 $\int_0^1 \phi(u,f)\mathrm{d}u=0$, 则由式 (6.5.7) 可得统计量 (6.5.1) 的效力因子

$$\mathrm{eff}(L)=\sqrt{\lambda(1-\lambda)}\frac{\displaystyle\int_0^1 \phi(u)\phi(u,f)\mathrm{d}u}{\sqrt{\displaystyle\int_0^1 [\phi(u)-\bar{\phi}]^2\mathrm{d}u}}$$

$$=\sqrt{\lambda(1-\lambda)\int_0^1 \phi^2(u,f)\mathrm{d}u}\frac{\displaystyle\int_0^1 \phi(u)\phi(u,f)\mathrm{d}u}{\sqrt{\displaystyle\int_0^1 \phi^2(u,f)\mathrm{d}u\cdot\int_0^1 [\phi(u)-\bar{\phi}]^2\mathrm{d}u}}$$

$$=\sqrt{\lambda(1-\lambda)\int_0^1 \phi^2(u,f)\mathrm{d}u}\frac{\mathrm{cov}(\phi(U),\phi(U,f))}{\sqrt{\mathrm{var}(\phi(U,f))\cdot\mathrm{var}(\phi(U))}},$$

其中随机变量 U 服从 $[0,1]$ 上的均匀分布. 从上式可以看出, 当

$$\phi(u)=\phi(u,f)=\frac{-f'(F^{-1}(u))}{f(F^{-1}(u))}$$

时, 对应的线性秩统计量的渐近效力最大. 渐近效力值达到

$$\sqrt{\lambda(1-\lambda)\int_0^1 \phi^2(u,f)\mathrm{d}u},$$

其中

$$\int_0^1 \phi^2(u,f)\mathrm{d}u=\int_0^1\left[\frac{f'(F^{-1}(u))}{f(F^{-1}(u))}\right]^2\mathrm{d}u$$
$$=\int_{-\infty}^{\infty}\left[\frac{f'(t)}{f(t)}\right]^2 f(t)\mathrm{d}t\triangleq I(F),$$

称 $I(F)$ 为分布函数 $F(x)$ 的 Fisher 信息量. 条件 $\int_0^1 \phi(u,f)\mathrm{d}u=0$ 是对分布函数 $F(x)$ 的要求. 例如, 对标准正态分布有 $\phi(u,f)=F^{-1}(u)$, 于是 $\int_0^1 F^{-1}(u)\mathrm{d}u=0$, 即要求分布为 $F(x)$ 的随机变量的均值为 0.

例 6.5.1 计算由式 (6.5.3) 定义的线性秩统计量 S 的效力因子 $\mathrm{eff}(S)$.

解 利用公式 (6.5.7) 进行计算. 在 S 中, $a_S(i)=(n+1)\phi_S\left(\dfrac{i}{n+1}\right)$, 其中

$\phi_S(u)$ 为平方可积分值函数

$$\phi_S(u)=\begin{cases} u-\dfrac{1}{4}, & u<\dfrac{1}{4}, \\ 0, & \dfrac{1}{4}\leqslant u\leqslant\dfrac{3}{4}, \\ u-\dfrac{3}{4}, & u>\dfrac{3}{4}. \end{cases}$$

经计算可得

$$\bar{\phi}=\int_0^1\phi_S(u)\mathrm{d}u=0,$$

$$\int_0^1[\phi_S(u)-\bar{\phi}]^2\mathrm{d}u=\int_0^1\phi_S^2(u)\mathrm{d}u=\frac{1}{96},$$

$$\begin{aligned} &\int_0^1\phi_S(u)\phi(u,f)\mathrm{d}u \\ =&-\int_0^{1/4}\left(u-\frac{1}{4}\right)\frac{f'(F^{-1}(u))}{f(F^{-1}(u))}\mathrm{d}u-\int_{3/4}^1\left(u-\frac{3}{4}\right)\frac{f'(F^{-1}(u))}{f(F^{-1}(u))}\mathrm{d}u \\ =&-\int_{\xi_0}^{\xi_{1/4}}\left(F(t)-\frac{1}{4}\right)f'(t)\mathrm{d}t-\int_{\xi_{3/4}}^{\xi_1}\left(F(t)-\frac{3}{4}\right)f'(t)\mathrm{d}t, \end{aligned}$$

其中 ξ_p 为分布函数 $F(x)$ 的 p 分位数, 即 $F(\xi_p)=p$.

如果假定 $F(x)$ 的概率密度函数 $f(x)$ 在区间 $[\xi_0,\xi_1]$ 外为 0, 且

$$\lim_{x\to\xi_0}f(x)=0,\quad \lim_{x\to\xi_1}f(x)=0.$$

则上式经分部积分后得

$$\int_0^1\phi_S(u)\phi(u,f)\mathrm{d}u=\int_{\xi_0}^{\xi_{1/4}}f^2(t)\mathrm{d}t+\int_{\xi_{3/4}}^{\xi_1}f^2(t)\mathrm{d}t,$$

于是, 由公式 (6.5.7) 可得效力因子

$$\mathrm{eff}(S)=\sqrt{96\lambda(1-\lambda)}\left[\int_{\xi_0}^{\xi_{1/4}}f^2(t)\mathrm{d}t+\int_{\xi_{3/4}}^{\xi_1}f^2(t)\mathrm{d}t\right].$$

利用公式 (6.5.7), 可以计算其他线性秩统计量的效力因子, 但需要找到函数 $\phi(u)$. 在线性秩统计量 (6.5.1)~(6.5.5) 中, 均假定 $a(i)=(n+1)\phi\left(\dfrac{i}{n+1}\right)$, 其中

W 对应的 $\phi(u) = u$. M 对应的 $\phi_M(u)$ 为

$$\phi_M(u) = \begin{cases} 0, & u \leqslant \dfrac{1}{2}, \\ 1, & u > \dfrac{1}{2}. \end{cases}$$

RL 对应的 $\phi_{RL}(u)$ 为

$$\phi_{RL}(u) = \begin{cases} u - \dfrac{1}{2}, & u \leqslant \dfrac{1}{2}, \\ 0, & u > \dfrac{1}{2}. \end{cases}$$

NL 对应的 $\phi_{NL}(u)$ 为 $\Phi^{-1}(u)$.

对于两样本均值检验的统计量

$$T = \frac{\overline{X} - \overline{Y}}{\sqrt{\dfrac{(n_1 - 1)S_{n_1}^2 + (n_2 - 1)S_{n_2}^2}{n_1 + n_2 - 2}\left(\dfrac{1}{n_1} + \dfrac{1}{n_2}\right)}},$$

其中 $\overline{X}, \overline{Y}, S_{n_1}^2, S_{n_2}^2$ 分别为两个样本的样本均值和样本方差. 可以算得

$$\text{eff}(T) = \sqrt{\lambda(1-\lambda)}\frac{1}{\sigma},$$

其中 $0 < \lambda = \lim\limits_{n\to\infty} \dfrac{n_1}{n} < 1, n = n_1 + n_2$.

利用所计算的效力因子和公式 (6.3.1), 对于给定的分布可以计算上面给出的一些线性秩统计量之间的渐近相对效率. 计算结果列在表 6.5.1 中.

表 6.5.1 常见分布下一些线性秩统计量之间的渐近相对效率

分布	ARE(S, W)	ARE(M, W)	ARE(RL, W)	ARE(NL, W)	ARE(W, T)
正态	0.927	0.667	0.800	1.047	$3/\pi$
Logistic	0.781	0.750	0.800	0.955	$\pi^2/9$
双指数	0.500	1.333	0.800	0.847	3/2
Cauchy	0.264	1.333	0.800	0.708	—
指数	2.000	0.333	1.800	—	3

从表 6.5.1 中的数值可以看出: 统计量 S 强调极端值, 对轻尾分布有较高的效力; 统计量 M 使用中位数分值, 对重尾分布有较高的效力; 统计量 RL 强调值小的秩, 对右斜分布有较高的效力; 统计量 NL 使用正态分位数分值, 对正态分布有较高的效力; 统计量 W 对所有分布都有不错的效力.

对不同的总体分布, 选用适当的统计量可以增加检验的功效. 人们建议采用下述适应性检验. 首先将样本按值的大小顺序排列, 然后计算

$$Q_3 = \frac{\overline{U}_{0.05} - \overline{M}_{0.5}}{\overline{M}_{0.5} - \overline{L}_{0.05}}, \quad Q_4 = \frac{\overline{U}_{0.05} - \overline{L}_{0.05}}{\overline{U}_{0.5} - \overline{L}_{0.5}},$$

其中 $\overline{U}_p$ 为从高端取全样本的 $100p\%$ 的那一部分样本的平均值, $\overline{L}_p$ 为从低端取全样本的 $100p\%$ 的那一部分样本的平均值, $\overline{M}_{0.5}$ 为从中段取全样本的 50% 的那一部分样本的平均值. 最后, 用 Q_3 的值看总体分布的倾斜程度, 用 Q_4 的值看总体分布的轻重尾情况, 根据它们的值选用检验统计量:

(1) 当 $Q_3 \leqslant 2$ 且 $1 \leqslant Q_4 < 2$ 时, 用统计量 S;

(2) 当 $Q_3 \leqslant 2$ 且 $2 \leqslant Q_4 \leqslant 7$ 时, 用统计量 W;

(3) 当 $Q_3 > 2$ 且 $Q_4 \leqslant 7$ 时, 用统计量 RL;

(4) 当 $Q_4 > 7$ 时, 用统计量 M.

习 题 6

6.1 对两样本位置参数问题, 如果分布函数 $F(x)$ 具有概率密度函数

$$f(x) = \exp(x - \mathrm{e}^x), \quad \infty < x < \infty,$$

试求线性秩统计量的最优分值函数.

6.2 对假设检验问题的原假设 H_0 和备择假设 H_1, 有三个检验统计量 S, T 和 V, 证明

$$\mathrm{ARE}(S,V) = \mathrm{ARE}(S,T) \cdot \mathrm{ARE}(T,V) = \frac{1}{\mathrm{ARE}(V,S)}.$$

6.3 设 $\{S_n\}$ 和 $\{T_n\}$ 是关于原假设 H_0 和备择假设 H_1 的两列检验统计量, 假设存在正则化系数 $\{\mu_n(\theta)\}$ 和 $\{\sigma_n(\theta)\}$ 满足 Noether 定理的条件 $(\mathrm{A}_3) \sim (\mathrm{A}_6)$, 且 $\dfrac{S_n - \mu_n(\theta)}{\sigma_n(\theta)}$ 满足 Noether 定理的条件 (A_1) 和 (A_2). 又

$$\frac{S_n - T_n}{\sigma_n(\theta)} \xrightarrow{P} 0, \quad n \to \infty, \quad 对\ \theta\ 一致收敛.$$

说明基于 S_n 和基于 T_n 的检验有相同的效力因子.

6.4 验证表 6.4.1 中 $\mathrm{ARE}(S^+, W^+)$ 和 $\mathrm{ARE}(NL^+, W^+)$ 的值.

6.5 验证表 6.5.1 中 $\mathrm{ARE}(S, W)$, $\mathrm{ARE}(M, W)$ 和 $\mathrm{ARE}(RL, W)$ 的值.

第 7 章 概率密度估计

概率密度函数 (简称密度) 是统计学中最基本的概念之一, 它的估计问题一度引起统计学界的关注. 假设有一组数据, 我们需要考察这组数据来自哪个总体分布, 假定总体具有未知的概率密度函数. 密度估计问题就是由这组观测数据来估计概率密度函数. 一旦确定总体分布的概率密度函数, 就可以用来解决一些实际问题, 如模式识别中的统计建模, 生命科学模型中的参数估计、模型检验等. 一种密度估计的途径是参数方法. 假设数据来自一个已知的参数分布族, 如正态分布 $N(\mu, \sigma^2)$. 首先利用样本给出 μ 和 σ^2 的估计, 然后将其代入正态密度函数表达式里, 即可得到概率密度函数的估计. 这种方法称为参数估计法. 因此, 参数估计是在概率密度函数形式已知的前提下, 利用似然函数来决定未知参数. 然而, 在实际问题中, 总体分布的类型是未知的. 因此, 当谈到密度估计时, 我们总指定未知概率密度函数的所属类型并不知道的情况. 当然, 我们可以施加某些一般性的限制, 如未知密度连续或在某个区间之外为 0 等. 这是一个典型的非参数统计问题. 本章介绍几种主要的非参数密度估计及其渐近性质, 同时也考虑密度估计的应用. 想进一步了解非参数密度估计的读者, 可阅读薛留根 (2015a) 的专著.

7.1 若干密度估计

本节主要介绍几种常见的密度估计, 其中包括直方图、Rosenblatt 估计、核密度估计、最近邻密度估计. 下面我们按照历史演变的顺序加以介绍.

7.1.1 直方图

直方图 (histogram) 是最古老且被广泛使用的非参数密度估计方法. 该方法基于概率密度函数的一个基本性质: 设随机变量 X 的概率密度函数为 $f(x)$, 则有

$$P\{a \leqslant X \leqslant b\} = \int_a^b f(u)\mathrm{d}u.$$

设有 X 的随机样本 $X_1, \cdots, X_n$, 并用 $\#\{i : a \leqslant X_i \leqslant b, 1 \leqslant i \leqslant n\}$ 表示诸 X_i 落入区间 $[a, b]$ 的个数, 那么由大数定律, 可以用

$$\frac{\#\{i : a \leqslant X_i \leqslant b, 1 \leqslant i \leqslant n\}}{n}$$

估计 $P\{a \leqslant X \leqslant b\}$. 因此可以用

$$\frac{\#\{i : a \leqslant X_i \leqslant b, 1 \leqslant i \leqslant n\}}{n(b-a)}$$

估计 $\int_a^b f(u)\mathrm{d}u \Big/ (b-a)$. 当 $b-a$ 充分小时, $\int_a^b f(u)\mathrm{d}u \Big/ (b-a)$ 可近似代表 $f(x)$ 在 $[a,b]$ 上的值. 这就得到了 $f(x)$ 的一个估计.

基于上述思想, 我们可以构造直方图估计. 选定起点 x_0 和正数 h, 把全直线分为一些形如 $[x_0+mh, x_0+(m+1)h)$ 的区间, 其中 m 为整数. 任取这些区间之一, 记为 I. 对 $x \in I$, 定义 $f(x)$ 的直方图估计为

$$f_n(x) = \frac{\#\{i : X_i \in I, 1 \leqslant i \leqslant n\}}{nh}, \tag{7.1.1}$$

其中 h 称为带宽 (bandwidth). 这个估计的图形是一个边长为 h 的阶梯形, 如图 7.1.1 所示. 它是由一些直立的矩形排在一起而形成的, 因此命名为直方图.

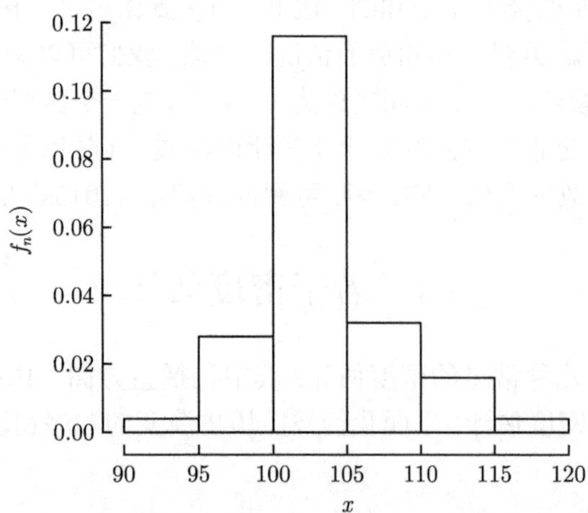

图 7.1.1　全国城乡居民消费价格分类指数直方图

直方图是早期人们用来估计概率密度函数的一种常用方法, 迄今在一些统计计算软件包中都有它的作图函数.

为了构造直方图，我们必须要选择起点和带宽. 起点的选择会影响直方图的形状. 带宽 h 的选择很重要, 它用来控制曲线的光滑度. h 太大了, 平均化的作用突出, 而淹没了密度的细节部分; h 太小了, 则受随机性影响太大, 而产生极不规则的形状. 因此, 应选择一个适当的 h 来平衡上述两种效应. 带宽 h 的选择无现成规则可循, 总的来说, 当样本容量 n 大时, h 可取的小一些.

考虑固定的 x 和 m, 并令 I 为包含 x 的区间, $p=\int_I f(u)\mathrm{d}u$. 容易得到

$$E[f_n(x)]=\frac{p}{h},\quad \mathrm{var}(f_n(x))=\frac{p(1-p)}{nh^2}.$$

由上边第一个式子可得 $E[f_n(x)]\approx f(x)$.

例 7.1.1 全国城乡居民消费价格分类指数是反映一定时期内城乡居民所购买的生活消费品和服务项目价格变动趋势与程度的相对数, 其目的在于观察和分析消费品的零售价格与服务项目价格变动对城乡居民实际生活消费支出的影响程度. 下面的数据集来自《中国统计年鉴》.

111.8, 108.2, 109.2, 103.8, 102.9, 108.3, 108.1, 118.5, 104.1, 108.3,
101.3, 114.6, 102.4, 102.8, 103.6, 101.7, 100.5, 103.6, 100.5, 99.1,
103.0, 98.2, 102.9, 98.5, 99.9, 99.9, 100.3, 106.7, 105.0, 111.2,
101.0, 101.6, 100.9, 100.5, 108.4, 102.8, 98.7, 111.5, 101.7, 100.7,
101.7, 97.3, 94.3, 101.4, 101.0, 104.9, 103.3, 104.9, 103.6, 105.5.

这个数据集给出了 2010 年全国城乡居民消费价格分类指数 (以 2009 年价格 100 为基期). 试画出该数据集的直方图.

解 调用 R 软件包中的函数 hist( ) 可以作直方图. 将数据值赋给变量 x, 运行语句 hist(x) 即可得到直方图, 如图 7.1.1 所示. 从图 7.1.1 可以看出, 居民消费价格分类指数在 100 附近较集中, 其值落在 95 与 105 之间的概率大约为 0.88.

7.1.2 Rosenblatt 估计

直方图估计的优点在于简单易行, 且在 n 较大而容许 h 较小的情况下, 所得图形尚能显示密度的基本特征. 但也有明显的缺点. 它不是连续函数, 且很难给出较为精确的密度估计. 例如, 在这一方法下, 每一区间中心部分密度估计较准, 而边缘部分则较差. 为了克服这一缺点, Rosenblatt(1956) 提出了一个简单改进: 指定一个正数 h 如前, 用 I_x 表示以 x 为中心, 长为 h 的区间, 即 $I_x=[x-h/2,x+h/2]$; 用 I_x 代替式 (7.1.1) 中的 I, 就可得到 Rosenblatt 估计, 即

$$f_n(x)=\frac{1}{nh}\#\{i:X_i\in I_x,1\leqslant i\leqslant n\}.\tag{7.1.2}$$

Rosenblatt 方法与直方图法不同之处仅在于, 它事先不把分割区间定下来, 而让区间随着要估计的点 x 移动, 使 x 始终处在区间的中心位置, 这就克服了区间边沿部分估计较差的缺陷. 理论上可以证明: 从估计量和被估计量接近的数量级看, Rosenblatt 方法确实优于直方图法.

7.1.3 核密度估计

从式 (7.1.2) 可以看出: Rosenblatt 估计仍为一个阶梯函数, 只不过与直方图估计相比, 各阶梯之长不一定相同而已, 仍非连续曲线. 另外, 从式 (7.1.2) 还可看出, 为估计 $f(x)$ 在点 x 处之值, 对与 x 距 $h/2$ 内的样本起的作用一样而在此以外则毫不起作用. 直观上可以设想: 为估计 $f(x)$, 与 x 靠近的样本所起的作用应比远离 x 的样本要大些. 鉴于这些原因, Parzen(1962) 提出了核估计方法.

为介绍 Parzen 的思想, 我们先将式 (7.1.2) 改变一下形式. 引进函数

$$W(x) = I(|x| \leqslant 0.5) = \begin{cases} 1, & |x| \leqslant 0.5, \\ 0, & \text{其他}. \end{cases} \tag{7.1.3}$$

则式 (7.1.2) 可以改写为

$$f_n(x) = \frac{1}{nh} \sum_{i=1}^{n} W\left(\frac{X_i - x}{h}\right). \tag{7.1.4}$$

我们可以对式 (7.1.3) 和式 (7.1.4) 作如下解释: 对每个观测 X_i 限制在宽为 h 且高为 $1/(nh)$ 的 "箱" 内, 而估计值为 n 个这种 "箱" 之和. 由式 (7.1.3) 定义的 $W(x)$ 是 $\mathbf{R}$ 上的概率密度函数, 它是一种特殊的概率密度函数, 即均匀密度. Parzen 的推广就在于去掉这一特殊性, 而允许 $W(x)$ 可以为一般的概率密度函数. 下面给出 Parzen 的核估计定义.

定义 7.1.1 设 $K(x)$ 是 $\mathbf{R}$ 上一个给定的概率密度函数, $h_n > 0$ 是一个与 n 有关的常数, 且 $\lim\limits_{n\to\infty} h_n = 0$, 定义

$$\hat{f}_{\mathrm{K}}(x) = \frac{1}{nh_n} \sum_{i=1}^{n} K\left(\frac{X_i - x}{h_n}\right), \tag{7.1.5}$$

则称 $\hat{f}_{\mathrm{K}}(x)$ 为概率密度函数 $f(x)$ 的核估计, 其中 $K(x)$ 称为核函数, h_n 称为带宽或窗宽. 人们也简称 $\hat{f}_{\mathrm{K}}(x)$ 为核密度估计.

定义 7.1.1 考虑的是总体 X 为一维的情况. 如果 X 是 d 维的, 则只需将式 (7.1.5) 中分母 nh_n 改为 nh_n^d 即可. 由定义 7.1.1可以看到, Rosenblatt 估计是核密度估计的特例, 其中核函数由式 (7.1.3) 确定, 参见式 (7.1.4). 这里需要对上述定义作下面两点注释.

(1) 为保证 $\hat{f}_{\mathrm{K}}(x)$ 作为密度估计的合理性, 定义 7.1.1中取 $K(x)$ 为概率密度函数. 这就确保了估计量 $\hat{f}_{\mathrm{K}}(x)$ 非负且积分的结果为 1. 但从理论上讲, 我们可以对 $K(x)$ 的要求适当放宽, 即不一定要求它为概率密度函数. 此外, 当 $K(x)$ 满足光滑条件时, $\hat{f}_{\mathrm{K}}(x)$ 作为 x 的函数同样具有光滑性, 从而弥补了 Rosenblatt 估计不连续的缺陷. 常见的核函数有下面四种:

(a) 均匀核 $K(u)=\dfrac{1}{2}I(|u|\leqslant 1)$;

(b) Gauss 核 $K(u)=\dfrac{1}{\sqrt{2\pi}}\mathrm{e}^{-\frac{u^2}{2}}$;

(c) Epanechnikov 核 $K(u)=\dfrac{3}{4}(1-u^2)I(|u|\leqslant 1)$;

(d) 四次核 $K(u)=\dfrac{15}{16}(1-u^2)^2I(|u|\leqslant 1)$.

利用对 $\hat{f}_{\mathrm{K}}(x)$ 的均方误差极小化的方法可以得到最优核函数为 Epanechnikov 核, 我们将在 7.2 节给以介绍. 由 Prakasa(1983) 文献中的表 1 可知, 满足核函数条件下的均匀核、Gauss 核等与 Epanechnikov 核的最优性几乎一致. 所以, 核函数的不同选择在核密度估计中并不敏感, 当 n 很大时, 它对估计结果影响不大.

(2) 带宽 h_n 对 $f(x)$ 起着局部光滑的作用, 因此人们也称它为光滑参数. 一般来说, 在给定样本后, 核密度估计性能的好坏主要取决于带宽的选择是否适当. 如果 h_n 选得太小, 则整个估计特别是尾部出现较大的干扰, 从而有增大方差的趋势. 如果 h_n 选得过大, 则 x 经过压缩变换 $(X_i-x)/h_n$ 后使分布的主要部分的某些特征 (如多峰性) 被掩盖起来了, 从而估计量有较大的偏差. 因此, 在实际使用核密度估计时, 选取适当的带宽非常重要.

例 7.1.2 全国城乡居民消费价格分类指数数据如例 7.1.1. 试画出该数据集的核密度估计曲线.

解 正如上述注释 (2) 所讲的那样, 带宽的选取直接影响核密度估计的好坏. 本例选取带宽 $h_n=cn^{-1/5}$, $c=0.5,1.5,2.5,3.5$, $K(u)$ 取为 Gauss 核. 由此得到四个不同带宽下的核密度估计曲线, 如图 7.1.2 所示.

从图 7.1.2 可以看到, 核密度估计对带宽的选择很敏感. 小的带宽给出很粗糙的估计曲线, 而大的带宽给出较光滑的估计曲线. 一般来说, 带宽依赖于样本容量, 因此记它为 h_n.

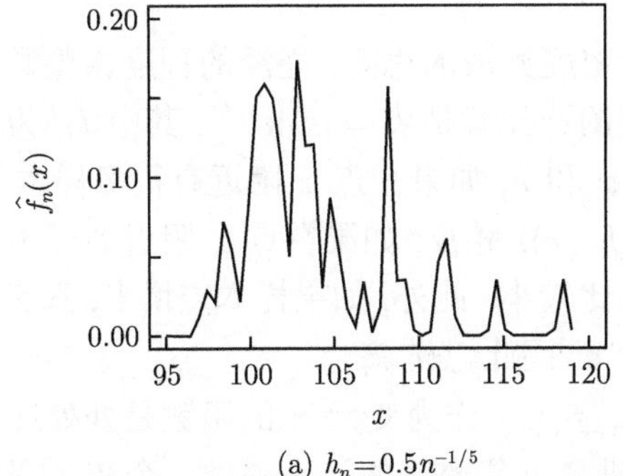

(a) $h_n=0.5n^{-1/5}$

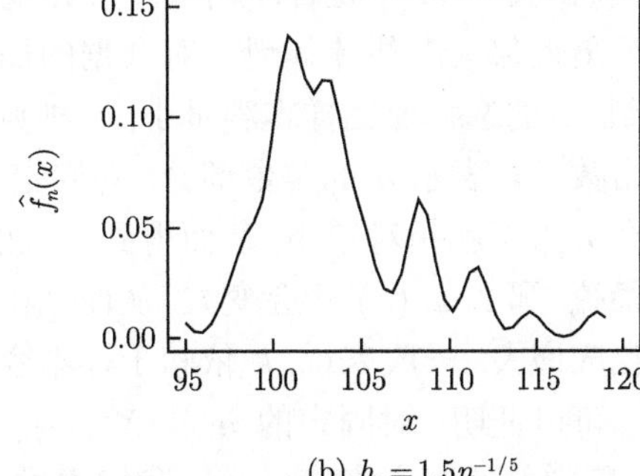

(b) $h_n=1.5n^{-1/5}$

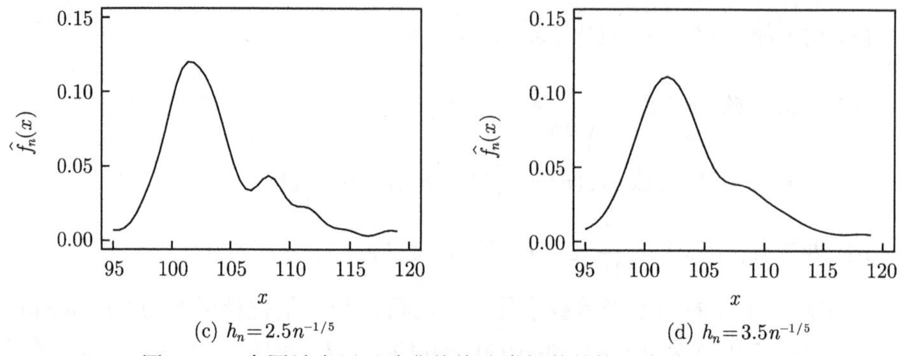

(c) $h_n=2.5n^{-1/5}$　　(d) $h_n=3.5n^{-1/5}$

图 7.1.2　全国城乡居民消费价格分类指数的核密度估计曲线

7.1.4　最近邻密度估计

最近邻密度估计法也是一种常用的估计方法, 它是由 Loftsgaarden 和 Quesenberry (1965) 提出的. 此法较适合于密度的局部估计. 基本思想如下: 设 $X_1,\cdots,X_n$ 是来自未知密度 $f(x)$ 的样本. 先选定一个与 n 有关的整数 $k=k_n$, 满足 $1\leqslant k\leqslant n$. 对固定的 $x\in\mathbf{R}$, 记 $a_n(x)$ 为最小的正数 a, 使得 $[x-a,x+a]$ 中至少包含 $X_1,\cdots,X_n$ 中的 k 个. 注意到, 对每一 $a>0$, 可以期望在 $X_1,\cdots,X_n$ 中大约有 $2anf(x)$ 个观测落入区间 $[x-a,x+a]$ 之中. 因而 $f(x)$ 的估计 $\hat{f}_{\mathrm{N}}(x)$ 自然地可以通过令 $k=2a_n(x)n\hat{f}_{\mathrm{N}}(x)$ 而得到. 于是定义

$$\hat{f}_{\mathrm{N}}(x)=\frac{k}{2a_n(x)n} \tag{7.1.6}$$

为 $f(x)$ 的估计. 称 $\hat{f}_{\mathrm{N}}(x)$ 为 $f(x)$ 的最近邻估计 (nearest neighbor estimation), 也简称 $\hat{f}_{\mathrm{N}}(x)$ 为最近邻密度估计. 与 Rosenblatt 估计相反, 此处区间长度 $2a_n(x)$ 是随机的, 而区间内所含观测数是固定的. 此外, 虽然 $\hat{f}_{\mathrm{N}}(x)$ 是连续的, 但它的导数不一定连续, 这是因为 $a_n(x)$ 在形如 $0.5(X_{(j)}+X_{(j+k)})$ 的每一点处其导数是不连续的, 其中 $X_{(j)}$ 是样本的次序统计量.

最近邻密度估计体现了对数据的局部密度光滑的思想, 光滑的程度由整数 k 控制. k 的选择要比样本容量小, 一种典型的选择就是 $k=[k_0n^{4/5}]$, 其中 k_0 为正的常数, $[a]$ 表示 a 的整数部分. 对固定的 x 和 k, 如果在点 x 附近有很多样本点, 那么 $a_n(x)$ 就相对较小, 从而得到较大的 $\hat{f}_{\mathrm{N}}(x)$. 相反, 如果在点 x 附近的样本点很稀疏, 那么 $a_n(x)$ 就会变大, 从而 $\hat{f}_{\mathrm{N}}(x)$ 比较小. 此外, 如果样本点增多, 那么 k 也相应增大. 一般来说, k 依赖于样本容量 n, 因此记作 k_n.

可以证明: 对固定的 n 及 $X_1,\cdots,X_n$, $\hat{f}_{\mathrm{N}}(x)$ 作为变元 x 的函数是处处连续的, 但它并非概率密度函数. 我们通过改进最近邻密度估计来提供一个和核密度

估计相关的估计. 如果令

$$K(x)=\begin{cases}\dfrac{1}{2}, & |x|\leqslant 1,\\ 0, & |x|>1.\end{cases} \tag{7.1.7}$$

则可将式 (7.1.6) 改写为

$$\hat{f}_{\mathrm{N}}(x)=\frac{1}{na_n(x)}\sum_{i=1}^{n}K\left(\frac{X_i-x}{a_n(x)}\right). \tag{7.1.8}$$

因而, 对固定的 x, 最近邻密度估计可看成以式 (7.1.7) 为核、具有带宽 $a_n(x)$ 的核密度估计. 也就是说, 在单个点 x 上的最近邻密度估计与核密度估计差别不大, 只有当同时考虑在几个点或者估计整个 $f(x)$ 时, 这两种方法才显示出差别.

最近邻密度估计由于计算上有某种方便之处而被广泛地用于模式识别及非参数判别分析. 在式 (7.1.8) 中, 如果 $K(x)$ 取为任一核, 则它可以看成最近邻密度估计与核密度估计综合后的一种推广, 这种推广的好处在于可以通过适当选择核而改进估计量在尾部的性能. 最近邻密度估计和核密度估计对高维数据分析的精确性较差, 这种现象称为 "维数灾祸" (course of dimensionlity) 问题. 为了得到较好的结果, 必须有更大的样本容量, 这就限制了非参数密度估计在高维数据分析中的应用范围.

需要说明, k 值是需要选择的参数之一. 如果 k 值太大, 密度估计曲线将变得平滑且细节将趋于平均. 如果 k 值太小, 密度估计曲线就可能出现尖峰, 如下例.

例 7.1.3 全国城乡居民消费价格分类指数数据如例 7.1.1. 试画出该数据集的最近邻密度估计曲线.

解 正如上面所讲的那样, k 的选取直接影响最近邻密度估计的好坏. 本例选取 $k=[k_0n^{4/5}]$, $k_0=0.2, 0.3, 0.5, 0.65$. 由此可以得到四条最近邻密度估计曲线, 如图 7.1.3 所示.

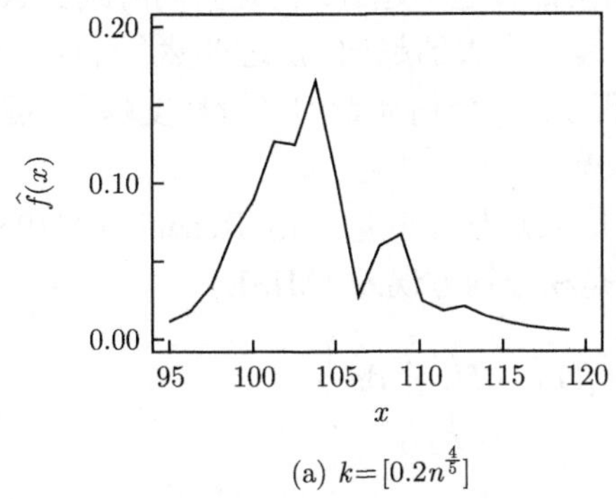

(a) $k=[0.2n^{\frac{4}{5}}]$

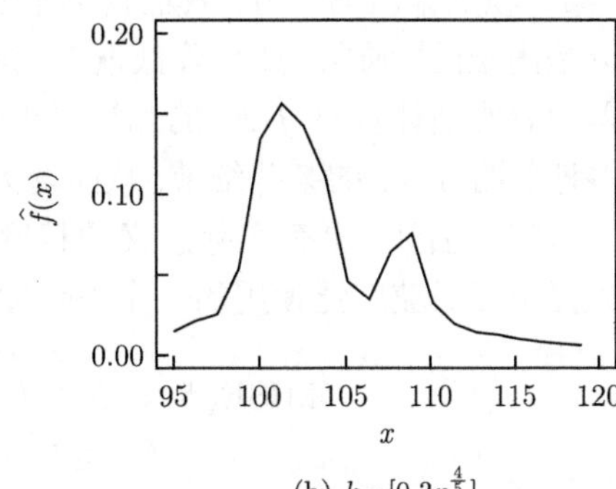

(b) $k=[0.3n^{\frac{4}{5}}]$

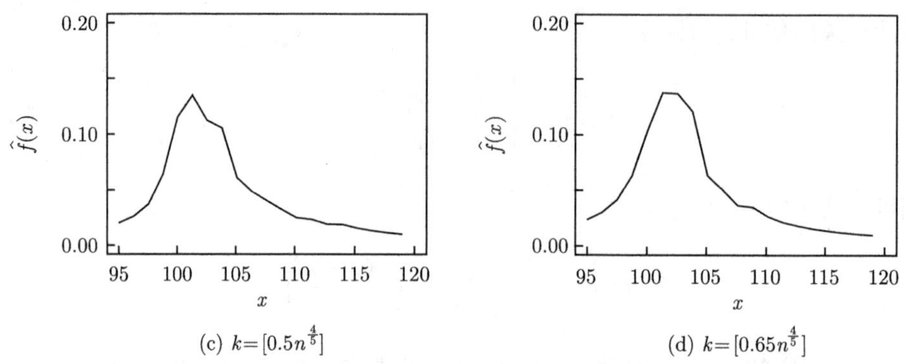

(c) $k=[0.5n^{\frac{4}{5}}]$ (d) $k=[0.65n^{\frac{4}{5}}]$

图 7.1.3 全国城乡居民消费价格分类指数的最近邻密度估计曲线

从图 7.1.3 可以看到, $\hat{f}_{\mathrm{N}}(x)$ 对 k 的选择很敏感. 小的 k 值给出很粗糙的估计曲线, 而大的 k 值给出相对光滑的估计曲线, 但它并不是一条光滑的曲线.

7.2 估计精度的度量

我们用 $\hat{f}_n(x) \triangleq \hat{f}_n(x; X_1, \cdots, X_n)$ 表示基于样本 $(X_1, \cdots, X_n)$ 的未知密度 $f(x)$ 的任一估计, 如核密度估计或最近邻密度估计. 由于 $\hat{f}_n(x)$ 既与样本有关, 又是考察点的函数. 因而对固定的考察点 x, 估计精度的一种自然度量是

$$\mathrm{MSE}(\hat{f}_n(x)) = E_f[\hat{f}_n(x) - f(x)]^2.$$

称它为估计量 $\hat{f}_n(x)$ 的均方误差, 其中 $E_f(\cdot)$ 表示在概率密度函数 $f(x)$ 下求期望. 在不引起混淆的情况下, 简记 $E_f(\cdot)$ 为 $E(\cdot)$. 可以计算

$$\mathrm{MSE}(\hat{f}_n(x)) = \mathrm{var}(\hat{f}_n(x)) + [\mathrm{bias}(\hat{f}_n(x))]^2,$$

其中 $\mathrm{bias}(\hat{f}_n(x)) = E[\hat{f}_n(x)] - f(x)$. 上式右端由两部分组成: 第一项是估计的方差, 第二项是偏差的平方. 我们自然希望这两部分越小越好. 但是要同时减少这两部分是困难的. 通常, 如果降低偏差, 则方差有增大的趋向, 反之亦然. 直观上看, 偏差项表明估计量对 $f(x)$ 的光滑修正的程度. 一个估计量的光滑程度越高, 可能更多地忽略 $f(x)$ 的某些细节, 从而增大偏差.

对密度估计, 更有实际意义的精度度量应是整体度量. 由 Rosenblatt(1956) 首先提出而后被广泛使用的一个整体度量是积分均方误差 (MISE):

$$\mathrm{MISE}(\hat{f}) = E\left\{\int_{-\infty}^{\infty} [\hat{f}_n(x) - f(x)]^2 \mathrm{d}x\right\}.$$

容易得到

$$\text{MISE}(\hat{f}) = \int_{-\infty}^{\infty} \text{MSE}(\hat{f}_n(x))\text{d}x. \tag{7.2.1}$$

前面对均方误差的分析, 同样可施用于积分均方误差. 对核密度估计, 应选择 h_n 使得相应的核密度估计的 MISE 达到最小. 文献上称这种 h_n 为核密度估计的最优带宽. 在实际问题中, 如何选择最优带宽是一个难以处理的问题, 后面我们再作详细介绍.

当 $\hat{f}_n(x)$ 为核密度估计 $\hat{f}_\text{K}(x)$ 时, 在一定条件下, 有

$$E[\hat{f}_\text{K}(x)] = \int_{-\infty}^{\infty} K(u)f(x+h_nu)\text{d}u,$$

$$\begin{aligned}\text{var}(\hat{f}_\text{K}(x)) = &\frac{1}{nh_n}\int_{-\infty}^{\infty} K^2(u)f(x+h_nu)\text{d}u \\ &-\frac{1}{n}\left[\int_{-\infty}^{\infty} K(u)f(x+h_nu)\text{d}u\right]^2.\end{aligned}$$

因此, 当 $K(x)$ 给定时, 一个核密度估计的光滑程度只与光滑参数 h_n 有关, 而与 n 无直接关系. 为了降低其均方误差, 必须调整光滑参数.

为了便于计算及理论分析, 下面我们分别导出 $\hat{f}_\text{K}(x)$ 的偏差及方差的渐近表达式. 为简单计, 设 $K(x)$ 为对称的概率密度函数, 满足

$$d_K \triangleq \int_{-\infty}^{\infty} u^2K(u)\text{d}u \neq 0.$$

$f(x)$ 具有二阶有界连续导数, $h_n \to 0$. 由 Taylor 公式, 有

$$\begin{aligned}\text{bias}(\hat{f}_\text{K}(x)) &= \int_{-\infty}^{\infty} K(u)[f(x+h_nu)-h_nuf'(x)-f(x)]\text{d}u \\ &= \frac{1}{2}h_n^2\int_{-\infty}^{\infty} u^2K(u)f''(x+\theta h_nu)\text{d}u,\end{aligned}$$

其中 $|\theta| \leqslant 1$(θ 与 x,u,n 有关). 根据对 $f(x)$ 的假设, 使用控制收敛定理可得

$$\text{bias}(\hat{f}_\text{K}(x)) = \frac{1}{2}d_Kf''(x)h_n^2 + o(h_n^2).$$

同理可得

$$\text{var}(\hat{f}_\text{K}(x)) = c_Kf(x)(nh_n)^{-1} + o((nh_n)^{-1}),$$

其中 $c_K = \displaystyle\int_{-\infty}^{\infty} K^2(u)\text{d}u$. 因此, 当 $f(x)$ 满足上述条件且 $f''(x)$ 平方可积时, 有如

下渐近公式:

$$\int_{-\infty}^{\infty}[\text{bias}(\hat{f}_{\text{K}}(x))]^2\text{d}x \approx \frac{1}{4}h_n^4 d_K^2 \int_{-\infty}^{\infty}[f''(x)]^2\text{d}x, \tag{7.2.2}$$

$$\int_{-\infty}^{\infty}\text{var}(\hat{f}_{\text{K}}(x))\text{d}x \approx c_K(nh_n)^{-1}. \tag{7.2.3}$$

从上面两式可见, 带宽 h_n 越小, 核密度估计的偏差越小, 但相应的方差也就越大. 反之, 带宽 h_n 增大, 核密度估计的方差就变小, 但相应的偏差却增大, 即改变带宽 h_n 不可能使核密度估计的偏差和方差同时变小. 因此, 最佳带宽选择的标准必须在核密度估计的偏差和方差之间做一个权衡: 使得积分均方误差 MISE($\hat{f}_{\text{K}}$) 达到最小. 将式 (7.2.2) 和式 (7.2.3) 代入式 (7.2.1), 可得到 MISE($\hat{f}_{\text{K}}$) 的渐近公式

$$\text{MISE}(\hat{f}_{\text{K}}) \approx c_K(nh_n)^{-1} + \frac{1}{4}h_n^4 d_K^2 \int_{-\infty}^{\infty}[f''(x)]^2\text{d}x.$$

再对上式右端关于 h_n 极小化, 得到渐近最优带宽 (optimal bandwidth)

$$h_{\text{opt}} = c_K^{1/5}\left\{d_K^2\int_{-\infty}^{\infty}[f''(x)]^2\text{d}x\right\}^{-1/5} n^{-1/5}. \tag{7.2.4}$$

式 (7.2.4) 表明, 最优的带宽选择为 $h_{\text{opt}} = cn^{-1/5}$, 它随着 n 的增大以 $n^{-1/5}$ 的速度趋于零, 其中 c 为某个正的常数. 另外, 积分 $\int_{-\infty}^{\infty}[f''(x)]^2\text{d}x$ 直观上可看成是 $f(x)$ 的振动频率的一种度量. 因而对于振动频率大的 $f(x)$, 其最优的 h_n 应该随之变小. 利用最优带宽 h_{opt}, 可得

$$\text{MISE}(\hat{f}_{\text{K}}) \approx \frac{5}{4}[R(K)]^{2/5}\left\{\int_{-\infty}^{\infty}[f''(x)]^2\text{d}x\right\}^{1/5} n^{-4/5},$$

其中 $R(K) = c_K^2 d_K$. 然后可按使 $R(K)$ 尽可能小的原则选择 K. 这样可以得到尽可能小的积分均方误差. 极小化 $R(K)$ 即得到最优的核函数为 Epanechnikov 核.

由于式 (7.2.4) 中含有未知量 $f''(x)$, 因此它不能直接用于选择带宽. 一个自然的想法是用 "嵌入法", 即用 $f''(x)$ 的估计 $\hat{f}''(x)$ 嵌入式 (7.2.4) 中来求最优带宽 h_{opt}, 称这种带宽为嵌入带宽. 但这种方法的问题在于, 估计 $f''(x)$ 比估计 $f(x)$ 要难得多. 实际上, 估计 $f''(x)$ 时需要对 $f(x)$ 作较强的假定, 但这些假定对 $f(x)$ 的核估计就不再适合了. 在实际应用中, 可以使用 Silverman(1986) 提出的一个经验法则: 假定 $f(x)$ 为正态密度函数 $N(0,\sigma^2)$, 选取 Gauss 核, 则由式 (7.2.4) 可以得到 h_{opt} 的估计

$$\hat{h}_{\text{opt}} = 1.06\hat{\sigma}n^{-1/5}.$$

通常, $\hat{\sigma}$ 可取为 $\min\{S, Q/1.34\}$, 其中 S 为样本标准差, Q 为样本 $X_1, \cdots, X_n$ 的 75%分位数与 25%分位数之差. 如果 $f(x)$ 很光滑, 那么这样选择的 h_{opt} 运作得很好, 它称为正态参照规则 (normal reference rule). 带宽的另一种选择方法是直接由数据 "自动" 产生的, 文献上称之为 "交叉验证" (cross validation) 方法, 我们将在 7.3 节介绍这种方法.

7.3 交叉验证法

最小二乘交叉验证方法是一个完全自动的选择带宽的方法, 该方法是由 Rodemo(1982) 和 Bowman(1984) 提出的. 给定密度 $f(x)$ 的核估计量 $\hat{f}_{\text{K}}(x)$, 积分平方误差 (integrated square error) 可写为

$$\begin{aligned}\text{ISE}(\hat{f}_{\text{K}}) &= \int_{-\infty}^{\infty} [\hat{f}_{\text{K}}(x) - f(x)]^2 \mathrm{d}x \\ &= \int_{-\infty}^{\infty} \hat{f}_{\text{K}}^2(x)\mathrm{d}x - 2\int_{-\infty}^{\infty} \hat{f}_{\text{K}}(x) f(x)\mathrm{d}x + \int_{-\infty}^{\infty} f^2(x)\mathrm{d}x.\end{aligned}$$

选择带宽使 $\text{ISE}(\hat{f}_{\text{K}})$ 达到最小. 由于上式最后一项不依赖于 $\hat{f}_{\text{K}}(x)$. 因此, 理想的带宽选择等价于极小化

$$R(\hat{f}_{\text{K}}) = \int_{-\infty}^{\infty} \hat{f}_{\text{K}}^2(x)\mathrm{d}x - 2\int_{-\infty}^{\infty} \hat{f}_{\text{K}}(x) f(x)\mathrm{d}x.$$

最小二乘交叉验证的基本思想是利用数据构造 $R(\hat{f}_{\text{K}})$ 的一个估计, 然后关于 h_n 极小化这个估计而得到选择的带宽. 因为 $\int_{-\infty}^{\infty} \hat{f}_{\text{K}}(x) f(x)\mathrm{d}x = E[\hat{f}_{\text{K}}(x)]$. 所以, $\int_{-\infty}^{\infty} \hat{f}_{\text{K}}(x) f(x)\mathrm{d}x$ 的一个无偏估计为 $n^{-1}\sum_{i=1}^{n} \hat{f}_{\text{K}}^{(-i)}(X_i)$, 其中 $\hat{f}_{\text{K}}^{(-i)}(X_i)$ 是将第 i 个观测点剔除后的估计, 即

$$\hat{f}_{\text{K}}^{(-i)}(X_i) = \frac{1}{(n-1)h_n} \sum_{j\neq i}^{n} K\left(\frac{X_j - X_i}{h_n}\right).$$

现在定义

$$M_0(h_n) = \int_{-\infty}^{\infty} \hat{f}_{\text{K}}^2(x)\mathrm{d}x - 2n^{-1}\sum_{i=1}^{n} \hat{f}_{\text{K}}^{(-i)}(X_i), \tag{7.3.1}$$

则最小二乘交叉验证最优带宽为

$$h_{\text{opt}} = \arg\min_{h>0} M_0(h). \tag{7.3.2}$$

不难推得

$$\begin{aligned}\int_{-\infty}^{\infty} \hat{f}_{\mathrm{K}}^2(x)\mathrm{d}x &= \frac{1}{n^2h_n^2}\sum_{i=1}^n\sum_{j=1}^n\int_{-\infty}^{\infty} K\left(\frac{X_i-x}{h_n}\right)K\left(\frac{X_j-x}{h_n}\right)\mathrm{d}x \\ &= \frac{1}{n^2h_n}\sum_{i=1}^n\sum_{j=1}^n\int_{-\infty}^{\infty} K\left(\frac{X_i-X_j}{h_n}+t\right)K(t)\mathrm{d}t \\ &\triangleq \frac{1}{n^2h_n}\sum_{i=1}^n\sum_{j=1}^n K^*\left(\frac{X_i-X_j}{h_n}\right),\end{aligned} \tag{7.3.3}$$

其中 $K^*(u) = \int_{-\infty}^{\infty} K(u+t)K(t)\mathrm{d}t$. 简单计算可得

$$\frac{1}{n}\sum_{i=1}^n \hat{f}_{\mathrm{K}}^{(-i)}(X_i) = \frac{1}{n(n-1)h_n}\sum_{i=1}^n\sum_{j=1}^n K\left(\frac{X_i-X_j}{h_n}\right) - \frac{K(0)}{(n-1)h_n}. \tag{7.3.4}$$

将式 (7.3.4) 中的 $n-1$ 改为 n 并同式 (7.3.3) 一起代入式 (7.3.1) 中, 得到与式 (7.3.1) 等价的尺度函数

$$M_1(h_n) = \frac{1}{n^2h_n}\sum_{i=1}^n\sum_{j=1}^n K_1\left(\frac{X_i-X_j}{h_n}\right) + \frac{2K(0)}{nh_n},$$

其中 $K_1(u) = K^*(u) - 2K(u)$. 因此, 由式 (7.3.2) 亦有

$$h_{\text{opt}} = \arg\min_{h>0} M_1(h). \tag{7.3.5}$$

例7.3.1　对于例 7.1.1给出的全国城乡居民消费价格分类指数数据, 取 Gauss 核, 利用式 (7.3.5) 计算最优带宽 h_{opt}, 并画出该数据集的核密度估计曲线.

解　选取 Gauss 核, 由式 (7.3.5) 可得最优带宽 $h_{\text{opt}} = 1.7149$, 再利用式 (7.1.5) 可计算核密度估计, 其图形展示在图 7.3.1 中 (实线), 其程序在附录 A 中可以找到. 此外, 调用 R 语言中的函数 density( ) 也可以作出核密度估计曲线, 如图 7.3.1 中虚线所示. 从图 7.3.1 可以看出两条曲线基本吻合.

从图 7.3.1 可以看到, 消费价格指数的分布是偏态的, 有一个较长的厚尾部. 这个估计曲线说明了该数据集不是来自正态分布. 因此, 由密度估计曲线可以很直观地看出数据来自的总体分布的基本特征.

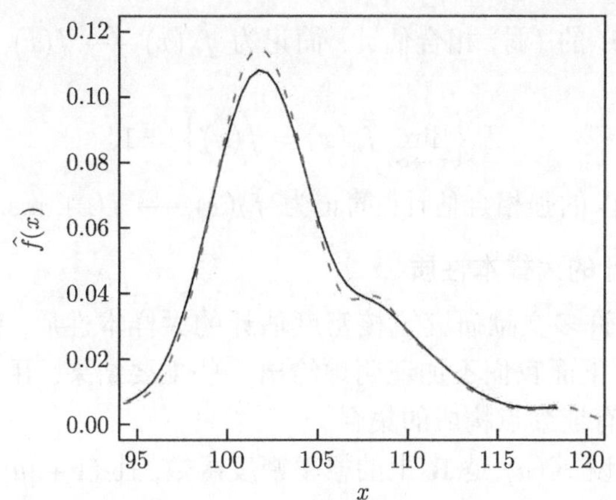

图 7.3.1 全国城乡居民消费价格分类指数的核密度估计曲线

7.4 密度估计的大样本性质

迄今为止, 关于密度估计的研究几乎都集中在大样本理论方面. 一般来说, 这是非参数方法的一个特征.

7.4.1 基本概念

为了后面讨论方便起见, 给出若干有关概念. 以下总假定 $X_1, \cdots, X_n$ 是来自概率密度函数 $f(x)$ 的一个独立同分布样本, 仍用 $\hat{f}_n(x) \triangleq \hat{f}_n(x; X_1, \cdots, X_n)$ 表示 $f(x)$ 的任一估计. 类似于参数估计, 我们给出下述定义.

定义 7.4.1 如果对每一个给定的 x, 有

$$\lim_{n\to\infty} E[\hat{f}_n(x)] = f(x),$$

则称 $\hat{f}_n(x)$ 为渐近无偏估计.

在文献中, 已经证明了: 在相当宽松的条件下, 对固定的 n, 概率密度函数的无偏估计是不存在的. 但可以证明渐近无偏估计总是存在的.

关于 $\hat{f}_n(x)$ 的相合性, 有下述定义.

定义 7.4.2 如果对固定的 x, 有

$$\lim_{n\to\infty} E[\hat{f}_n(x) - f(x)]^2 = 0,$$

则称 $\hat{f}_n(x)$ 为 $f(x)$ 的均方相合估计. 简记为 $\hat{f}_n(x) \Longrightarrow f(x), n\to\infty$. 如果对任意的 $\varepsilon > 0$ 和固定的 x, 有

$$\lim_{n\to\infty} P\{|\hat{f}_n(x) - f(x)| \geqslant \varepsilon\} = 0,$$

则称 $\hat{f}_n(x)$ 为 $f(x)$ 的 (弱) 相合估计. 简记为 $\hat{f}_n(x) \xrightarrow{P} f(x), n \to \infty$. 如果对固定的 x, 有

$$P\left\{\lim_{n\to\infty} \hat{f}_n(x) = f(x)\right\} = 1,$$

则称 $\hat{f}_n(x)$ 为 $f(x)$ 的强相合估计. 简记为 $\hat{f}_n(x) \longrightarrow f(x)$, a.s., $n \to \infty$.

7.4.2 核密度估计的大样本性质

截至目前, 有许多文献研究了核密度估计的大样本性质, 已经基本形成了一套较完善的理论. 下面我们不加证明地给出一些主要结果. 用 $C(f)$ 表示概率密度函数 $f(x)$ 的所有连续点构成的集合.

定理 7.4.1　设 $K(u)$ 是 $\mathbf{R}$ 上的概率密度函数, 且 $(1+|u|)K(u)$ 几乎处处有界. 如果 $h_n \to 0$, $nh_n \to \infty$, 则对任意连续点 $x \in C(f)$, 有

$$\lim_{n\to\infty} E[\hat{f}_{\mathrm{K}}(x)] = f(x), \tag{7.4.1}$$

$$\hat{f}_{\mathrm{K}}(x) \Longrightarrow f(x), \quad n \to \infty, \tag{7.4.2}$$

$$\hat{f}_{\mathrm{K}}(x) \xrightarrow{P} f(x), \quad n \to \infty. \tag{7.4.3}$$

定理 7.4.1 减弱了 Parzen (1962) 相应结果的条件, 其证明可参见孙志刚 (1984) 的论文. 在定理 7.4.1 给出的结果中, 式 (7.4.1) 为 $\hat{f}_{\mathrm{K}}(x)$ 的渐近无偏性, 式 (7.4.2) 为 $\hat{f}_{\mathrm{K}}(x)$ 的均方相合性, 式 (7.4.3) 为 $\hat{f}_{\mathrm{K}}(x)$ 的 (弱) 相合性. 关于 $\hat{f}_{\mathrm{K}}(x)$ 的强相合性则需要较强的条件, 这里不再列出. 下面的定理给出了 $\hat{f}_{\mathrm{K}}(x)$ 的渐近正态性.

定理 7.4.2　设 $f(x)$ 具有二阶有界连续导数, $K(u)$ 为对称的概率密度函数, 且满足

$$d_K \triangleq \int_{-\infty}^{\infty} u^2 K(u)\mathrm{d}u < \infty.$$

如果选取 $h_n = cn^{-1/5}$, $c > 0$ 为常数, 则当 $n \to \infty$ 时, 有

$$\sqrt{nh_n}\left[\hat{f}_{\mathrm{K}}(x) - f(x) - \frac{1}{2}h_n^2 d_K f''(x)\right] \xrightarrow{D} N\left(0, c_K f(x)\right),$$

其中 $c_K = \int_{-\infty}^{\infty} K^2(u)\mathrm{d}u$. 进一步地, 如果 $nh_n^5 \to 0$, 则当 $n \to \infty$ 时, 有

$$\sqrt{nh_n}\left[\hat{f}_{\mathrm{K}}(x) - f(x)\right] \xrightarrow{D} N\left(0, c_K f(x)\right).$$

由定理 7.4.1、定理 7.4.2 和 Slutsky 定理可知: 当 $nh_n^5 \to 0, n \to \infty$ 时, 有

$$\sqrt{nh_n}\left[\hat{f}_{\mathrm{K}}(x) - f(x)\right]\Big/\left(c_K \hat{f}_{\mathrm{K}}(x)\right)^{1/2} \xrightarrow{D} N(0,1).$$

利用上述结果可以得到 $f(x)$ 的置信水平为 $1-\alpha$ 的大样本置信区间

$$\hat{f}_{\mathrm{K}}(x) \pm z_{1-\alpha/2}(nh_n)^{-1/2}\left(c_K \hat{f}_{\mathrm{K}}(x)\right)^{1/2},$$

其中 $z_{1-\alpha/2}$ 为标准正态分布的 $1-\alpha/2$ 分位数.

7.4.3 最近邻密度估计的大样本性质

定理 7.4.3 设 k_n 满足 $k_n \to \infty$, $k_n/n \to 0$, 则当 $n \to \infty$ 时, 有

$$\hat{f}_{\mathrm{N}}(x) \xrightarrow{P} f(x), \quad x \in C(f).$$

如果还有 $k_n/\log n \to \infty$, 则当 $n \to \infty$ 时, 有

$$\hat{f}_{\mathrm{N}}(x) \longrightarrow f(x), \text{ a.s.}, \quad x \in C(f).$$

定理 7.4.3的证明见陈希孺和柴根象 (1993) 的著作.

7.5 密度估计的应用

密度估计是具有广泛应用领域的一种非参数统计方法. Silverman(1986) 曾指出: 密度估计在数据统计分析的所有阶段都是有用的, 其应用领域涉及社会科学、管理科学、生命科学、信息科学、金融与经济学以及各种工程技术领域. 应当指出的是, 密度估计的重要性, 并不在于它的单独使用, 而是作为统计推断的中间环节发挥作用. 下面从几个方面作简单介绍.

1. 非参数判别

判别分析的基本问题可简单地表示为: 设有来自总体 A 的样本 $X_1, \cdots, X_{n_1}$ 及来自总体 B 的样本 $Y_1, \cdots, Y_{n_2}$. 今有新的观测 Z, 问 Z 来自 A 还是来自 B? 现设总体 A 有概率密度函数 $f_A(\cdot)$, B 有概率密度函数 $f_B(\cdot)$. 基于极大似然原理可以定出如下的判别准则: 如果

$$f_A(Z) \geqslant f_B(Z),$$

则判 Z 来自总体 A, 否则判为 B. 但在实际问题中, $f_A(\cdot)$ 和 $f_B(\cdot)$ 往往是未知的, 这样的判别规则无实用价值. Fix 和 Hodges(1951) 提出了一种非参数方法, 即分别基于 $X_1, \cdots, X_{n_1}$ 和 $Y_1, \cdots, Y_{n_2}$ 来估计 $f_A(\cdot)$ 和 $f_B(\cdot)$, 记估计量为 $\hat{f}_A(\cdot)$ 和 $\hat{f}_B(\cdot)$. 然后视 $\hat{f}_A(Z) \geqslant \hat{f}_B(Z)$ 或 $\hat{f}_A(Z) < \hat{f}_B(Z)$ 确定 Z 所归属的类.

2. 聚类分析

聚类分析的目的将一个总体分成若干类. 与判别分析不同的是: 关于类的数目不是事先给定的, 而是要由这组观测来确定的. 一种常用的聚类方法是构造某种 "树图". 每个个体 (即 X_i) 按 "树图" 中的等级归并成若干类, 而划分等级的规则需要使用密度估计.

设有 n 个来自未知密度 $f(x)$ 的观测 $X_1, \cdots, X_n$, 要求依某种规则将 $X_1, \cdots, X_n$ 分成若干类. 设 d_{ij} 是 X_i 与 X_j 之间的欧几里得距离. 对每个个体 X_i, 定义门限 t_i. 在与 X_i 的不超过距离 t_i 的个体中, 通过对个体 X_l 极大化

$$\frac{\hat{f}_n(X_l) - \hat{f}_n(X_i)}{d_{il}},$$

使得

$$\hat{f}_n(X_l) > \hat{f}_n(X_i), \quad d_{il} < t_i, \tag{7.5.1}$$

其中 $\hat{f}_n(x)$ 为 $f(x)$ 的任一估计, 如核估计或最近邻估计. 如果没有个体 X_l 满足式 (7.5.1), 则 X_i 不是树根而是这个 "树图" 的一个分支的结点.

3. 金融资产收益率的非参数密度估计

股票收益率的研究是金融计量中的热点问题. 本节以 2011 年 1 月 1 日至 6 月 30 日深 300 指数和上合指数各 120 个数据为例进行实证分析. 所考虑的两个指数数据分别在下面列出.

深 300 指数 (A):

3189.68, 3175.66, 3159.64, 3166.62, 3108.19, 3124.92, 3142.34, 3141.28,
3191.86, 2974.35, 2977.65, 3044.85, 2944.71, 2983.46, 2954.23, 2934.65,
2978.43, 3026.47, 3036.74, 3076.51, 3077.28, 3040.95, 3104.16, 3120.96,
3219.14, 3217.67, 3248.53, 3245.91, 3211.88, 3257.91, 3163.58, 3174.74,
3190.94, 3197.62, 3239.56, 3254.89, 3243.30, 3221.72, 3270.67, 3334.51,
3337.46, 3338.86, 3280.26, 3247.38, 3262.92, 3203.96, 3248.20, 3197.10,
3215.69, 3207.11, 3222.96, 3264.97, 3251.26, 3294.48, 3290.57, 3257.98,
3256.08, 3223.29, 3272.73, 3311.07, 3324.42, 3353.36, 3333.43, 3326.77,
3372.03, 3353.56, 3358.94, 3359.44, 3295.81, 3295.76, 3317.37, 3399.94,
3249.57, 3230.96, 3209.50, 3161.78, 3192.72, 3211.13, 3129.03, 3126.12,
3121.40, 3129.76, 3153.22, 3143.09, 3101.60, 3128.09, 3100.46, 3116.03,
3139.38, 3120.64, 3120.60, 3022.98, 3026.22, 2990.34, 2978.38, 2963.31,
2954.51, 3001.56, 3004.17, 2955.71, 2986.33, 3004.26, 3006.02, 2951.89,
2961.93, 2950.35, 2993.56, 2963.12, 2917.58, 2892.16, 2874.90, 2909.07,
2906.93, 2957.63, 3027.47, 3036.49, 3041.73, 3000.17, 3044.09, 3049.75.

上合指数 (B):

2852.65, 2838.59, 2824.20, 2838.80, 2791.81, 2804.05, 2821.31, 2821.31, 2827.71, 2891.34, 2706.66, 2708.98, 2758.10, 2677.65, 2715.29, 2695.72, 2677.43, 2708.81, 2749.15, 2752.75, 2790.69, 2798.96, 2774.07, 2818.16, 2827.33, 2899.13, 2899.24, 2923.90, 2926.96, 2899.79, 2932.25, 2855.52, 2862.63, 2878.60, 2878.57, 2905.05, 2918.92, 2913.81, 2902.98, 2942.31, 2996.21, 2999.94, 3002.15, 2957.14, 2933.80, 2937.63, 2896.26, 2930.80, 2897.30, 2906.89, 2907.14, 2914.14, 2948.48, 2946.71, 2977.81, 2984.01, 2958.08, 2955.37, 2928.11, 2967.41, 3001.36, 3007.91, 3030.82, 3022.25, 3021.37, 3050.40, 3042.64, 3050.53, 3057.33, 2999.04, 3007.04, 3026.67, 3010.52, 2964.85, 2938.98, 2925.41, 2887.04, 2911.51, 2932.19, 2866.02, 2872.40, 2863.89, 2872.46, 2890.63, 2883.42, 2844.08, 2871.03, 2849.07, 2852.77, 2872.77, 2859.57, 2858.46, 2774.57, 2767.06, 2741.74, 2736.53, 2709.95, 2706.36, 2743.47, 2743.57, 2705.18, 2728.02, 2744.30, 2748.92, 2703.35, 2705.14, 2700.38, 2730.04, 2705.43, 2664.28, 2642.82, 2621.25, 2646.48, 2647.82, 2688.25, 2746.21, 2758.23, 2759.20, 2728.48, 2762.08.

如果用 p_i 表示市场每日收盘指数, 则一期收益率 r_i 定义为 $r_i = \log(p_i/p_{i-1})$. 为了画出该数据集的核密度估计曲线, 我们取 Gauss 核, 并利用式 (7.3.5) 计算最优带宽 h_{opt}; 在区间 $[a,b]$ 上取等距的点作为格子点, 其中 a 和 b 分别为数据集的最小值和最大值. 核密度估计曲线如图 7.5.1 所示.

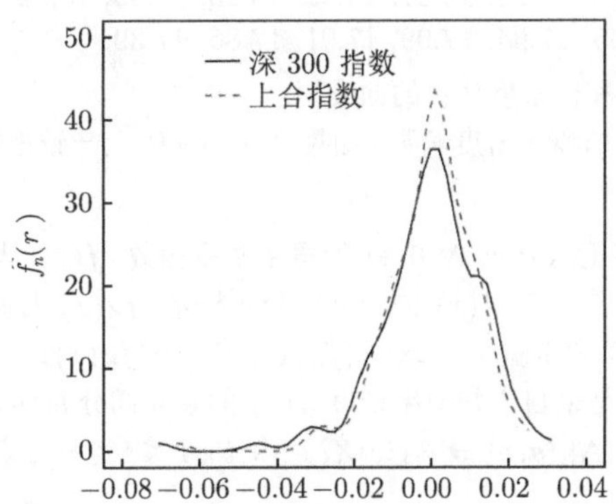

图 7.5.1 两只股票收益率的核密度估计曲线

从图 7.5.1 可以看出, 两只股票的收益率非常接近, 但都不服从正态分布. 它们的共同特征是左偏厚尾、尖峰. 现有 7 月 1 日的收益率 $r = 0.0153$, 试判断它来自哪个总体. 经过计算可得: $\hat{f}_{\text{A}}(r) \approx 18.8746$, $\hat{f}_{\text{B}}(r) \approx 14.6628$. 由于 $\hat{f}_{\text{A}}(r) > \hat{f}_{\text{B}}(r)$, 因此可以断定 r 来自总体 A.

习 题 7

7.1 某电子公司研究新灯丝的燃烧寿命, 测试了 200 个灯泡的使用小时数, 得如下数据:

99, 73, 68, 97, 76, 79, 94, 59, 98, 57, 73, 81, 54, 65, 71, 80, 84, 88, 62, 61,
79, 98, 63, 65, 66, 62, 79, 86, 68, 74, 61, 82, 65, 97, 63, 71, 62, 99, 65, 88,
64, 79, 78, 79, 77, 86, 89, 76, 74, 85, 73, 80, 68, 78, 89, 72, 58, 69, 82, 72,
92, 78, 88, 77, 98, 88, 63, 68, 88, 81, 64, 73, 75, 90, 62, 89, 71, 71, 74, 70,
74, 70, 85, 61, 65, 81, 75, 62, 94, 71, 85, 84, 83, 63, 92, 68, 81, 62, 79, 83,
93, 61, 65, 62, 92, 65, 64, 66, 83, 70, 70, 81, 77, 72, 84, 67, 59, 58, 73, 83,
78, 66, 66, 94, 77, 63, 66, 75, 68, 76, 73, 76, 90, 78, 71, 95, 78, 43, 59, 67,
61, 71, 77, 91, 96, 75, 64, 76, 72, 77, 74, 65, 82, 86, 79, 74, 66, 86, 96, 89,
81, 71, 85, 99, 59, 92, 94, 62, 68, 72, 77, 60, 87, 84, 75, 77, 51, 45, 63, 96,
85, 67, 87, 80, 84, 93, 69, 76, 89, 75, 59, 77, 83, 68, 72, 67, 92, 89, 82, 96.

试画出该数据集的直方图和核密度估计的曲线图.

7.2 中国石油的股价在 2008 年第一季度的数据如下:

30.54, 31.96, 31.25, 31.54, 31.39, 30.96, 30.96, 30.58, 31.08, 31.31,
31.09, 30.98, 30.82, 30.56, 30.76, 30.61, 30.20, 29.66, 29.04, 29.09,
27.48, 26.18, 26.40, 26.01, 26.14, 24.02, 24.20, 24.45, 25.27, 24.42,
26.39, 24.71, 24.71, 24.71, 24.71, 23.92, 24.16, 23.87, 24.05, 24.74,
24.11, 24.02, 23.13, 21.91, 22.40, 22.58, 22.24, 22.57, 23.03, 22.43,
22.19, 22.80, 22.64, 22.00, 22.26, 22.06, 21.65, 22.33, 22.61, 22.48,
22.58, 21.90, 21.03, 19.83, 19.01, 18.53, 16.99, 17.87, 17.22, 16.83,
17.16, 17.55, 18.35, 18.20, 17.32, 17.35, 17.49, 16.91, 17.06, 16.99,
16.87, 16.02, 16.06, 16.01, 16.52, 18.15, 17.59, 16.84, 17.06, 18.07,
18.17, 18.35, 17.94, 17.99, 17.91, 17.86, 17.39.

试画出该数据集的直方图和核密度估计的曲线图.

7.3 设 $f(x)$ 是 $\mathbf{R}$ 上的概率密度函数. 如果 $f(x)$ 在 $\mathbf{R}$ 上一致连续, 则 $f(x)$ 在 $\mathbf{R}$ 上有界, 且 $\lim\limits_{|x|\to\infty} f(x)=0$.

7.4 设 $K(u)$ 是标准正态分布 $N(0,1)$ 的概率密度函数, $f(x)$ 是正态分布 $N(\mu,\sigma^2)$ 的概率密度函数, $X_1,\cdots,X_n$ 是来自 $f(x)$ 的独立同分布样本, $\hat{f}_{\mathrm{K}}(x)$ 是基于 $X_1,\cdots,X_n$ 的 $f(x)$ 的核估计, 且具有核 $K(u)$ 和带宽 h_n. 求 $E(\hat{f}_{\mathrm{K}}(x))$ 和 $\mathrm{var}(\hat{f}_{\mathrm{K}}(x))$.

7.5 设 $X_1,\cdots,X_n$ 是来自未知概率密度 $f(x)$ 的独立同分布样本, $h_n>0$ 是给定的常数列, 满足 $\lim\limits_{n\to\infty} h_n=0$. 记 $N_n(a,b)=\#\{i: X_i\in(a,b), 1\leqslant i\leqslant n\}$, 定义

$$\hat{f}_n(x)=\frac{N_n(x-h_n,x+h_n)}{2nh_n}.$$

用 $C(f)$ 表示 $f(x)$ 的连续点. 证明

(1) $\lim\limits_{n\to\infty} E[\hat{f}_n(x)]=f(x), x\in C(f)$;

(2) 如果 $\lim\limits_{n\to\infty} nh_n=\infty$, 则当 $n\to\infty$ 时, 有

$$\hat{f}_n(x)\xrightarrow{P} f(x),\quad x\in C(f).$$

第 8 章　非参数回归

8.1　引　言

回归曲线描述了解释变量 X 和响应变量 Y 之间的大致关系. 通过观测 X 的值, 使用给出的回归函数可以得到 Y 的平均值. 因此, 了解 X 与 Y 之间的依赖关系具有重要意义. 经典的回归分析利用参数回归模型来建立 X 与 Y 的函数关系, 例如, 线性回归模型和非线性回归模型, 其回归函数的形式都是预先设定的, 只是其中的未知参数需要估计. 参数回归模型对回归函数提供了大量的额外信息, 因此, 当假定的模型成立时, 其推断有较高的精度. 例如, 对线性回归模型, 通常假定模型误差服从正态分布. 但关于模型及参数的一些假定在现实中未必总成立. 因此, 当回归函数形式和模型误差的假定与实际背离时, 基于假设模型所作的推断其性能可能很差, 甚至没有什么实际意义. 这就促使人们寻求别的出路, 于是非参数回归模型就应运而生, 并引起了许多学者的关注. 非参数回归模型的特点是: 回归函数的形式未经设定, 并且对它约束较少; X 和 Y 的分布也很少限制. 因此, 它具有更强的适应性.

设响应变量 Y 是随机变量, 解释变量 X 是随机变量或非随机变量. 给定样本 $(X_1,Y_1),\cdots,(X_n,Y_n)$, X 与 Y 之间的回归关系可由下式确定:

$$Y_i = m(X_i) + \varepsilon_i, \quad i=1,\cdots,n, \tag{8.1.1}$$

其中 $m(\cdot)$ 是未知的回归函数, ε_i 是随机误差. 假定 $\varepsilon_1,\cdots,\varepsilon_n$ 独立同分布, 并满足:

(1) 当 X_i 为非随机变量时, $E(\varepsilon_i)=0$, $\mathrm{var}(\varepsilon_i)=\sigma^2<\infty$;

(2) 当 X_i 为随机变量时, $E(\varepsilon_i|X_i)=0$, $\mathrm{var}(\varepsilon_i|X_i=x)=\sigma^2(x)<\infty$.

本章主要讨论 X 为随机变量的情况. 此时, $m(x)=E(Y|X=x)$.

非参数回归方法也称为光滑方法, 与参数回归方法相反, 不采用现成的数学函数作为模型, 在统计领域中是较新的方法. 用非参数回归来估计回归曲线具有以下特点: 第一, 关于两个变量关系的探索是开放式的, 不套用任何现成的数学函数; 第二, 所拟合的曲线可以很好地描述变量之间关系的细微变化; 第三, 非参数回归提供的是万能的拟合曲线, 不管多么复杂的曲线关系都能进行成功拟合. 除此以外, 尽管非参数回归没有参照一个固定的参数模型, 仍能给出观测值的预测值. 而且, 还包含弥补缺失值和内插的灵活方法. 它的灵活性在预测分析或探索性分析中极具价值, 在经济时间序列 (例如, 股票价格等) 预测中的应用也很成功.

从以上非参数回归特点不难看出, 非参数回归与散点图和传统回归都有共同之处, 但它与散点图和传统回归有不可比拟的优点. 与散点图相比, 它采用了数学方法, 更具科学性, 并且它用回归曲线来概括变量之间的关系, 使变量之间的关系更易于观察. 例如, 有时散点图似乎表明变量 X 与 Y 之间是直线关系, 但采用局部加权光滑方法进行拟合的结果却表明 X 与 Y 的依赖关系不是直线关系, 而是曲线关系. 或者可以说, 前半部分是直线关系, 后半部分是曲线关系 (或另一直线). 所以, 光滑曲线有助于避免判断其为直线关系的错误. 而散点图却蒙蔽了人们的视觉. 如果接着采用直线回归来拟合两个变量的关系, 其结果偏差较大. 与传统回归相比, 非参数回归则显得灵活机动, 可以对同一数据进行多次拟合, 以探索数据中可能隐藏的某种关系. 这是普通的回归拟合和散点图做不到的. 而且, 非参数回归可以对数据中的任何模式或变量间任何一种曲线关系进行拟合, 而传统回归却只能对个别的数据模式 (直线、二次曲线等) 进行拟合. 实际上, 非参数回归拟合往往会带来意想不到的结果, 会极富戏剧性地改变人们对数据进行进一步分析的方向, 得到更深刻的结论. 迄今已有多种方法对未知函数 $m(x)$ 进行估计, 如核估计、局部多项式估计、近邻估计、样条估计、小波估计等. 下面各节仅分别介绍前三种估计方法. 对非参数回归的详细论述可参见薛留根 (2015b) 的专著.

8.2　回归函数的核估计

8.2.1　核估计的定义

Nadaraya 和 Watson 于 1964 年分别提出了回归函数 $m(x)$ 的核估计, 文献中也称为核光滑 (kernel smoothing). 其思路如下: 选定 $\mathbf{R}^d$ 上的函数 $K(\cdot)$ 及正的常数列 h_n, 定义

$$\hat{m}_{\mathrm{K}}(x)=\frac{\sum_{i=1}^{n}K\left(\frac{X_i-x}{h_n}\right)Y_i}{\sum_{j=1}^{n}K\left(\frac{X_j-x}{h_n}\right)},$$

则称 $\hat{m}_{\mathrm{K}}(x)$ 为 $m(x)$ 的核估计, 称 $K(\cdot)$ 为核函数, h_n 为带宽. 文献上称 $\hat{m}_{\mathrm{K}}(x)$ 为 Nadaraya-Watson 估计, 并简称为 N-W 估计. 如果记

$$W_{ni}^{K}(x)=\frac{K\left(\frac{X_i-x}{h_n}\right)}{\sum_{j=1}^{n}K\left(\frac{X_j-x}{h_n}\right)},\quad i=1,\cdots,n, \tag{8.2.1}$$

则核估计可写为

$$\hat{m}_{\mathrm{K}}(x)=\sum_{i=1}^{n}W_{ni}^{K}(x)Y_i.$$

称 $W_{ni}^K(x)$ 为核权函数, 其中核函数 $K(\cdot)$ 通常取某个概率密度函数. 因此, 核估计 $\hat{m}_{\mathrm{K}}(x)$ 是 Y_i 的加权平均值. 容易得到

$$\hat{m}_{\mathrm{K}}(x)=\arg\min_{a}\sum_{i=1}^{n}(Y_i-a)^2K\left(\frac{X_i-x}{h_n}\right). \tag{8.2.2}$$

因此, 核估计等价于局部加权最小二乘估计. 当 $d=1$ 时, 常用的核函数有:

(1) 均匀核 $K(u)=\dfrac{1}{2}I(|u|\leqslant 1)$;

(2) Gauss 核 $K(u)=\dfrac{1}{\sqrt{2\pi}}\mathrm{e}^{-\frac{u^2}{2}}$;

(3) Epanechnikov 核 $K(u)=\dfrac{3}{4}(1-u^2)I(|u|\leqslant 1)$.

带宽 h_n 通常称为光滑参数. 例如, 当 $d=1$ 时, $K(u)$ 为均匀核时, $\hat{m}_{\mathrm{K}}(x)$ 就是落在邻域 $[x-h_n,x+h_n]$ 中的 X_i 对应的 Y_i 的算术平均值, 而 $2h_n$ 是这个邻域的宽度. 所以, h_n 越大, 参加平均的 Y_i 就越多, 会提高回归估计的精度, 但可能会增大估计的偏差. 反之, h_n 越小, 参加平均的 Y_i 就越少, 会降低回归估计的精度, 但可能会减小估计的偏差. 因此, 如同核密度估计一样, 带宽 h_n 的选取至关重要.

8.2.2 带宽的选择

在非参数回归中, 带宽是控制核估计精度的主要参数, 如何决定核估计曲线的光滑程度是一个重要问题. 太大的带宽往往得到过分光滑的曲线. 如果带宽选的太小, 那么得到的回归函数估计曲线就很不光滑, 这意味着随机误差项产生的噪声没有被排除. 因此, 人们把带宽也称为光滑参数, 最优的带宽应该是既不能太大也不能过小. 如果光滑的目的是增加对噪声的光滑或是得到一个简单模型, 那么可以使用带有主观选择光滑参数的 “过度光滑” 的曲线. 此外, 如果我们的兴趣在于强调回归曲线的局部结构, 那么一条 “不十分光滑” 的曲线也是适用的.

1. 理论带宽

对于解释变量是随机的情形, 模型 (8.1.1) 的核估计为 $\hat{m}_{\mathrm{K}}(x)$. 在一定的条件下, 可以得到一元回归函数估计 $\hat{m}_{\mathrm{K}}(x)$ 的偏差和方差:

$$\mathrm{bias}(\hat{m}_{\mathrm{K}})=\frac{m'(x)f'(x)+f(x)m''(x)}{2f(x)}d_Kh_n^2+o(h_n^2); \tag{8.2.3}$$

$$\mathrm{var}(\hat{m}_{\mathrm{K}})=\frac{\sigma^2(x)c_K}{f(x)}(nh_n)^{-1}+o\left((nh_n)^{-1}\right), \tag{8.2.4}$$

其中 $f(x)$ 为 X 的密度函数,

$$c_K = \int_{-\infty}^{\infty} K^2(u)\mathrm{d}u, \quad d_K = \int_{-\infty}^{\infty} u^2 K(u)\mathrm{d}u.$$

由此可见, $\hat{m}_{\mathrm{K}}(x)$ 的偏差随着带宽减小而减小, 而方差却随着带宽的减小而增大. 因此, 非参数回归估计就是寻求估计的偏差和方差之间的平衡, 使得均方误差达到最小. 经过计算可得

$$\begin{aligned}\mathrm{MSE}(\hat{m}_{\mathrm{K}}) &= E[\hat{m}_{\mathrm{K}}(x) - m(x)]^2 \\ &= \mathrm{var}(\hat{m}_{\mathrm{K}}) + [\mathrm{bias}(\hat{m}_{\mathrm{K}})]^2.\end{aligned}$$

将式 (8.2.3) 和式 (8.2.4) 中的无穷小忽略后代入上式可得

$$\mathrm{MSE}(\hat{m}_{\mathrm{K}}) \approx C_V c_K (nh_n)^{-1} + C_B^2 d_K^2 h_n^4, \tag{8.2.5}$$

其中 C_V 和 C_B 是与核函数 $K(\cdot)$ 和带宽 h_n 无关的量. 因此, 使得均方误差达到最小的最优理论带宽具有形式

$$h_{\mathrm{opt}} = \left[\frac{C_V c_K}{4C_B^2 d_K^2}\right]^{1/5} n^{-1/5} \triangleq cn^{-1/5}. \tag{8.2.6}$$

此时, 核估计在内点处可达到的最优收敛速度为

$$\mathrm{MSE}(\hat{m}_{\mathrm{K}}) = O(n^{-4/5}).$$

由于 c 与 $f(x)$, $f'(x)$, $m'(x)$, $m''(x)$ 和 $\sigma^2(x)$ 有关, 因此它是一个未知常数. 在应用最优理论带宽 $h_{\mathrm{opt}} = cn^{-1/5}$ 时, 首先必须估计 c, 而对 c 进行估计会产生偏差. 所以, 在实际应用中, 最优带宽的选择是不断地调整 c, 使得采用 $h_{\mathrm{opt}} = cn^{-1/5}$ 的核估计达到满意的结果.

2. 交叉验证

交叉验证 (CV) 方法是选择带宽 h_n 的一个常用方法, 基本思想如下. 去掉第 i 个观测值, 得到 $m(x)$ 的具有带宽 h 的缺一估计

$$\hat{m}_h^{(-i)}(X_i) = \sum_{j\neq i} W_{nj}^K(X_i)Y_j.$$

使用这个修改过的估计量, 产生所谓的缺一交叉验证得分

$$\mathrm{CV}(h) = \frac{1}{n}\sum_{i=1}^{n}[Y_i - \hat{m}_h^{(-i)}(X_i)]^2 w(X_i), \tag{8.2.7}$$

其中 $\omega(x)$ 是一个具有有界支撑 $\mathcal{X}$ 的有界非负函数, 它是用来控制估计量 $\hat{m}_h^{(-i)}(x)$ 的边界效应, 在一维情形下通常取 $\omega(x)$ 为 $\mathcal{X}$ 上的示性函数 $I_{\mathcal{X}}(x)$. 特别地, 可取 $\omega(x)=1$. 因此, 自动最优带宽定义为

$$\hat{h}_{\text{opt}} = \arg\min_{h>0}[\text{CV}(h)].$$

该方法的关键是剔除了样本中的点 (X_i, Y_i), 这就去掉了核估计中使核权函数达到最大值的项 $W_{ni}(X_i)Y_i$, 从而排除了在观测点 $x = X_i$ 的过分夸大, 提高了其他观测点的重要程度, 避免了因没有剔除观测点 (X_i, Y_i) 而将有用数据排除在外的情况, 因此可以获得最优带宽.

3. 广义交叉验证

由于对带宽函数 (8.2.7) 的计算需要拟合 n 条曲线, 因此计算量很大. 一个改良的形式是广义交叉验证 (GCV). 下面介绍这个准则. 假设 $\hat{m}_h(x)$ 为 $m(x)$ 的具有带宽 h 的任一个非参数回归估计, 那么可以把拟合值表示为

$$(\hat{m}_h(X_1), \cdots, \hat{m}_h(X_n))^{\mathrm{T}} = S_h \boldsymbol{Y},$$

其中 S_h 为仅依赖于 X 变量的 $n\times n$ 帽子矩阵, $\boldsymbol{Y} = (Y_1, \cdots, Y_n)^{\mathrm{T}}$. GCV 统计量定义为

$$\text{GCV}(h) = \frac{n^{-1}\displaystyle\sum_{i=1}^{n}[Y_i - \hat{m}_h(X_i)]^2}{[n^{-1}\text{tr}(I - S_h)]^2}. \tag{8.2.8}$$

极小化 GCV(h) 即可得到所需要的最优带宽.

8.2.3 核函数的选择

核估计量的有效权函数 $\{W_{ni}^K(x)\}$ 的选择取决于核函数 $K(\cdot)$ 和带宽序列 h_n. 核估计曲线 $\hat{m}_{\mathrm{K}}(x)$ 的精确度不只是带宽的函数, 而是 $K(\cdot)$ 和 h_n 的联立函数. 事实上, 在实际应用中核函数的选择不是主要问题, $\hat{m}_{\mathrm{K}}(x)$ 的精度更应该说是带宽的选择问题.

将式 (8.2.6) 代入式 (8.2.5) 可得

$$\text{MSE}_{\text{opt}} = (4^{1/5} + 4^{-4/5})(C_V^2 C_B c_K^2 d_K)^{2/5} n^{-4/5}.$$

因此, 使 MSE_{opt} 达到最小的 K 是最优的核函数. 这个极小化的 MSE 仅依赖于

$$Q(K) = c_K^2 d_K = \left(\int_{-\infty}^{\infty} K^2(u)\mathrm{d}u\right)^2 \int_{-\infty}^{\infty} u^2 K(u)\mathrm{d}u,$$

极小化 $Q(K)$ 即可得到最优的核函数, 它就是 Epanechnikov 核.

8.2.4 核估计的性质

同概率密度估计一样, 非参数回归的理论分析, 到目前为止其深入的结果也只有在大样本方面. 这里着重介绍解释变量为随机的情形下核估计的几个性质. 由于论证比较复杂, 其证明省略.

设 (X,Y) 为 $\mathbf{R}^d\times\mathbf{R}$ 上的随机向量, $\{(X_i,Y_i),1\leqslant i\leqslant n\}$ 是来自 (X,Y) 的独立同分布样本. 如果 $E(|Y|)<\infty$, 则回归函数可定义为 $m(x)=E(Y|X=x),\hat{m}_{\mathrm{K}}(x)$ 为 $m(x)$ 的核估计, 其定义在 8.2.1 小节中给出. 关于 $\hat{m}_{\mathrm{K}}(x)$ 的相合性, 有如下结果.

定理 8.2.1　设 $E(|Y|^r)<\infty(r\geqslant 1)$, $K(\cdot)$ 为 $\mathbf{R}^d$ 上具有紧支撑的有界概率密度函数. 如果 $h_n\to 0$, $nh_n^d\to\infty$, 则当 $n\to\infty$ 时，有

$$E(|\hat{m}_{\mathrm{K}}(x)-m(x)|^r)\longrightarrow 0.$$

该定理的证明见 Devroye 和 Wagner(1980) 的论文.

定理 8.2.2　设对某个 $r>0$, $E(|Y|^r)<\infty$, 且有 $C_1>0,C_2>0,\rho>0$, 使得

$$C_1I(||u||<\rho)\leqslant K(u)\leqslant C_2I(||u||<\rho),\quad u\in\mathbf{R}^d.$$

如果 $h_n\to 0$, $nh_n^d/(n^{1-\frac{1}{r}}\log n)\to 0$, 则当 $n\to\infty$ 时, 有

$$\hat{m}_{\mathrm{K}}(x)\longrightarrow m(x),\quad \text{a.s.}$$

该定理的证明见方兆本和赵林城 (1985) 的论文.

可以证明, 在适当的条件下, 核估计量 $\hat{m}_{\mathrm{K}}(x)$ 具有渐近正态性, 即

$$\sqrt{nh_n}[\hat{m}_{\mathrm{K}}(x)-m(x)]\xrightarrow{D}N\left(0,\gamma^2(x)\right),\quad n\to\infty,\tag{8.2.9}$$

其中 $\gamma^2(x)=\sigma^2(x)\int_{-\infty}^{\infty}K^2(u)\mathrm{d}u/f(x)$. 因此, $m(x)$ 的置信水平为 $1-\alpha$ 的大样本置信区间为

$$\hat{m}_{\mathrm{K}}(x)\pm z_{1-\alpha/2}\hat{\sigma}_n(x)[nh_n\hat{f}_n(x)]^{-1/2}\left(\int_{-\infty}^{\infty}K^2(u)\mathrm{d}u\right)^{1/2},$$

其中 $z_{1-\alpha/2}$ 为标准正态分布的 $1-\alpha/2$ 分位数, $\hat{f}_n(x)$ 为 $f(x)$ 的核估计, $\hat{\sigma}_n^2(x)$ 为 $\sigma^2(x)$ 的相合估计, 即

$$\hat{\sigma}_n^2(x)=\sum_{i=1}^{n}W_{ni}^K(x)[Y_i-\hat{m}_{\mathrm{K}}(x)]^2,$$

权函数 $W_{ni}^K(x)$ 在式 (8.2.1) 中定义.

8.2.5 模拟计算

本节通过计算机模拟给出非参数回归函数的核估计曲线, 并考虑带宽的选择对核估计的影响.

例 8.2.1 考虑非参数回归模型

$$Y_i = 6\sin(\pi X_i) + \varepsilon_i, \quad i = 1, \cdots, 100,$$

其中回归函数 $m(x) = 6\sin(\pi x)$, 协变量 X_i 服从区间 $(0,1)$ 上的均匀分布, 误差 ε_i 服从正态分布 $N(0, 0.6^2)$, 样本容量 $n = 100$. 试作出 $m(x)$ 的曲线图及其核估计的曲线图, 并讨论带宽对核估计曲线的影响.

解 使用 Epanechnikov 核 $K(u) = 0.75(1-u^2)I(|u| \leqslant 1)$. 选取 4 个不同的带宽: $h_n = cn^{-1/5}$, $c = 0.05, 0.3, 0.6, 0.9$. 当 $n = 100$ 时, 得到带宽 0.02, 0.12, 0.24, 0.36. 进行 1 次模拟计算, 其结果展示在图 8.2.1 中.

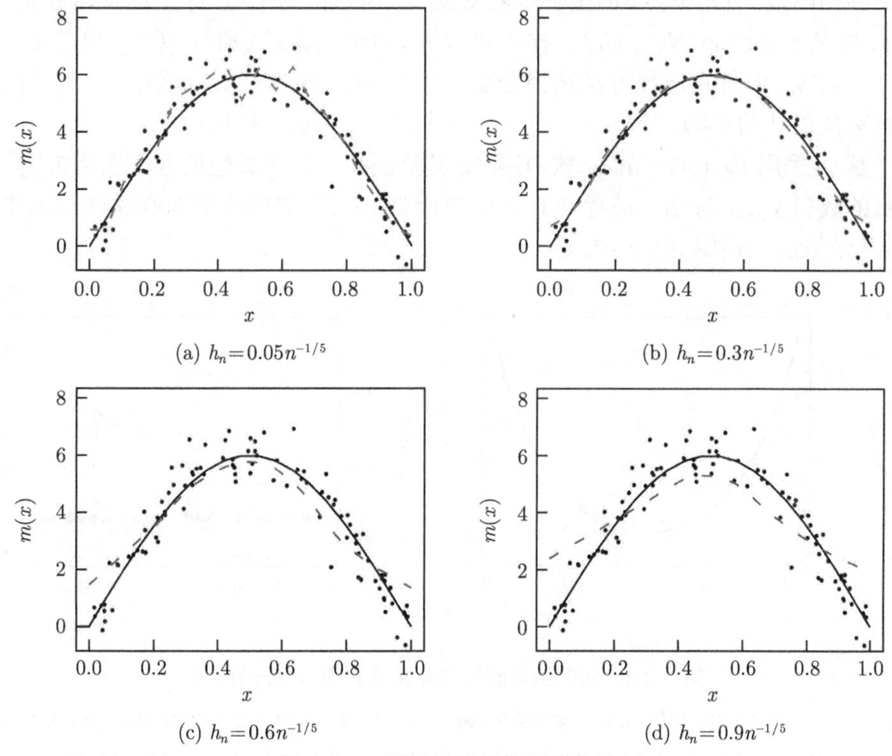

(a) $h_n = 0.05n^{-1/5}$ (b) $h_n = 0.3n^{-1/5}$

(c) $h_n = 0.6n^{-1/5}$ (d) $h_n = 0.9n^{-1/5}$

图 8.2.1 回归函数的核估计曲线

实线为真实函数, 虚线为核估计, 圆点为模拟产生的数据

从图 8.2.1 可以看到, 回归函数的核估计对带宽的选择很敏感. 太小的带宽给

出很粗糙的估计曲线, 而大的带宽给出较光滑的估计. 当带宽太大时, 估计曲线显得过于平坦, 这就会掩盖曲线的峰度.

下面考虑用交叉验证和广义交叉验证选择的带宽对核估计的影响程度. 使用均方根误差 (root mean squared error, RMSE) 来评估核估计 $\hat{m}_{\mathrm{K}}(\cdot)$ 的精度. RMSE 的定义为

$$\mathrm{RMSE}=\left\{n_{\mathrm{grid}}^{-1}\sum_{k=1}^{n_{\mathrm{grid}}}[\hat{m}_{\mathrm{K}}(x_k)-m(x_k)]^2\right\}^{1/2}, \tag{8.2.10}$$

其中 n_{grid} 是格子点数目, $\{x_k,\ k=1,\cdots,n_{\mathrm{grid}}\}$ 是等距的格子点.

例 8.2.2　考虑非参数回归模型

$$Y_i=0.5\exp(X_i^2)+\varepsilon_i,\quad i=1,\cdots,100,$$

其中回归函数 $m(x)=0.5\exp(x^2)$, 协变量 X_i 服从区间 $(-1,1)$ 上的均匀分布, 误差 ε_i 服从正态分布 $N(0,4X_i^2)$, 样本容量 $n=100$. 用交叉验证 (CV) 和广义交叉验证 (GCV) 的带宽选择方法选择带宽, 作出 $m(x)$ 的核估计曲线图, 并讨论两种带宽对核估计的影响.

解　采用 Epanechnikov 核, 使用交叉验证和广义交叉验证方法选择带宽. 格子点的数目 n_{grid} 为 20. 进行 500 次模拟计算, $m(x)$ 的估计是 500 次估计的平均值, 其结果展示在图 8.2.2 中.

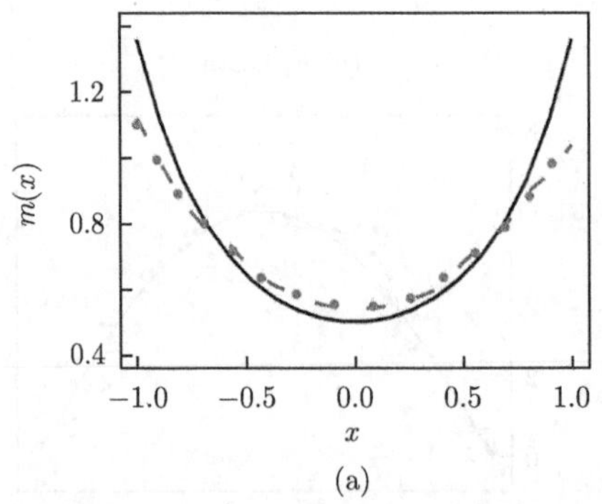

(a)

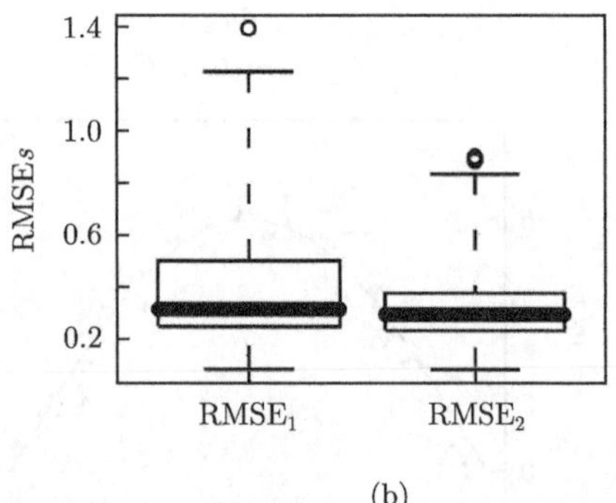

(b)

图 8.2.2　回归函数的核估计曲线和 RMSE 箱线图

(a) 实线为真实函数, 虚线为使用 CV 带宽得到的核估计, 点线为使用 GCV 带宽得到的核估计. (b) 为 500 个 RMSE 的箱线图, 其中 RMSE_1 和 RMSE_2 分别为使用 CV 和 GCV 带宽得到的 RMSE

从图 8.2.2 可以看到, 使用 GCV 带宽得到核估计比使用 CV 带宽得到的核估计略好一些. 从 RMSE 看, GCV 方法明显优于 CV 方法.

8.3 回归函数的局部多项式估计

回归函数的核估计存在边界效应, 即它在边界处收敛于真实函数的速度慢于在内点处的收敛速度, 问题是能否构造新的估计来避免边界效应? 答案是肯定的. 从式 (8.2.2) 可知, 回归函数的核估计是由局部加权最小二乘得到的局部常数估计, 这意味着利用 p 阶局部多项式而不是局部常数可以改进估计. 下面就一元回归函数 $m(x)$ 进行讨论. 令 x 为其上想要估计 $m(x)$ 的某个固定值, 并设回归函数 $m(\cdot)$ 在 x 的一个邻域内有连续的 p 阶导数. 利用 Taylor 公式可以在目标值 x 的邻域内用下面的多项式来近似回归函数 $m(u)$:

$$m(u) \approx \sum_{j=0}^{p} \frac{m^{(j)}(x)}{j!}(u-x)^j \triangleq \sum_{j=0}^{p} \beta_j (u-x)^j, \tag{8.3.1}$$

其中 $\beta_j = m^{(j)}(x)/j!$. 从统计建模的观点上看, 式 (8.3.1) 是用一个简单的多项式模型局部的建模. 因此, 选择使下面局部加权平方和达到最小的 $\hat{\boldsymbol{\beta}} = (\hat{\beta}_0, \cdots, \hat{\beta}_p)^{\mathrm{T}}$ 来估计 $\boldsymbol{\beta} = (\beta_0, \cdots, \beta_p)^{\mathrm{T}}$:

$$\sum_{i=1}^{n} \left[Y_i - \sum_{j=0}^{p} \beta_j (X_i - x)^j \right]^2 K_{h_n}(X_i - x), \tag{8.3.2}$$

其中 $K_{h_n}(\cdot) = h_n^{-1} K(\cdot/h_n)$, $K(\cdot)$ 为核函数, $h_n > 0$ 为带宽. 为了求得 $\hat{\boldsymbol{\beta}}$, 我们以向量形式表示上式. 记 $\boldsymbol{W} = \mathrm{diag}\{K_{h_n}(X_1 - x), \cdots, K_{h_n}(X_n - x)\}$ 为 $n \times n$ 对角矩阵, $\boldsymbol{Y} = (Y_1, \cdots, Y_n)^{\mathrm{T}}$,

$$\boldsymbol{X} = \begin{pmatrix} 1 & X_1 - x & \cdots & (X_1 - x)^p \\ \vdots & \vdots & & \vdots \\ 1 & X_n - x & \cdots & (X_n - x)^p \end{pmatrix}.$$

可以把式 (8.3.2) 重新写为

$$(\boldsymbol{Y} - \boldsymbol{X}\boldsymbol{\beta})^{\mathrm{T}} \boldsymbol{W} (\boldsymbol{Y} - \boldsymbol{X}\boldsymbol{\beta}).$$

将上式极小化, 得到加权最小二乘估计

$$\hat{\boldsymbol{\beta}} = (\boldsymbol{X}^{\mathrm{T}} \boldsymbol{W} \boldsymbol{X})^{-1} \boldsymbol{X}^{\mathrm{T}} \boldsymbol{W} \boldsymbol{Y}. \tag{8.3.3}$$

估计量 $\hat{\boldsymbol{\beta}}$ 依赖于 x. 如果想要突出这个依赖关系, 则记 $\hat{\boldsymbol{\beta}}(x) = (\hat{\beta}_0(x), \cdots, \hat{\beta}_p(x))^{\mathrm{T}}$. 用 $\boldsymbol{e}_{\nu+1}$ 表示 $p+1$ 维单位向量, 其第 $\nu+1$ 个位置的元素为 1, 其他元素全为 0. 那

么 $\hat{\boldsymbol{\beta}}_\nu(x) = \boldsymbol{e}_{\nu+1}^{\mathrm{T}}\hat{\boldsymbol{\beta}}(x)$, $\nu = 0, \cdots, p$. 因此, $m^{(\nu)}(x)$ 的估计量为 $\hat{\boldsymbol{m}}_\nu(x) = \nu!\hat{\boldsymbol{\beta}}_\nu(x)$. 当 x 在适当的估计范围内变化时, 通过实施上述局部多项式回归可以得到整个曲线 $\hat{m}_\nu(x)$. 特别地, 回归函数 $m(x)$ 的局部多项式估计为 $\hat{m}_0(x)$.

在实际中要求选择 p. 从渐近性质可知奇数阶多项式胜过偶数阶多项式, 通常取 p 为奇数会减少设计偏差和边界偏差. 令 $p = 0$ 则回到核估计. 在 $p = 1$ 时, 称估计量 $\hat{m}_0(x)$ 为局部线性估计, 并记为 $\hat{m}_{\mathrm{L}}(x)$, 它是人们推荐的常用版本. 经过计算可以得到

$$\hat{m}_{\mathrm{L}}(x) = \sum_{i=1}^n W_{ni}^{\mathrm{L}}(x) Y_i,$$

其中

$$W_{ni}^{\mathrm{L}}(x) = \frac{n^{-1}K_{h_n}(X_i - x)[S_{n,2}(x) - (X_i - x)S_{n,1}(x)]}{S_{n,0}(x)S_{n,2}(x) - S_{n,1}^2(x)},$$

$$S_{n,j}(x) = \frac{1}{n}\sum_{i=1}^n (X_i - x)^j K_{h_n}(X_i - x), \quad j = 0, 1, 2.$$

同核估计一样, 可以利用交叉验证和广义交叉验证选择估计量 $\hat{m}_{\mathrm{L}}(x)$ 的最优带宽. 此外, 在适当条件下, 局部线性估计量 $\hat{m}_{\mathrm{L}}(x)$ 具有相合性和渐近正态性, 且式 (8.2.9) 仍成立. 由此可以构造 $m(x)$ 的大样本置信区间.

对局部线性估计量 $\hat{m}_{\mathrm{L}}(x)$, 渐近方差与式 (8.2.4) 给出的核估计量的渐近方差一样. 渐近偏差具有形式

$$\mathrm{bias}(\hat{m}_{\mathrm{L}}(x)) = \frac{1}{2}m''(x)c_K h_n^2 + o(h_n^2). \tag{8.3.4}$$

比较式 (8.3.4) 与式 (8.2.3) 可以发现一个异常的差别: 偏差不依赖于概率密度函数, 即它是自适应设计, 参见 Fan 和 Gijbels (1996) 的专著. 当 $m(\cdot)$ 是线性函数时, 偏差消失. 因此, 当设计点稀疏时局部线性估计优于核估计. 此外, 局部线性估计的偏差和方差在 $m(x)$ 的边界和内部是同阶的, 因此不需要在边界点处用特殊权函数来减少边界效应. 在实际中, 这可以在设计的边界点处改良估计量的性质.

局部多项式估计是线性估计类中的最佳估计, 它有几个吸引人的特点. 例如, 它有好的最小最大性质; 它可适用于各种设计, 如随机设计和固定设计等; 它容易解释、实施并适应于导数的估计等. 核估计和局部线性估计分别是在 x 的一个局部邻域内拟合一个常数和一个线性函数. 与核估计相比, 局部线性估计的一个显著特点是它不存在边界效应问题, 即在边界点处也有很好的性能. 此外, 局部线性估计在估计出回归函数的同时也给出了回归函数的导函数的估计, 这一特点在半参数模型的研究中非常有用, 参见薛留根 (2012) 的专著.

例 8.3.1 考虑非参数回归模型

$$Y_i = \cos(2\pi X_i) + \varepsilon_i, \quad i = 1, \cdots, 100,$$

其中回归函数 $m(x) = \cos(2\pi x)$, 协变量为固定设计点列: $X_i = i/n$, $i = 1, \cdots, n$, 样本容量 $n = 100$. 试作出 $m(x)$ 的核估计和局部线性估计曲线图, 并比较两种估计的 RMSE.

解 采用 Epanechnikov 核, 用广义交叉验证方法选择带宽. 使用式 (8.2.10) 计算 RMSE, 其中格子点的数目 n_{grid} 为 20. 进行 500 次模拟计算, $m(x)$ 的估计是 500 次估计的平均值, 其结果展示在图 8.3.1 中.

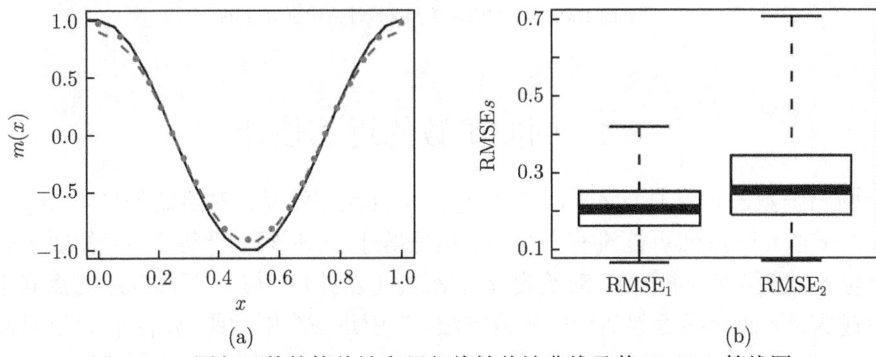

图 8.3.1 回归函数的核估计和局部线性估计曲线及其 RMSE 箱线图

(a) 实线为真实函数, 虚线为核估计, 点线为局部线性估计; (b) 为 500 个 RMSE 的箱线图, 其中 RMSE_1 为核估计的 RMSE, RMSE_2 为局部线性估计的 RMSE

从图 8.3.1 可以看到, 核估计在边界点处没有局部线性估计的效果好, 即核估计存在边界效应. 但就本例来说, 核估计的 RMSE 比局部线性估计的 RMSE 小.

例 8.3.2 考虑异方差非参数回归模型

$$Y_i = \exp(-X_i^2) + \varepsilon_i, \quad i = 1, \cdots, 100,$$

其中回归函数 $m(x) = \exp(-x^2)$, 协变量 X_i 服从区间 $(-1, 1)$ 上的均匀分布, 误差 ε_i 服从正态分布 $N(0, X_i^2)$, 样本容量 $n = 100$. 试作出 $m(x)$ 的核估计和局部线性估计曲线图, 并比较两种估计的 RMSE.

解 采用 Epanechnikov 核, 用广义交叉验证方法选择带宽. 使用式 (8.2.10) 计算 RMSE, 其中格子点的数目 n_{grid} 为 20. 进行 500 次模拟计算, $m(x)$ 的估计是 500 次估计的平均值, 其结果展示在图 8.3.2 中.

从图 8.3.2 又一次看出, 对于异方差的情况, 核估计存在边界效应. 但本例中核估计的 RMSE 比局部线性估计的 RMSE 小.

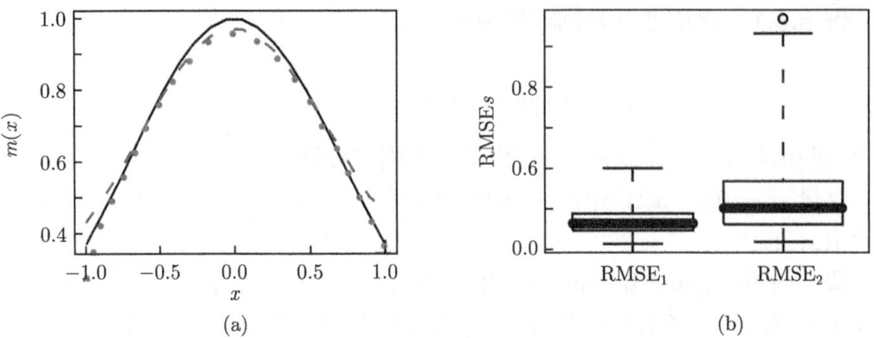

图 8.3.2 回归函数的核估计和局部线性估计曲线及其 RMSE 箱线图

(a) 实线为真实函数, 虚线为核估计, 点线为局部线性估计; (b) 为 500 个 RMSE 的箱线图, 其中 RMSE_1 为核估计的 RMSE, RMSE_2 为局部线性估计的 RMSE

8.4 回归函数的近邻估计

回归函数的近邻估计不同于核估计. 其直观想法是: 对给定的样本 $X_1,\cdots,X_n$ 和 $x\in\mathbf{R}^d$, 虽然可能没有一个 X_i 恰好等于 x, 但可将"等于 x"的要求降低为"与 x 接近", 依每个 X_i 对给定 x 的距离重新排序, 与 x 距离越近的点其重要程度越大. 下面介绍近邻估计的构造方法. 先引进 $\mathbf{R}^d$ 中的距离 $||\cdot||$, 可以是欧氏距离或 $\max\limits_{1\leqslant i\leqslant d}|x_i|$. 将 $X_1,\cdots,X_n$ 依 $||\cdot||$ 与 x 接近程度排序

$$||X_{R_1}-x||\leqslant||X_{R_2}-x||\leqslant\cdots\leqslant||X_{R_n}-x||, \tag{8.4.1}$$

其中当有等号出现时, 采用足标靠前的原则, 即如果 $||X_i-x||=||X_j-x||$ 且 $i<j$, 则在式 (8.4.1) 的排序中, X_i 出现在 X_j 之前. 然后选定 n 个常数 $\{C_{ni}\}$, 满足

$$C_{n1}\geqslant C_{n2}\geqslant\cdots\geqslant C_{nn}\geqslant 0,\quad \sum_{i=1}^n C_{ni}=1, \tag{8.4.2}$$

因 X_{R_1} 与 x 最近, 赋予权 C_{n1}, 其次一个是 X_{R_2}, 赋予权 $C_{n2},\cdots$. 定义

$$W_{nR_i}^N(x)=C_{ni},\quad i=1,\cdots,n, \tag{8.4.3}$$

或等价地写成

$$W_{ni}^N(x)=C_{nR_i},\quad i=1,\cdots,n.$$

定义 $m(x)$ 的近邻估计为

$$\hat{m}_{\mathrm{N}}(x)=\sum_{i=1}^n W_{ni}^N(x)Y_i.$$

在此估计中, $\lambda = (C_{n1}, \cdots, C_{nn})^{\mathrm{T}}$ 可看成光滑参数. 注意到式 (8.4.1) 中的下标 $R_1, \cdots, R_n$ 既同 x 有关, 又同样本 $X_1, \cdots, X_n$ 有关. 不难验证

$$W_{ni}^N(x) \geqslant 0, \quad 1 \leqslant i \leqslant n; \quad \sum_{i=1}^n W_{ni}^N(x) = 1.$$

因此, 近邻权是概率权函数.

仍考虑解释变量 X 为随机的情形. 我们有下述结果.

定理 8.4.1 设对某个 $r \geqslant 1$, $E(|Y|^r) < \infty$, $\{C_{ni}; 1 \leqslant i \leqslant n\}$ 满足

$$\lim_{n\to\infty} C_{n1} = 0, \quad \lim_{n\to\infty} \sum_{n\varepsilon \leqslant i \leqslant n} C_{ni} = 0, \quad \forall \varepsilon > 0,$$

则

$$\lim_{n\to\infty} E(|\hat{m}_{\mathrm{N}}(x) - m(x)|^r) = 0.$$

该定理的证明见 Stone(1977) 的论文.

λ 的一种常用选取是: 设定一个介于 1 和 n 之间的整数 $k = k_n$, 定义

$$C_{ni} = \begin{cases} \dfrac{1}{k}, & 1 \leqslant i \leqslant k, \\ 0, & k < i \leqslant n. \end{cases}$$

此时相应的近邻估计为

$$\hat{m}_{\mathrm{N}}^*(x) = \frac{1}{k} \sum_{i=1}^k Y_{R_i}. \tag{8.4.4}$$

它恰好是最接近 x 的 k 个样本的算术平均 (严格地说 Y_{R_i} 只是 X_{R_i} 的匹配者, 无次序而言). 称此 $\hat{m}_{\mathrm{N}}^*(x)$ 为 k 近邻估计. 可以利用交叉验证和广义交叉验证选择最优的 k, 这只需将式 (8.2.7) 和式 (8.2.8) 中的 h 换为 k 即可.

对近邻估计 $\hat{m}_{\mathrm{N}}(x)$, 有下述结果.

定理 8.4.2 设 $E(|Y|^r) < \infty$, 对某个 $r > 1$. 如果 k 满足

(i) $\dfrac{k}{n} \to 0, \sup\limits_n \left(k \max\limits_{1 \leqslant i \leqslant k} C_{ni}\right) < \infty$;

(ii) $\dfrac{k}{n^{1/r} \log n} \to \infty, \sum\limits_{i>k} C_{ni} = O(n^{-1/r})$,

则当 $n \to \infty$ 时, 有

$$\hat{m}_{\mathrm{N}}(x) \longrightarrow m(x), \quad \text{a.s.}$$

该定理的证明见赵林城和白志东 (1984) 的论文. 关于 $\hat{m}_{\mathrm{N}}^*(x)$ 的渐近偏差和渐近方差, 有下述结果.

定理 8.4.3 设 $k\to\infty, \dfrac{k}{n}\to 0,\ n\to\infty$, 则由式 (8.4.4) 定义的 k 近邻估计 $\hat{m}_{\mathrm{N}}^*(x)$ 的偏差和方差由下面两式给出:

$$\mathrm{bias}(\hat{m}_{\mathrm{N}}^*)\approx\frac{1}{24f^3(x)}\left[m''(x)f(x)+2m'(x)f'(x)\right]\left(\frac{k}{n}\right)^2,$$
$$\mathrm{var}(\hat{m}_{\mathrm{N}}^*)\approx\frac{\sigma^2(x)}{k},\quad \sigma^2(x)=\mathrm{var}(\varepsilon|X=x).$$

该定理的证明见 Lai (1977) 的博士学位论文. 由定理 8.4.3 可以得出

$$E[\hat{m}_{\mathrm{N}}^*(x)-m(x)]^2=O((k/n)^4)+O(k^{-1}).$$

如果取 $k\approx n^{4/5}$, 则有

$$E[\hat{m}_{\mathrm{N}}^*(x)-m(x)]^2=O(n^{-4/5}).$$

这就意味着

$$\hat{m}_{\mathrm{N}}^*(x)-m(x)=O_P(n^{-2/5}).$$

即 $\hat{m}_{\mathrm{N}}^*(x)$ 依概率收敛到 $m(x)$ 的速度为 $O(n^{-2/5})$. 此外, 在适当条件下, $\hat{m}_{\mathrm{N}}^*(x)$ 还具有渐近正态性. 这里不再赘述.

需要说明的是, 除上述三种非参数回归估计之外, 还有样条估计、正交序列估计、小波估计、惩罚最小二乘估计等, 这里不再一一介绍.

例 8.4.1 考虑非参数回归模型

$$Y_i=\exp(-x^2)+8\sin(\pi X_i)+\varepsilon_i,\quad i=1,\cdots,100,$$

其中回归函数 $m(x)=\exp(-x^2)+8\sin(\pi x)$, 样本容量 $n=100$, 协变量 X_i 服从区间 $(0,1)$ 上的均匀分布, 误差 ε_i 服从正态分布 $N(0,1.5^2)$. 试作出 $m(x)$ 的核估计、局部线性估计和 k 近邻估计曲线图, 并比较三种估计的 RMSE.

解 采用 Epanechnikov 核, 用广义交叉验证方法选择带宽和 k. 使用式 (8.2.10) 计算 RMSE, 其中格子点的数目 n_{grid} 为 20. 进行 500 次模拟计算, $m(x)$ 的估计是 500 次估计的平均值, 其结果展示在图 8.4.1 中.

从图 8.4.1 可以看到, k 近邻估计在边界处的估计效果很差, 其 RMSE 比核估计和局部线性估计的 RMSE 来得大. 就 RMSE 的中位数而言, 核估计与局部线性估计相差不大.

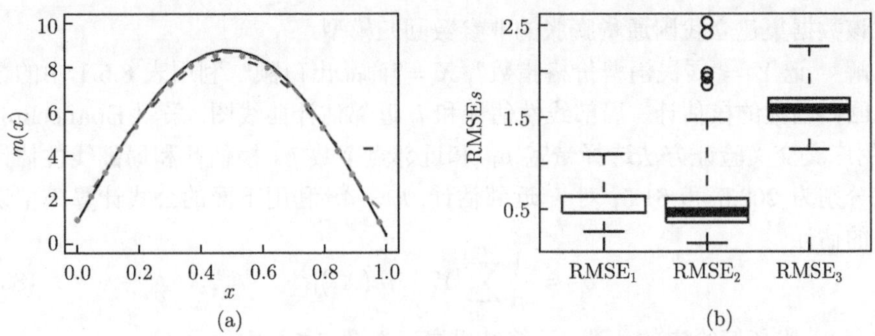

图 8.4.1 回归函数的核估计、局部线性估计和 k 近邻估计曲线及其 RMSE 箱线图

(a) 实线为真实函数, 虚线为核估计, 点线为局部线性估计, 点虚线为 k 近邻估计; (b) 为 500 个 RMSE 的箱线图, 其中 $RMSE_1$、$RMSE_2$ 和 $RMSE_3$ 分别为核估计、局部线性估计和 k 近邻估计的 RMSE

8.5 实例分析

本节主要将非参数回归估计方法应用到实际问题之中, 给出两个实际数据分析的例子, 以比较前面介绍的三种估计方法的应用效果.

例 8.5.1 居民消费价格指数是衡量通货膨胀的重要指标, 而商品出口额对居民的消费有直接的影响. 利用居民消费价格指数与商品出口额的回归关系可以建立通货膨胀的回归模型. 《中国统计年鉴》报告了 1979~2008 年我国居民消费价格指数和商品进出口额的数据, 其中居民消费价格指数均转化为了以 1978 年为基期的可比价格指数, 基期的居民消费价格指数为 100. 如表 8.5.1.

表 8.5.1 商品出口额与居民消费价格指数

年份	商品出口额/亿美元	消费价格指数(1978 年, 100)	年份	商品出口额/亿美元	消费价格指数(1978 年, 100)
1979	136.6	101.9	1994	1210.1	339.0
1980	181.2	109.5	1995	1487.8	396.9
1981	220.1	112.2	1996	1510.5	429.9
1982	223.2	114.4	1997	1827.9	441.9
1983	222.3	116.7	1998	1837.1	438.4
1984	261.4	119.9	1999	1949.3	432.2
1985	273.5	131.1	2000	2492.0	434.0
1986	309.4	139.6	2001	2661.0	437.0
1987	394.4	149.8	2002	3256.0	433.5
1988	475.2	178.0	2003	4382.3	438.7
1989	525.4	210.0	2004	5933.3	455.8
1990	620.9	216.4	2005	7619.5	464.0
1991	718.4	223.8	2006	9689.8	471.0
1992	849.4	238.1	2007	12200.6	493.6
1993	917.4	273.1	2008	14306.9	522.7

利用该数据集建立我国通货膨胀的非参数回归模型.

解 记 Y =“居民消费价格指数”, X =“商品出口额”. 利用表 8.5.1 中的数据作出回归函数的核估计、局部线性估计和 k 近邻估计曲线图. 采用 Epanechnikov 核, 用广义交叉验证方法选择带宽 h_n 和近邻点个数 k. 核估计和局部线性估计的带宽分别为 202.5 和 61.5; 对 k 近邻估计, $k=4$. 利用下面的公式计算模型误差方差的估计:

$$\hat{\sigma}^2 = \frac{1}{n}\sum_{i=1}^{n}[Y_i - \hat{m}(X_i)]^2, \tag{8.5.1}$$

其中 $\hat{m}(\cdot)$ 为任何给定的估计. 计算结果展示在图 8.5.1 中.

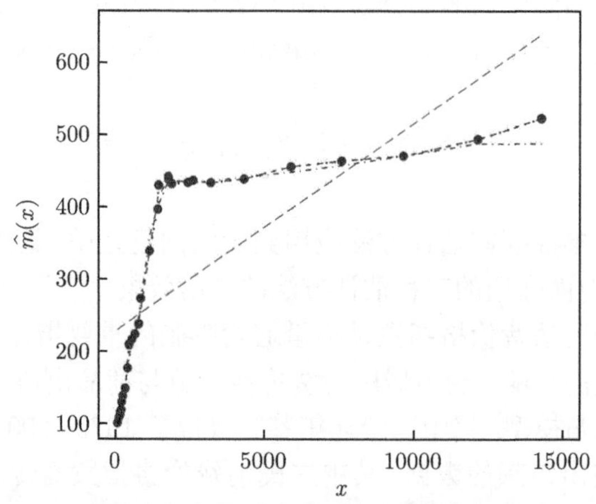

图 8.5.1 商品出口额与居民消费价格指数的回归估计曲线

短虚线为核估计, 点线为局部线性估计, 点虚线为 k 近邻估计, 长虚线为最小二乘估计, 圆点为真实数据

从图 8.5.1 可以看到, 核估计曲线和局部线性估计曲线几乎重合, 但它们与 k 近邻估计曲线有偏差. 此外, 由核估计、局部线性估计和 k 近邻估计建立的模型误差方差估计分别为 61.4, 1.5, 116.1. 这说明局部线性估计精度最高, 而 k 近邻估计精度较差.

我们也可以调用 R 语言中的函数 ksmooth( ), loess( ) 和 lowess( ) 计算商品出口额与居民消费价格指数的非参数回归函数的估计, 其图形与上述三种非参数估计曲线基本吻合. 函数 ksmooth( ) 是 N-W 核回归光滑, 函数 loess( ) 是局部多项式回归拟合, 函数 lowess( ) 是局部加权描点光滑.

利用最小二乘法也可以建立通货膨胀的线性模型

$$Y = 226.5791 + 0.0288X,$$

其图形如图 8.5.1 所示. 线性模型误差方差的估计为 10828.6. 该数据很大, 说明该最小二乘估计的精度较低. 从图 8.5.1 的散点图可以看到, X 与 Y 的线性相关性不强, 其相关系数估计为 0.7095. 此外, 线性模型的斜率是固定不变的, 而非参数回归模型的斜率不断变化. 斜率的变化反映了商品出口额在不同时期对通货膨胀的影响程度不同. 因此, 通货膨胀的非参数回归模型优于线性模型.

例 8.5.2 我们现在使用来自癫痫病研究的实际数据集来展示本章提出的三种方法. 在实验阶段, 允许两个不同的方案 (安慰剂和抗癫痫药物) 处理 58 个癫痫患者. 患者被随机地安排接受其中的一种方案. 其中 28 个患者被使用安慰剂, 30 个患者使用抗癫痫药物治疗. 患者两周后到诊所做检查, 报告过去两周癫痫发作的次数. 检查结果和基准癫痫数量列于表 8.5.2 中.

表 8.5.2 癫痫病数据

安慰剂组				抗癫痫药物组			
X	Y	X	Y	X	Y	X	Y
11	5	50	11	19	0	7	1
11	3	18	0	10	3	36	6
6	2	111	37	19	2	11	2
8	4	18	3	24	4	22	4
66	7	20	3	31	22	41	8
27	5	12	3	14	5	32	1
12	6	9	3	11	2	56	18
52	40	17	2	67	3	24	6
23	5	28	8	41	4	16	3
10	14	55	18	7	2	22	1
52	26	9	2	22	0	25	2
33	12	10	3	13	5	13	0
18	4	47	13	46	11	12	1
42	7	76	11	36	10		
87	16	38	8	38	19		

一个科学的问题是药物能否有助于减少癫痫的发病次数. 试通过建立癫痫病数据的非参数回归模型, 比较两组患者的发病情况.

解 在这项研究中, 协变量 X 为基准癫痫数量 (先除以 4 再作对数变换), 响应变量 Y 为两周中癫痫的次数. 利用表 8.5.2 中的数据作出回归函数的核估计、局部线性估计和 k 近邻估计曲线图. 采用 Epanechnikov 核, 用广义交叉验证方法选择带宽 h_n 和近邻点个数 k. 利用公式 (8.5.1) 计算模型误差方差的估计. 计算结果如图 8.5.2 所示.

对于安慰剂组, 由核估计、局部线性估计和 k 近邻估计建立的模型误差方差的估计分别为 37.82, 32.12, 47.96, 局部线性估计精度最高. 对于抗癫痫药物组, 由核估计、局部线性估计和 k 近邻估计建立的模型误差方差的估计分别为 20.62, 20.20, 19.07. k 近邻估计精度较高. 与使用安慰剂组相比, 抗癫痫药物组得到的模型具有较小的误差方差, 这表明基准癫痫次数具有显著的统计意义. 图 8.5.2 表明癫痫次数的预测均值随 X 的增加而增加. 由图 (a) 与 (b) 的比较可以看出, 药物组的回归估计值比安慰剂组明显小, 这表明了治疗效果非常明显, 即说明药物可以帮助减少癫痫的发病次数.

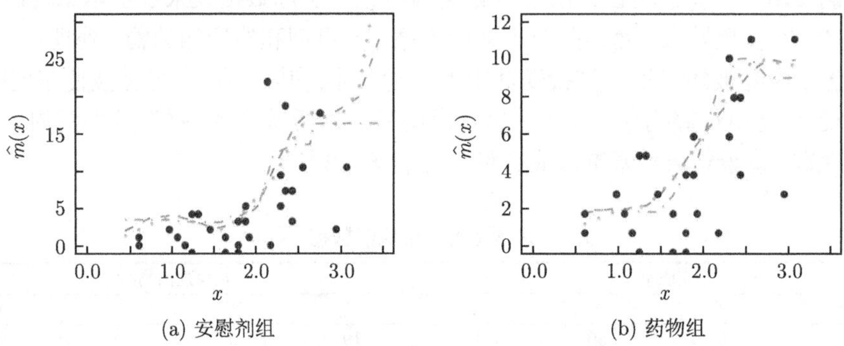

图 8.5.2　癫痫病数据的非参数回归估计

其中虚线为核估计, 点线为局部线性估计, 点虚线为 k 近邻估计, 圆点为真实数据

习　题　8

8.1　考虑非参数回归模型 $Y = \sin(2\pi X) + \varepsilon$, 其中 X 服从区间 $(0,1)$ 上的均匀分布, $\varepsilon \sim N(0, 0.6^2)$, $m(x) = \sin(2\pi x)$. 试产生容量为 100 的样本, 作出 $m(x)$ 的核估计和局部线性估计曲线, 并与真实曲线进行比较.

8.2　考虑非参数回归模型 $Y = 2X + 3\exp(-16X^2) + \varepsilon$, 其中 X 服从标准正态分布, $\varepsilon \sim N(0, 0.81X^2)$, $m(x) = 2x + 3\exp(-16x^2)$. 试产生容量为 200 的样本, 作出 $m(x)$ 的核估计和局部线性估计曲线, 并与真实曲线进行比较.

8.3 利用居民消费价格指数 Y 与商品出口额 X(亿美元) 的回归关系建立通货膨胀的回归模型. 商品出口额资料来自《海关统计》, 居民消费价格指数资料来自《中国物价》, 其中居民消费价格指数均转化为了以 1992 年 4 月为基期相同的可比价格指数. 下表给出了 1993 年 4 月至 1998 年 11 月共 68 个月的资料.

月份	X/亿美元	Y	月份	X/亿美元	Y	月份	X/亿美元	Y
1993.04	69.00	117.00	1994.05	94.50	147.47	1995.06	120.40	180.88
1993.05	72.00	121.07	1994.06	109.00	153.16	1995.07	122.70	185.86
1993.06	70.00	124.82	1994.07	103.50	159.27	1995.08	125.30	186.74
1993.07	76.00	128.24	1994.08	102.10	163.67	1995.09	124.20	185.49
1993.08	76.00	128.77	1994.09	104.90	164.29	1995.10	123.40	186.15
1993.09	88.00	128.86	1994.10	104.30	166.36	1995.11	121.80	189.30
1993.10	81.00	131.00	1994.11	126.70	168.86	1995.12	172.40	189.68
1993.11	89.00	133.59	1994.12	185.10	170.73	1996.01	91.80	186.42
1993.12	136.0	137.57	1995.01	91.90	169.78	1996.02	86.50	190.57
1994.01	48.00	138.60	1995.02	89.00	172.77	1996.03	104.10	190.89
1994.02	56.00	143.50	1995.03	129.80	171.66	1996.04	113.90	191.35
1994.03	87.00	143.77	1995.04	119.90	172.54	1996.05	121.60	193.46
1994.04	89.40	144.14	1995.05	128.30	179.56	1996.06	122.70	198.61

续表

月份	X/亿美元	Y	月份	X/亿美元	Y	月份	X/亿美元	Y
1996.07	124.30	202.41	1997.05	151.92	199.27	1998.03	152.38	202.69
1996.08	141.30	202.99	1997.06	153.73	204.77	1998.04	139.52	199.24
1996.09	134.90	200.89	1997.07	155.83	209.40	1998.05	149.27	198.67
1996.10	151.92	201.23	1997.08	160.27	208.47	1998.06	156.09	203.54
1996.11	136.21	204.63	1997.09	165.63	206.31	1998.07	162.00	206.98
1996.12	183.26	204.66	1997.10	178.17	205.46	1998.08	156.00	205.76
1997.01	116.92	199.10	1997.11	167.50	208.72	1998.09	155.00	202.80
1997.02	98.47	202.77	1997.12	191.90	207.73	1998.10	147.00	202.59
1997.03	104.46	198.90	1998.01	126.76	201.89	1998.11	151.00	206.00
1997.04	147.95	197.85	1998.02	121.58	204.95			

利用该数据集建立通货膨胀的非参数回归模型.

参 考 文 献

陈希孺. 1981. 数理统计引论. 北京: 科学出版社

陈希孺, 柴根象. 1993. 非参数统计教程. 上海: 华东师范大学出版社

方兆本, 赵林城. 1985. 非参数回归核估计的强相合性. 应用数学学报, 8(3): 268-276

李竹渝, 鲁万波, 龚金国. 2007. 经济、金融计量学中的非参数估计技术. 北京: 科学出版社

茆诗松, 王静龙, 濮晓龙. 2006. 高等数理统计. 2 版. 北京: 高等教育出版社

孙山泽. 2000. 非参数统计讲义. 北京: 北京大学出版社

孙志刚. 1984. 密度估计的渐近无偏性与强收敛. 数学学报, 27(6): 769-782

王静龙, 梁小筠. 2006. 非参数统计分析. 北京: 高等教育出版社

王星. 2004. 非参数统计. 北京: 中国人民大学出版社

吴喜之. 1999. 非参数统计. 北京: 中国统计出版社

吴喜之, 王兆军. 1996. 非参数统计分析方法. 北京: 高等教育出版社

薛留根. 2012. 现代统计模型. 北京: 科学出版社

薛留根. 2015a. 高等统计学. 北京: 科学出版社

薛留根. 2015b. 现代非参数统计. 北京: 科学出版社

叶阿忠. 2003. 非参数计量经济学. 天津: 南开大学出版社

易丹辉, 董寒青. 2009. 非参数统计: 方法与应用. 北京: 中国统计出版社

赵林城, 白志东. 1984. 非参数回归函数最近邻估计的强相合性. 中国科学, (5): 387-393

Conover W J. 2006. 实用非参数统计. 崔恒建, 译. 北京: 人民邮电出版社

Bowman A W. 1984. An alternative method of cross-validation for the smoothing of density estimates. Biometrika, 71: 353-360

Chernoff H, Savage I R. 1958. Asymptotic normality and efficiency of certain nonparametric test statistics. The Annals of Mathematical Statistics, 29: 972-994

Cochran W G. 1952. The χ^2 test of goodness of fit. The Annals of Mathematical Statistics, 23: 315-345

Devroye L P, Wagner T J. 1980. Distribution-free consistency results in nonparametric discrimination and regression function estimation. The Annals of Statistics, 8: 231-239

Durbin J. 1951. Incomplete blocks in ranking experiments. British Journal of Psychology (Statistical Section), 4: 85-90

Dunn O J. 1964. Multiple comparisons using rank sums. Technometrics, 6: 241-252

Efromovich S. 1999. Nonparemetric Curve Estimation, Methods, Theory, and Applications. New York: Springer-Verlag, Inc

Fan J, Gijbels I. 1996. Local Polynomial Modelling and Its Applications. London: Chapman and Hall

Fix E, Hodges J L. 1951. Discriminatory analysis, nonparametric discrimination: Consistency properties. Report No. 4, Project no 21-49-004, USAF School of Aviation Medicine, Randolph Field, Texas

Friedman M. 1937. The use of ranks to aviod the assumption of normality implicit in the analysis of variance. Journal of the American Statistical Association, 32: 675-701

Gibbons J D, Chakraborti S. 2011. Nonparemetric Statistical Inference. 5th ed. New York: CRC Press, Taylor & Francis Group

Hájek J. 1961. Some extensions of the Wald-Wolfowitz-Noether theorem. The Annals of Mathematical Statistics, 32(2): 506-523

Hájek J. 1969. Nonparametric Statistics. San Francisco: Holden-Day, Inc

Härdle W. 1992. Applied Nonparemetric Regression. Cambridge: Cambridge University Press

Hodges J L, Lehmmann K L. 1962. Rank methods for combination of independent experiments in analysis of variance. The Annals of Mathematical Statistics, 33: 482-497

Hoeffding W. 1948. A class of statistics with asymptotically normal distribution. The Annals of Mathematical Statistics, 19: 293-325

Hollander M, Wolfe D A. 1973. Nonparametric Statistical Methods. New York: John Wiley & Sons

Jonckheere A R. 1954. A distribution-free k-sample test against ordered alternatives. Biometrika, 41: 133-145

Kendall M G. 1962. Rank Correlation Methods. New York: Hafner Publishing Company

Kruskal W H, Wallis W A. 1952. Use of ranks in one-criterion variance analysis. Journal of the American Statistical Association, 47: 583-621

Lai S L. 1977. Large sample properties of k-nearest neighbor procedures. Ph. D. Dissertation, Department of Mathematics, UCLA, Los Angeles

Loftsgaarden D O, Quesenberry C P. 1965. A nonparametric estimate of a multivariate density function. The Annals of Mathematical Statistics, 36(3): 1049-1051

Mann H B, Whitney D R. 1947. On a test of whether one of two random variables is stochastically larger than the other. The Annals of Mathematical Statistics, 18: 50-60

Mood A M. 1954. On the asymptotic efficiency of certain nonparametric two-sample tests. The Annals of Mathematical Statistics, 25: 514-522

Page E B. 1963. Ordered hypotheses for multiple treatments: A significance test for linear ranks. Journal of the American Statistical Association, 58: 216-230

Parzen E. 1962. On estimation of a probability density function and mode. The Annals of Mathematical Statistics, 33: 1065-1076

Prakasa Rao B L S. 1983. Nonparametric Functional Estimation. London: Academic Press

Rodemo M. 1982. Empirical choice of histograms and kernel density estimates. Scandinavian Journal of Statistics, 9: 65-78

Rosenblatt M. 1956. Remarks on some nonparametric estimates of a density function. The Annals of Mathematical Statistics, 27: 832-837

Silverman B W. 1986. Density Estimation for Statistics and Data Analysis. New York: Chapman and Hall

Stone C J. 1977. Consistent nonparametric regression. The Annals of Statistics, 5: 595-620

Talwar P P, Gentle J E. 1977. A robust test for homogeneity of scales. Communications in Statistics–Theory and Methods, 6(4): 363-369

Terpstra T J. 1952. The asymptotic normality and consistency of Kendall's test against trend, when ties are present in one ranking. Indigationes Mathematicae (Proceedings), 55: 327-333

Wilcoxon F. 1945. Individual comparisons by ranking methods. Biometrics, 1: 80-83

附录 A　主 要 程 序

本附录利用 R 语言给出若干自定义函数及本书中几个主要图形的程序. 其他图形的程序读者可以自己撰写.

A.1　若干自定义函数

1. 利用 CV 方法选取核密度估计的带宽

```
K <- function(x)                                    # Gauss核
  (1/sqrt(2*pi))*exp(-0.5*x^2)
K1 <- function(x)
  (1/(2*sqrt(pi)))*exp(-0.25*x^2)-2*K(x)
cvmh <- function(h, x){                             # h 的得分函数
  n <- length(x)
  CVmh <- 0
  for(i in 1:n)
    for(j in 1:n){
      u <- x[i]-x[j]
      CVmh <- CVmh+K1(u/h)
    }
   CVmh <- (CVmh/n+2*K(0))/(n*h)
   return(CVmh)
  }
cvband_density <- function(x, C=1.1){               # 选择带宽
   x <- as.vector(x); n <- length(x)
   x.range <- max(x)-min(x)
   hmin <- 2*x.range/n
   hmax <- 0.5*x.range
   h <- hmin; IUP <- 0
   H <- 0; H[1] <- h
   mt <- 0; mt[1] <- cvmh(h, x)
```

```
  i <- 1;
  while(h<=hmax && IUP<3){
   i <- i+1
   h <- h*C; H[i] <- h
   mt[i] <- cvmh(h, x)
   if(mt[i]>=mt[i-1]) IUP <- IUP+1 else IUP <- 0
  }
  h <- H[mt==min(mt)][1]
  return(list(h=h, i=i, mt=mt))
 }
```

2. 利用 CV 方法选择回归函数核估计的带宽

```
K <- function(x)                                # Epanechnikov核
  0.75*(1-x^2)*(abs(x)<=1)
cvhNW <- function(h, x, y){                     # 交叉验证得分函数
  n <- length(x)
  CVh <- 0
  for(i in 1:n){
    u <- x[-i]-x[i]
    Kh <- K(u/h); s <- sum(Kh)
    if (s<0.001) s <- 0.001
    CVh <- CVh+(y[i]-t(Kh)%*%y[-i]/s)^2
  }
  CVh <- CVh/n
  return(CVh)
}
cvbandNW <- function(x, y, C=1.1){               # 选择带宽
  x <- as.vector(x); y <- as.vector(y)
  n <- length(x)
  x.range <- max(x)-min(x)
  hmin <- 2*x.range/n
  hmax <- 0.5*x.range
  h <- hmin; IUP <- 0
  H <- 0; H[1] <- h
  mt <- 0; mt[1] <- cvhNW(h, x, y);
```

```
  i <- 1
  while(h<=hmax && IUP<3){
    i <- i+1
    h <- h*C; H[i] <- h
    mt[i] <- cvhNW(h, x, y)
    if(mt[i]>=mt[i-1]) {IUP <- IUP+1} else IUP <- 0
  }
  h <- H[mt==min(mt)][1]
  return(list(h=h, i=i, mt=mt))
}
```

3. 利用 GCV 方法选择回归函数核估计的带宽

```
K <- function(x)                              # Epanechnikov 核
  0.75*(1-x^2)*(abs(x)<=1)
gcvhNW <- function(h, x, y){                  # 得分函数
  n <- length(y)
  S <- matrix(0, nrow=n, ncol=n)
  GCVh <- 0
  for(i in 1:n){
    u <- x-x[i]
    Kh <- K(u/h); s <- sum(Kh)
    if (s<0.0001) s <- s+0.0001
    weight <- as.vector(Kh/s)
    GCVh <- GCVh+(y[i]-weight%*%y)^2
    S[i,] <- weight
  }
  I <- diag(n)
  S1 <- I-S
  trace <- 0
  for (j in 1:n) trace <- trace+S1[j,j]
  GCVh <- (GCVh/n)/(trace/n)^2
  return(GCVh)
}
gcvbandNW <- function(x, y, C=1.1){           # 选择带宽
  x <- as.vector(x); y <- as.vector(y)
```

```
  n <- length(y)
  tmp <- range(x)
  hmin <- 6*(tmp[2]-tmp[1])/n
  hmax <- 0.5*(tmp[2]-tmp[1])
  h <- hmin; IUP <- 0
  H <- 0; H[1] <- h
  mt <- 0; mt[1] <- gcvhNW(h, x, y)
  i <- 1
  while(h<=hmax&&IUP<3){
    i <- i+1
    h <- h*C; H[i] <- h
    mt[i] <- gcvhNW(h, x, y)
    if(mt[i]>=mt[i-1]) {IUP <- IUP+1} else IUP <- 0
  }
  h <- H[mt==min(mt)][1]
  return(list(h=h, i=i, mt=mt))
 }
```

4. 利用 GCV 方法选择回归函数的局部线性估计的带宽

```
K <- function(x)                                  # Epanechnikov核
  0.75*(1-x^2)*(abs(x)<=1)
gcvhLL <- function(h, x, y){                      # 得分函数
  n <- length(y)
  S <- matrix(0, nrow=n, ncol=n)
  GCVh <- 0
  for(i in 1:n){
    u <- x-x[i]; Kh <- K(u/h)
    s1 <- t(Kh)%*%u; s2 <- t(Kh)%*%(u^2)
    if (s2<0.0001) s2 <- s2+0.0002
    s <- sum(Kh*(s2-s1*u))
    if (s<0.0001) s <- s+0.0001
    weight <- Kh*(s2-s1*u)/s
    GCVh <- GCVh+(y[i]-t(weight)%*%y)^2
    S[i,] <- weight
   }
```

```
    I <- diag(n)
    S1 <- I-S; trace <- 0
    for (j in 1:n) trace <- trace+S1[j,j]
    GCVh <- (GCVh/n)/(trace/n)^2
    return(GCVh)
  }
gcvbandLL <- function(x, y, C=1.1){                    # 选择带宽
  x <- as.vector(x); y <- as.vector(y)
  n <- length(y)
  tmp <- range(x)
  hmin <- 2*(tmp[2]-tmp[1])/n
  hmax <- (tmp[2]-tmp[1])/2
  h <- hmin; IUP <- 0
  H <- 0; H[1] <- h
  mt <- 0; mt[1] <- gcvhLL(h, x, y)
  i <- 1
  while(h<=hmax&&IUP<3){
    i <- i+1
    h <- h*C; H[i] <- h
    mt[i] <- gcvhLL(h, x, y)
    if(mt[i]>=mt[i-1]) {IUP <- IUP+1} else IUP <- 0
  }
  h <- H[mt==min(mt)][1]
  return(list(h=h, i=i, mt=mt))
}
```

5. 利用 GCV 方法选择回归函数近邻估计的 k

```
gcvhKN <- function(k, x, y){                          # 得分函数
  n <- length(y)
  S <- matrix(0, nrow=n, ncol=n)
  GCVh <- 0
  for(i in 1:n){
    d <- abs(x-x[i])
    ind <- order(d)
    y1 <- y[ind]                                      # 重排数据
```

```
    GCVh <- GCVh+(y[i]-mean(y1[1:k]))^2;
    S[i,] <- 1/k
  }
  I <- diag(n)
  S1 <- I-S
  trace <- 0
  for (j in 1:n) trace <- trace+S1[j,j]
  GCVh <- (GCVh/n)/(trace/n)^2
  return(GCVh)
}
gcvbandKN <- function(x, y){                        # 选择带宽
  x <- as.vector(x); y <- as.vector(y)
  n <- length(y)
  x.range <- max(x)-min(x)
  aa <- n^{0.8}
  kmin <- ceiling(.8*x.range*aa)+1
  kmax <- ceiling(2*x.range*aa)
  k <- kmin; IUP <- 0
  K <- 0; K[1] <- k
  mt <- 0; mt[1] <- gcvhKN(k, x, y)
  i <- 1
  while(k<=kmax && IUP<3){
    i <- i+1
    k <- k+1; K[i] <- k
    mt[i] <- gcvhKN(k, x, y)
    if(mt[i]>=mt[i-1]) {IUP <- IUP+1} else IUP <- 0
  }
  k <- K[mt==min(mt)]
  return(list(k=k, i=i, mt=mt))
}
```

6. 计算回归函数及其导函数的局部线性估计

```
K <- function(x)                                  # Epanechnikov核
  0.75*(1-x^2)*(abs(x)<=1)
lle2 <- function(x, y, h, x0){
```

```
  x <- as.vector(x); x0 <- as.vector(x0)
  ngrid <- length(x0)                                 # 格子点数
  n <- length(y)                                      # 样本容量
  est <- rep(0,2*ngrid)
  dim(est) <- c(ngrid,2)
  z <- rep(1, n)
  for (k in 1:ngrid){
    dz <- (x-x0[k])*z
    dz <- cbind(z, dz)
    w0 <- K((x-x0[k])/h)
    s0 <- t(dz)%*%(w0*dz)
    if (abs(det(s0))<0.0001) s0 <- s0+0.0001*diag(2)
    s1 <- solve(s0)
    est[k,] <- s1%*%(t(dz)%*%(w0*y))
  }
  return(est)
}
```

注 将上述 6 个函数分别做成 6 个 R 文件, 其中文件名与相应的函数名相同, 它们分别为: cvband_density.R, cvbandNW.R, gcvbandNW.R, gcvbandLL.R, gcvbandKN.R, lle2.R. 在编写 R 程序时利用函数 source( ) 将所需要的 R 文件输入计算机, 就可以在程序中调用相应的函数. 例如, 在程序前写上语句 source ("gcvbandNW.R"), 即可在程序中调用函数 gcvbandNW( ).

A.2 几个主要图形的程序

1. 图 6.1.2 的程序——在不同分布下三种检验的功效比较

```
n <- 30                                                    # 样本容量
alpha <- 0.05                                              # 显著性水平
ta <- 1.6991; ba <- 20; wa <- 314                          # 分位数
theta2 <- seq(0, 1.5, by=.1); m <- length(theta2) # 格子点
theta1 <- theta2/sqrt(3);theta3 <- theta2*pi/sqrt(3)
t.power1 <- rep(0, m)                                      # 功效变量
s.power1 <- rep(0, m)
w.power1 <- rep(0, m)
```

```
t.power2 <- rep(0, m)
s.power2 <- rep(0, m)
w.power2 <- rep(0, m)
t.power3 <- rep(0, m)
s.power3 <- rep(0, m)
w.power3 <- rep(0, m)
t.power4 <- rep(0, m)
s.power4 <- rep(0, m)
w.power4 <- rep(0, m)
M <- 1000                                                # 重复计算的次数
for (k in 1:M){
  for (i in 1:m){
    x <- runif(n, theta1[i]-1, theta1[i]+1)
    t <- sqrt(n)*mean(x)/sd(x)
    if(t>=ta) t.power1[i] <- t.power1[i]+1
    s <- sum(as.numeric(x>0))
    if(s>=ba) s.power1[i] <- s.power1[i]+1
    w <- sum(as.numeric(x>0)*rank(abs(x)))
    if(w>=wa) w.power1[i] <- w.power1[i]+1
    x <- rnorm(n, theta2[i], 1)
    t <- sqrt(n)*mean(x)/sd(x)
    if(t>=ta) t.power2[i] <- t.power2[i]+1
    s <- sum(as.numeric(x>0))
    if(s>=ba) s.power2[i] <- s.power2[i]+1
    w <- sum(as.numeric(x>0)*rank(abs(x)))
    if(w>=wa) w.power2[i] <- w.power2[i]+1
    x <- rlogis(n, theta3[i], 1)
    t <- sqrt(n)*mean(x)/sd(x)
    if(t>=ta) t.power3[i] <- t.power3[i]+1
    s <- sum(as.numeric(x>0))
    if(s>=ba) s.power3[i] <- s.power3[i]+1
    w <- sum(as.numeric(x>0)*rank(abs(x)))
    if(w>=wa) w.power3[i] <- w.power3[i]+1
    x <- rcauchy(n, theta2[i], 1)
    t <- sqrt(n)*mean(x)/sd(x)
```

```
    if(t>=ta) t.power4[i] <- t.power4[i]+1
    s <- sum(as.numeric(x>0))
    if(s>=ba) s.power4[i] <- s.power4[i]+1
    w <- sum(as.numeric(x>0)*rank(abs(x)))
    if(w>=wa) w.power4[i] <- w.power4[i]+1
  }
}
t.power1 <- t.power1/M                              # 功效的计算结果
s.power1 <- s.power1/M
w.power1 <- w.power1/M
t.power2 <- t.power2/M
s.power2 <- s.power2/M
w.power2 <- w.power2/M
t.power3 <- t.power3/M
s.power3 <- s.power3/M
w.power3 <- w.power3/M
t.power4 <- t.power4/M
s.power4 <- s.power4/M
w.power4 <- w.power4/M
data <- cbind(t.power1, s.power1, w.power1, t.power2, s.power2,
              w.power2,  t.power3, s.power3, w.power3, t.power4,
              s.power4, w.power4)
write.table(data, file="power-data.txt")           # 存储计算结果
op <- par(mfrow=c(2, 2))                            # 作图
plot(theta1, t.power1, type="l", xlab=expression(theta),
     ylab=expression("power"), xlim=c(0,0.8), ylim=c(0,1))
lines(theta1, s.power1, lty=2, col=2)
lines(theta1, w.power1, lty=3, col=3, lwd=2)
title(sub="(a)")
plot(theta2, t.power2, type="l", xlab=expression(theta),
     ylab=expression("power"),xlim=c(0,1), ylim=c(0,1))
lines(theta2, s.power2, lty=2, col=2)
lines(theta2, w.power2, lty=3, col=3, lwd=2)
title(sub="(b)")
plot(theta3, t.power3, type="l", xlab=expression(theta),
```

```
    ylab=expression("power"), xlim=c(0,1.5), ylim=c(0,1))
lines(theta3, s.power3, lty=2, col=2)
lines(theta3, w.power3, lty=3, col=3, lwd=2)
title(sub="(c)")
plot(theta2, t.power4, type="l", xlab=expression(theta),
    ylab=expression("power"), xlim=c(0,1.5), ylim=c(0,1))
lines(theta2, s.power4, lty=2, col=2)
lines(theta2, w.power4, lty=3, col=3, lwd=2)
title(sub="(d)")
```

2. 图 7.3.1 的程序——全国城乡居民消费价格分类指数的核密度估计曲线

```
source("cvband_density.R")                        # 调用带宽选择函数
library(KernSmooth)

x <- c(111.8, 108.2, 109.2, 103.8, 102.9, 108.3, 108.1, 118.5,
 104.1, 108.3, 101.3, 114.6, 102.4, 102.8, 103.6, 101.7, 100.5,
 103.6, 100.5, 99.1, 103.0, 98.2, 102.9, 98.5, 99.9, 99.9, 100.3,
 106.7, 105.0, 111.2, 101.0, 101.6, 100.9, 100.5, 108.4, 102.8,
 98.7, 111.5, 101.7, 100.7, 101.7, 97.3, 94.3, 101.4, 101.0,
 104.9, 103.3, 104.9, 103.6, 105.5)
n <- length(x)                                    # 样本容量
m <- 50                                           # 格子点数目
grid <- rep(0,m)
estimated.f <- rep(0,m)
a <- min(x)+0.1; b <- max(x)-0.1
for(i in 1:m)                                     # 选取格子点
  grid[i] <- a+(i-1)*(b-a)/(m-1)
h <- cvband_density(x)$h                          # 选取带宽
for(i in 1:m){                                    # 计算核密度估计
  Kvec <- K((x-grid[i])/h)
  estimated.f[i] <- sum(Kvec)/(n*h)
}
ind <- order(grid)                                # 数据重新排序
u <- grid[ind]
```

```
estimated.f <- estimated.f[ind]

plot(u, estimated.f, type="l", xlab=expression(x), ylab=expression
    (hat(f)[n](x)), xlim=c(95,120), ylim=c(0,0.12))
lines(density(x), lty=2, col=2)
```

3. 图 8.2.2 的程序——回归函数的核估计曲线和 RMSE 箱线图

```
source("cvbandNW.R")                                    # 调用带宽选择函数
source("gcvbandNW.R")

K <- function(x)                                        # Epanechnikov核
  0.75*(1-x^2)*(abs(x)<=1)

m <- function(X)                                        # 回归函数
  0.5*exp(X^2)

k <- 20                                                 # 格子点数目
grid <- rep(0,k)
a <- -1; b <- 1
for(i in 1:k)                                           # 选取格子点
  grid[i] <- a+(i-1)*(b-a)/(k-1)
Mestimated.NWE1 <- rep(0,k)
Mestimated.NWE2 <- rep(0,k)
n <- 100                                                # 样本容量

M <- 500                                                # 重复计算的次数
rmse1 <- rep(0, M)
rmse2 <- rep(0, M);
for (j in 1:M){
  X <- runif(n, min=a, max=b)                           # 产生数据
  e <- rep(0, n)
  for (i in 1:n)
    e[i] <- rnorm(1, 0, 2*abs(X[i]))
  Y <- m(X)+e
```

```
  h1 <- cvbandNW(X, Y)$h                          # 选取CV带宽
  h2 <- gcvbandNW(X, Y)$h                         # 选取GCV带宽
  estimated.NWE1 <- rep(0,k)
  for(i in 1:k){                                  # 计算核估计
    X1 <- X[abs(X-grid[i])<=h1]                   # 有效设计点
    Y1 <- Y[abs(X-grid[i])<=h1]
    Kvec <- K((X1-grid[i])/h1)
    length(Y1)=length(Kvec)
    S <- sum(Kvec)
    if (S==0) S <- S+0.0001
    estimated.NWE1[i] <- sum(Kvec * Y1)/S
  }
  Mestimated.NWE1 <- Mestimated.NWE1+estimated.NWE1
  rmse1[j] <- sqrt(mean((estimated.NWE1-m(grid))^2))
estimated.NWE2 <- rep(0,k)
  for(i in 1:k){                                  # 计算核估计
    X1 <- X[abs(X-grid[i])<=h2]
    Y1 <- Y[abs(X-grid[i])<=h2]                   # 有效设计点
    Kvec <- K((X1-grid[i])/h2)
    length(Y1)=length(Kvec)
    S <- sum(Kvec)
    if (S==0) S <- S+0.0001
    estimated.NWE2[i] <- sum(Kvec*Y1)/S
  }
  Mestimated.NWE2 <- Mestimated.NWE2+estimated.NWE2
  rmse2[j] <- sqrt(mean((estimated.NWE2-m(grid))^2))
}
estimated.NWE1 <- Mestimated.NWE1/M               # 计算结果
estimated.NWE2 <- Mestimated.NWE2/M
op <- par(mfrow=c(2, 2))                          # 作图
plot(grid, m(grid), type="l", xlab="x", ylab="m(x)",
  xlim=c(-1,1), ylim=c(.4,1.4))
lines(grid, estimated.NWE1, lty=2, col=2)
lines(grid, estimated.NWE2, lty=3, col=3, lwd=2)
title(sub="(a)")                                  # 核估计曲线
```

```
boxplot(data.frame(rmse1, rmse2), xlab=" ", ylab="RMSEs",
    range=3.5,
names=c(expression(RMSE[1]), expression(RMSE[2])))
title(sub="(b)")                                    # RMSE箱线图
```

4. 图 8.4.1 的程序——回归函数的核估计、局部线性估计和 k 近邻估计曲线及其 RMSE 箱线图

```
source("gcvbandNW.R")                               # 调用自定义的函数
source("gcvbandLL.R")
source("gcvbandKN.R")
source("lle2.R")

K <- function(x)                                    # 核函数
  0.75*(1-x^2)*(abs(x)<=1)
m <- function(x)                                    # 回归函数
  exp(-x^2)+8*sin(pi*x)
n1 <- 20                                            # 格子点数
grid <- rep(0,n1)
a <- 0; b <- 1
for(i in 1:n1)
  grid[i] <- a+(i-1)*(b-a)/(n1-1)
Mestimated.NWE <- rep(0,n1)
Mestimated.LLE <- rep(0,n1)
Mestimated.KNE <- rep(0,n1)
n <- 100                                            # 样本容量
M <- 500                                            # 重复次数
rmse1 <- rep(0, M)
rmse2 <- rep(0, M)
rmse3 <- rep(0, M)
for (j in 1:M){
  X <- runif(n, min=a, max=b)                       # 产生数据
  e <- rnorm(n, 0, 1.5)
  Y <- m(X)+e
  h1 <- gcvbandNW(X, Y)$h                           # 选择带宽
```

```
  h2 <- gcvbandLL(X, Y)$h
  k <- gcvbandKN(X, Y)$k
  estimated.NWE <- rep(0,n1)                        # 核估计
  for(i in 1:n1){
    X1 <- X[abs(X-grid[i])<=h1]
    Y1 <- Y[abs(X-grid[i])<=h1]
    Kvec <- K((X1-grid[i])/h1)
    length(Y1)=length(Kvec)
    estimated.NWE[i] <- sum(Kvec * Y1)/sum(Kvec)
  }
  Mestimated.NWE <- Mestimated.NWE+estimated.NWE
  rmse1[j] <- sqrt(mean((estimated.NWE-m(grid))^2))
  estimated.LLE <- lle2(X, Y, h2, grid)[,1]   # 局部线性估计
  Mestimated.LLE <- Mestimated.LLE+estimated.LLE
  rmse2[j] <- sqrt(mean((estimated.LLE-m(grid))^2))
  estimated.KNE <- rep(0,n1)                        # 最近邻估计
  for(i in 1:n1){
    d <- abs(X-grid[i])
    ind <- order(d)
    Y1 <- Y[ind]                                    # 重排数据
    estimated.KNE[i] <- mean(Y1[1:k])
  }
  Mestimated.KNE <- Mestimated.KNE+estimated.KNE
  rmse3[j] <- sqrt(mean((estimated.KNE-m(grid))^2))
}
estimated.NWE <- Mestimated.NWE/M                   # 计算结果
estimated.LLE <- Mestimated.LLE/M
estimated.KNE <- Mestimated.KNE/M

op <- par(mfrow=c(2, 2))                            # 作图
plot(grid, m(grid), type="l", xlab="x", ylab="m(x)",
  xlim=c(0,1), ylim=c(0,10))
lines(grid, estimated.NWE, lty=2, col=2)
lines(grid, estimated.LLE, lty=3, col=3, lwd=2)
lines(grid, estimated.KNE, lty=4, col=4)
```

```
title(sub="(a)")                                          # 估计的曲线
boxplot(data.frame(rmse1,rmse2,rmse3), xlab=" ", ylab="RMSEs",
      range=3.5, names=c(expression(RMSE[1]),
      expression(RMSE[2]), expression(RMSE[3])))
title(sub="(b)")                                          # 箱线图
```

附录 B 附　　表

附表 1　标准正态分布表

$$\Phi(x)=\int_{-\infty}^{x}\frac{1}{\sqrt{2\pi}}\mathrm{e}^{-\frac{u^2}{2}}\mathrm{d}u$$

x	0	1	2	3	4	5	6	7	8	9
0.0	0.5000	0.5040	0.5080	0.5120	0.5160	0.5199	0.5239	0.5279	0.5319	0.5359
0.1	0.5398	0.5438	0.5478	0.5517	0.5557	0.5596	0.5636	0.5675	0.5714	0.5753
0.2	0.5793	0.5832	0.5871	0.5910	0.5948	0.5987	0.6026	0.6064	0.6103	0.6141
0.3	0.6179	0.6217	0.6255	0.6293	0.6331	0.6368	0.6406	0.6443	0.6480	0.6517
0.4	0.6554	0.6591	0.6628	0.6664	0.6700	0.6736	0.6772	0.6808	0.6844	0.6879
0.5	0.6915	0.6950	0.6985	0.7019	0.7054	0.7088	0.7123	0.7157	0.7190	0.7224
0.6	0.7257	0.7291	0.7324	0.7357	0.7389	0.7422	0.7454	0.7486	0.7517	0.7549
0.7	0.7580	0.7611	0.7642	0.7673	0.7703	0.7734	0.7764	0.7794	0.7823	0.7852
0.8	0.7881	0.7910	0.7939	0.7967	0.7995	0.8023	0.8051	0.8078	0.8106	0.8133
0.9	0.8159	0.8186	0.8212	0.8238	0.8264	0.8289	0.8315	0.8340	0.8365	0.8389
1.0	0.8413	0.8438	0.8461	0.8485	0.8508	0.8531	0.8554	0.8577	0.8599	0.8621
1.1	0.8643	0.8665	0.8686	0.8708	0.8729	0.8749	0.8770	0.8790	0.8810	0.8830
1.2	0.8849	0.8869	0.8888	0.8907	0.8925	0.8944	0.8962	0.8980	0.8997	0.9015
1.3	0.9032	0.9049	0.9066	0.9082	0.9099	0.9115	0.9131	0.9147	0.9162	0.9177
1.4	0.9192	0.9207	0.9222	0.9236	0.9251	0.9265	0.9278	0.9292	0.9306	0.9319
1.5	0.9332	0.9345	0.9357	0.9370	0.9382	0.9394	0.9406	0.9418	0.9430	0.9441
1.6	0.9452	0.9463	0.9474	0.9484	0.9495	0.9505	0.9515	0.9525	0.9535	0.9545
1.7	0.9554	0.9564	0.9573	0.9582	0.9591	0.9599	0.9608	0.9616	0.9625	0.9633
1.8	0.9641	0.9648	0.9656	0.9664	0.9671	0.9678	0.9686	0.9693	0.9700	0.9706
1.9	0.9713	0.9719	0.9726	0.9732	0.9738	0.9744	0.9750	0.9756	0.9762	0.9767
2.0	0.9772	0.9778	0.9783	0.9788	0.9793	0.9798	0.9803	0.9808	0.9812	0.9817
2.1	0.9821	0.9826	0.9830	0.9834	0.9838	0.9842	0.9846	0.9850	0.9854	0.9857
2.2	0.9861	0.9864	0.9868	0.9871	0.9874	0.9878	0.9881	0.9884	0.9887	0.9890
2.3	0.9893	0.9896	0.9898	0.9901	0.9904	0.9906	0.9909	0.9911	0.9913	0.9916
2.4	0.9918	0.9920	0.9922	0.9925	0.9927	0.9929	0.9931	0.9932	0.9934	0.9936
2.5	0.9938	0.9940	0.9941	0.9943	0.9945	0.9946	0.9948	0.9949	0.9951	0.9952
2.6	0.9953	0.9955	0.9956	0.9957	0.9959	0.9960	0.9961	0.9962	0.9963	0.9964
2.7	0.9965	0.9966	0.9967	0.9968	0.9969	0.9970	0.9971	0.9972	0.9973	0.9974
2.8	0.9974	0.9975	0.9976	0.9977	0.9977	0.9978	0.9979	0.9979	0.9980	0.9981
2.9	0.9981	0.9982	0.9982	0.9983	0.9984	0.9984	0.9985	0.9985	0.9986	0.9986
3.0	0.9987	0.9990	0.9993	0.9995	0.9997	0.9998	0.9998	0.9999	0.9999	1.0000

注: 表中末行为函数值 $\Phi(3.0),\Phi(3.1),\cdots,\Phi(3.9)$.

附表 2 二项分布表

Y 服从参数为 n 和 p 的二项分布, 表中的数是 $P\{Y \leqslant y\} = \sum_{i=0}^{y} \binom{n}{i} p^i (1-p)^{n-i}$ 的值, p 的范围从 0.05 到 0.95

n	y	$p=0.05$	0.10	0.15	0.20	0.25	0.30	0.35	0.40	0.45	0.50	0.55	0.60	0.65	0.70	0.75	0.80	0.85	0.90	0.95
1	0	0.9500	0.9000	0.8500	0.8000	0.7500	0.7000	0.6500	0.6000	0.5500	0.5000	0.4500	0.4000	0.3500	0.3000	0.2500	0.2000	0.1500	0.1000	0.0500
	1	1.0000	1.0000	1.0000	1.0000	1.0000	1.0000	1.0000	1.0000	1.0000	1.0000	1.0000	1.0000	1.0000	1.0000	1.0000	1.0000	1.0000	1.0000	1.0000
2	0	0.9025	0.8100	0.7225	0.6400	0.5625	0.4900	0.4225	0.3600	0.3025	0.2500	0.2025	0.1600	0.1225	0.0900	0.0625	0.0400	0.0225	0.0100	0.0025
	1	0.9975	0.9900	0.9775	0.9600	0.9375	0.9100	0.8775	0.8400	0.7975	0.7500	0.6975	0.6400	0.5775	0.5100	0.4375	0.3600	0.2775	0.1900	0.0975
	2	1.0000	1.0000	1.0000	1.0000	1.0000	1.0000	1.0000	1.0000	1.0000	1.0000	1.0000	1.0000	1.0000	1.0000	1.0000	1.0000	1.0000	1.0000	1.0000
3	0	0.8574	0.7290	0.6141	0.5120	0.4219	0.3430	0.2746	0.2160	0.1664	0.1250	0.0911	0.0640	0.0429	0.0270	0.0156	0.0080	0.0034	0.0010	0.0001
	1	0.9928	0.9720	0.9392	0.8960	0.8438	0.7840	0.7182	0.6480	0.5748	0.5000	0.4252	0.3520	0.2818	0.2160	0.1562	0.1040	0.0608	0.0280	0.0072
	2	0.9999	0.9990	0.9966	0.9920	0.9844	0.9730	0.9571	0.9360	0.9089	0.8750	0.8336	0.7840	0.7254	0.6570	0.5781	0.4880	0.3859	0.2710	0.1426
	3	1.0000	1.0000	1.0000	1.0000	1.0000	1.0000	1.0000	1.0000	1.0000	1.0000	1.0000	1.0000	1.0000	1.0000	1.0000	1.0000	1.0000	1.0000	1.0000
4	0	0.8145	0.6561	0.5220	0.4096	0.3164	0.2401	0.1785	0.1296	0.0915	0.0625	0.0410	0.0256	0.0150	0.0081	0.0039	0.0016	0.0005	0.0001	0.0000
	1	0.9860	0.9477	0.8905	0.8192	0.7383	0.6517	0.5630	0.4752	0.3910	0.3125	0.2415	0.1792	0.1265	0.0837	0.0508	0.0272	0.0120	0.0037	0.0005
	2	0.9995	0.9963	0.9880	0.9728	0.9492	0.9163	0.8735	0.8208	0.7585	0.6875	0.6090	0.5248	0.4370	0.3483	0.2617	0.1808	0.1095	0.0523	0.0140
	3	1.0000	0.9999	0.9995	0.9984	0.9961	0.9919	0.9850	0.9744	0.9590	0.9375	0.9085	0.8704	0.8215	0.7599	0.6836	0.5904	0.4780	0.3439	0.1855
	4	1.0000	1.0000	1.0000	1.0000	1.0000	1.0000	1.0000	1.0000	1.0000	1.0000	1.0000	1.0000	1.0000	1.0000	1.0000	1.0000	1.0000	1.0000	1.0000
5	0	0.7738	0.5905	0.4437	0.3277	0.2373	0.1681	0.1160	0.0778	0.0503	0.0312	0.0185	0.0102	0.0053	0.0024	0.0010	0.0003	0.0001	0.0000	0.0000
	1	0.9774	0.9185	0.8352	0.7373	0.6328	0.5282	0.4284	0.3370	0.2562	0.1875	0.1312	0.0870	0.0540	0.0308	0.0156	0.0067	0.0022	0.0005	0.0000
	2	0.9988	0.9914	0.9734	0.9421	0.8965	0.8369	0.7648	0.6826	0.5931	0.5000	0.4069	0.3174	0.2352	0.1631	0.1035	0.0579	0.0266	0.0086	0.0012
	3	1.0000	0.9995	0.9978	0.9933	0.9844	0.9692	0.9460	0.9130	0.8688	0.8125	0.7438	0.6630	0.5716	0.4718	0.3672	0.2627	0.1648	0.0815	0.0226
	4	1.0000	1.0000	0.9999	0.9997	0.9990	0.9976	0.9947	0.9898	0.9815	0.9688	0.9497	0.9222	0.8840	0.8319	0.7627	0.6723	0.5563	0.4095	0.2262
	5	1.0000	1.0000	1.0000	1.0000	1.0000	1.0000	1.0000	1.0000	1.0000	1.0000	1.0000	1.0000	1.0000	1.0000	1.0000	1.0000	1.0000	1.0000	1.0000
6	0	0.7351	0.5314	0.3771	0.2621	0.1780	0.1176	0.0754	0.0467	0.0277	0.0156	0.0083	0.0041	0.0018	0.0007	0.0002	0.0001	0.0000	0.0000	0.0000
	1	0.9672	0.8857	0.7765	0.6554	0.5339	0.4202	0.3191	0.2333	0.1636	0.1094	0.0692	0.0410	0.0223	0.0109	0.0046	0.0016	0.0004	0.0001	0.0000
	2	0.9978	0.9842	0.9527	0.9011	0.8306	0.7443	0.6471	0.5443	0.4415	0.3438	0.2553	0.1792	0.1174	0.0705	0.0376	0.0170	0.0059	0.0013	0.0001
	3	0.9999	0.9987	0.9941	0.9830	0.9624	0.9295	0.8826	0.8208	0.7447	0.6562	0.5585	0.4557	0.3529	0.2557	0.1694	0.0989	0.0473	0.0158	0.0022

续表

n	y	$p=0.05$	0.10	0.15	0.20	0.25	0.30	0.35	0.40	0.45	0.50	0.55	0.60	0.65	0.70	0.75	0.80	0.85	0.90	0.95
	4	1.0000	0.9999	0.9996	0.9984	0.9954	0.9891	0.9777	0.9590	0.9308	0.8906	0.8364	0.7667	0.6809	0.5789	0.4661	0.3446	0.2235	0.1143	0.0328
	5	1.0000	1.0000	1.0000	0.9999	0.9998	0.9993	0.9982	0.9959	0.9917	0.9844	0.9723	0.9533	0.9246	0.8824	0.8220	0.7379	0.6229	0.4686	0.2649
	6	1.0000	1.0000	1.0000	1.0000	1.0000	1.0000	1.0000	1.0000	1.0000	1.0000	1.0000	1.0000	1.0000	1.0000	1.0000	1.0000	1.0000	1.0000	1.0000
7	0	0.6983	0.4783	0.3206	0.2097	0.1335	0.0824	0.0490	0.0280	0.0152	0.0078	0.0037	0.0016	0.0006	0.0002	0.0001	0.0000	0.0000	0.0000	0.0000
	1	0.9556	0.8503	0.7166	0.5767	0.4449	0.3294	0.2338	0.1586	0.1024	0.0625	0.0357	0.0188	0.0090	0.0038	0.0013	0.0004	0.0001	0.0000	0.0000
	2	0.9962	0.9743	0.9262	0.8520	0.7564	0.6471	0.5323	0.4199	0.3164	0.2266	0.1529	0.0963	0.0556	0.0288	0.0129	0.0047	0.0012	0.0002	0.0000
	3	0.9998	0.9973	0.9879	0.9667	0.9294	0.8740	0.8002	0.7102	0.6083	0.5000	0.3917	0.2898	0.1998	0.1260	0.0706	0.0333	0.0121	0.0027	0.0002
	4	1.0000	0.9998	0.9988	0.9953	0.9871	0.9712	0.9444	0.9037	0.8471	0.7734	0.6836	0.5801	0.4677	0.3529	0.2436	0.1480	0.0738	0.0257	0.0038
	5	1.0000	1.0000	0.9999	0.9996	0.9987	0.9962	0.9910	0.9812	0.9643	0.9375	0.8976	0.8414	0.7662	0.6706	0.5551	0.4233	0.2834	0.1497	0.0444
	6	1.0000	1.0000	1.0000	1.0000	0.9999	0.9998	0.9994	0.9984	0.9963	0.9922	0.9848	0.9720	0.9510	0.9176	0.8665	0.7903	0.6794	0.5217	0.3017
	7	1.0000	1.0000	1.0000	1.0000	1.0000	1.0000	1.0000	1.0000	1.0000	1.0000	1.0000	1.0000	1.0000	1.0000	1.0000	1.0000	1.0000	1.0000	1.0000
8	0	0.6634	0.4305	0.2725	0.1678	0.1001	0.0576	0.0319	0.0168	0.0084	0.0039	0.0017	0.0007	0.0002	0.0001	0.0000	0.0000	0.0000	0.0000	0.0000
	1	0.9428	0.8131	0.6572	0.5033	0.3671	0.2553	0.1691	0.1064	0.0632	0.0352	0.0181	0.0085	0.0036	0.0013	0.0004	0.0001	0.0000	0.0000	0.0000
	2	0.9942	0.9619	0.8948	0.7969	0.6785	0.5518	0.4278	0.3154	0.2201	0.1445	0.0885	0.0498	0.0253	0.0113	0.0042	0.0012	0.0002	0.0000	0.0000
	3	0.9996	0.9950	0.9786	0.9437	0.8862	0.8059	0.7064	0.5941	0.4770	0.3633	0.2604	0.1737	0.1061	0.0580	0.0273	0.0104	0.0029	0.0004	0.0000
	4	1.0000	0.9996	0.9971	0.9896	0.9727	0.9420	0.8939	0.8263	0.7396	0.6367	0.5230	0.4059	0.2936	0.1941	0.1138	0.0563	0.0214	0.0050	0.0004
	5	1.0000	1.0000	0.9998	0.9988	0.9958	0.9887	0.9747	0.9502	0.9115	0.8555	0.7799	0.6846	0.5722	0.4482	0.3215	0.2031	0.1052	0.0381	0.0058
	6	1.0000	1.0000	1.0000	0.9999	0.9996	0.9987	0.9964	0.9915	0.9819	0.9648	0.9368	0.8936	0.8309	0.7447	0.6329	0.4967	0.3428	0.1869	0.0572
	7	1.0000	1.0000	1.0000	1.0000	1.0000	0.9999	0.9998	0.9993	0.9983	0.9961	0.9916	0.9832	0.9681	0.9424	0.8999	0.8322	0.7275	0.5695	0.3366
	8	1.0000	1.0000	1.0000	1.0000	1.0000	1.0000	1.0000	1.0000	1.0000	1.0000	1.0000	1.0000	1.0000	1.0000	1.0000	1.0000	1.0000	1.0000	1.0000
9	0	0.6302	0.3874	0.2316	0.1342	0.0751	0.0404	0.0207	0.0101	0.0046	0.0020	0.0008	0.0003	0.0001	0.0000	0.0000	0.0000	0.0000	0.0000	0.0000
	1	0.9288	0.7748	0.5995	0.4362	0.3003	0.1960	0.1211	0.0705	0.0385	0.0195	0.0091	0.0038	0.0014	0.0004	0.0001	0.0000	0.0000	0.0000	0.0000
	2	0.9916	0.9470	0.8591	0.7382	0.6007	0.4628	0.3373	0.2318	0.1495	0.0898	0.0498	0.0250	0.0112	0.0043	0.0013	0.0003	0.0000	0.0000	0.0000
	3	0.9994	0.9917	0.9661	0.9144	0.8343	0.7297	0.6089	0.4826	0.3614	0.2539	0.1658	0.0994	0.0536	0.0253	0.0100	0.0031	0.0006	0.0001	0.0000
	4	1.0000	0.9991	0.9944	0.9804	0.9511	0.9012	0.8283	0.7334	0.6214	0.5000	0.3786	0.2666	0.1717	0.0988	0.0489	0.0196	0.0056	0.0009	0.0000
	5	1.0000	0.9999	0.9994	0.9969	0.9900	0.9747	0.9464	0.9006	0.8342	0.7461	0.6386	0.5174	0.3911	0.2703	0.1657	0.0856	0.0339	0.0083	0.0006
	6	1.0000	1.0000	1.0000	0.9997	0.9987	0.9957	0.9888	0.9750	0.9502	0.9102	0.8505	0.7682	0.6627	0.5372	0.3993	0.2618	0.1409	0.0530	0.0084

续表

n	y	$p=0.05$	0.10	0.15	0.20	0.25	0.30	0.35	0.40	0.45	0.50	0.55	0.60	0.65	0.70	0.75	0.80	0.85	0.90	0.95
	7	1.0000	1.0000	1.0000	1.0000	0.9999	0.9996	0.9986	0.9962	0.9909	0.9805	0.9615	0.9295	0.8789	0.8040	0.6997	0.5638	0.4005	0.2252	0.0712
	8	1.0000	1.0000	1.0000	1.0000	1.0000	1.0000	0.9999	0.9997	0.9992	0.9980	0.9954	0.9899	0.9793	0.9596	0.9249	0.8658	0.7684	0.6126	0.3698
	9	1.0000	1.0000	1.0000	1.0000	1.0000	1.0000	1.0000	1.0000	1.0000	1.0000	1.0000	1.0000	1.0000	1.0000	1.0000	1.0000	1.0000	1.0000	1.0000
10	0	0.5987	0.3487	0.1969	0.1074	0.0563	0.0282	0.0135	0.0060	0.0025	0.0010	0.0003	0.0001	0.0000	0.0000	0.0000	0.0000	0.0000	0.0000	0.0000
	1	0.9139	0.7361	0.5443	0.3758	0.2440	0.1493	0.0860	0.0464	0.0233	0.0107	0.0045	0.0017	0.0005	0.0001	0.0000	0.0000	0.0000	0.0000	0.0000
	2	0.9885	0.9298	0.8202	0.6778	0.5256	0.3828	0.2616	0.1673	0.0996	0.0547	0.0274	0.0123	0.0048	0.0016	0.0004	0.0001	0.0000	0.0000	0.0000
	3	0.9990	0.9872	0.9500	0.8791	0.7759	0.6496	0.5138	0.3823	0.2660	0.1719	0.1020	0.0548	0.0260	0.0106	0.0035	0.0009	0.0001	0.0000	0.0000
	4	0.9999	0.9984	0.9901	0.9672	0.9219	0.8497	0.7515	0.6331	0.5044	0.3770	0.2616	0.1662	0.0949	0.0473	0.0197	0.0064	0.0014	0.0001	0.0000
	5	1.0000	0.9999	0.9986	0.9936	0.9803	0.9527	0.9051	0.8338	0.7384	0.6230	0.4956	0.3669	0.2485	0.1503	0.0781	0.0328	0.0099	0.0016	0.0001
	6	1.0000	1.0000	0.9999	0.9991	0.9965	0.9894	0.9740	0.9452	0.8980	0.8281	0.7340	0.6177	0.4862	0.3504	0.2241	0.1209	0.0500	0.0128	0.0010
	7	1.0000	1.0000	1.0000	0.9999	0.9996	0.9984	0.9952	0.9877	0.9726	0.9453	0.9004	0.8327	0.7384	0.6172	0.4744	0.3222	0.1798	0.0702	0.0115
	8	1.0000	1.0000	1.0000	1.0000	1.0000	0.9999	0.9995	0.9983	0.9955	0.9893	0.9767	0.9536	0.9140	0.8507	0.7560	0.6242	0.4557	0.2639	0.0861
	9	1.0000	1.0000	1.0000	1.0000	1.0000	1.0000	1.0000	0.9999	0.9997	0.9990	0.9975	0.9940	0.9865	0.9718	0.9437	0.8926	0.8031	0.6513	0.4013
	10	1.0000	1.0000	1.0000	1.0000	1.0000	1.0000	1.0000	1.0000	1.0000	1.0000	1.0000	1.0000	1.0000	1.0000	1.0000	1.0000	1.0000	1.0000	1.0000
11	0	0.5688	0.3138	0.1673	0.0859	0.0422	0.0198	0.0088	0.0036	0.0014	0.0005	0.0002	0.0000	0.0000	0.0000	0.0000	0.0000	0.0000	0.0000	0.0000
	1	0.8981	0.6974	0.4922	0.3221	0.1971	0.1130	0.0606	0.0302	0.0139	0.0059	0.0022	0.0007	0.0002	0.0000	0.0000	0.0000	0.0000	0.0000	0.0000
	2	0.9848	0.9104	0.7788	0.6174	0.4552	0.3127	0.2001	0.1189	0.0652	0.0327	0.0148	0.0059	0.0020	0.0006	0.0001	0.0000	0.0000	0.0000	0.0000
	3	0.9984	0.9815	0.9306	0.8389	0.7133	0.5696	0.4256	0.2963	0.1911	0.1133	0.0610	0.0293	0.0122	0.0043	0.0012	0.0002	0.0000	0.0000	0.0000
	4	0.9999	0.9972	0.9841	0.9496	0.8854	0.7897	0.6683	0.5328	0.3971	0.2744	0.1738	0.0994	0.0501	0.0216	0.0076	0.0020	0.0003	0.0000	0.0000
	5	1.0000	0.9997	0.9973	0.9883	0.9657	0.9218	0.8513	0.7535	0.6331	0.5000	0.3669	0.2465	0.1487	0.0782	0.0343	0.0117	0.0027	0.0003	0.0000
	6	1.0000	1.0000	0.9997	0.9980	0.9924	0.9784	0.9499	0.9006	0.8262	0.7256	0.6029	0.4672	0.3317	0.2103	0.1146	0.0504	0.0159	0.0028	0.0001
	7	1.0000	1.0000	1.0000	0.9998	0.9988	0.9957	0.9878	0.9707	0.9390	0.8867	0.8089	0.7037	0.5744	0.4304	0.2867	0.1611	0.0694	0.0185	0.0016
	8	1.0000	1.0000	1.0000	1.0000	0.9999	0.9994	0.9980	0.9941	0.9852	0.9673	0.9348	0.8811	0.7999	0.6873	0.5448	0.3826	0.2212	0.0896	0.0152
	9	1.0000	1.0000	1.0000	1.0000	1.0000	1.0000	0.9998	0.9993	0.9978	0.9941	0.9861	0.9698	0.9394	0.8870	0.8029	0.6779	0.5078	0.3026	0.1019
	10	1.0000	1.0000	1.0000	1.0000	1.0000	1.0000	1.0000	1.0000	0.9998	0.9995	0.9986	0.9964	0.9912	0.9802	0.9578	0.9141	0.8327	0.6862	0.4312
	11	1.0000	1.0000	1.0000	1.0000	1.0000	1.0000	1.0000	1.0000	1.0000	1.0000	1.0000	1.0000	1.0000	1.0000	1.0000	1.0000	1.0000	1.0000	1.0000

续表

n	y	$p=0.05$	0.10	0.15	0.20	0.25	0.30	0.35	0.40	0.45	0.50	0.55	0.60	0.65	0.70	0.75	0.80	0.85	0.90	0.95
12	0	0.5404	0.2824	0.1422	0.0687	0.0317	0.0138	0.0057	0.0022	0.0008	0.0002	0.0001	0.0000	0.0000	0.0000	0.0000	0.0000	0.0000	0.0000	0.0000
	1	0.8816	0.6590	0.4435	0.2749	0.1584	0.0850	0.0424	0.0196	0.0083	0.0032	0.0011	0.0003	0.0001	0.0000	0.0000	0.0000	0.0000	0.0000	0.0000
	2	0.9804	0.8891	0.7358	0.5583	0.3907	0.2528	0.1513	0.0834	0.0421	0.0193	0.0079	0.0028	0.0008	0.0002	0.0000	0.0000	0.0000	0.0000	0.0000
	3	0.9978	0.9744	0.9078	0.7946	0.6488	0.4925	0.3467	0.2253	0.1345	0.0730	0.0356	0.0153	0.0056	0.0017	0.0004	0.0001	0.0000	0.0000	0.0000
	4	0.9998	0.9957	0.9761	0.9274	0.8424	0.7237	0.5833	0.4382	0.3044	0.1938	0.1117	0.0573	0.0255	0.0095	0.0028	0.0006	0.0001	0.0000	0.0000
	5	1.0000	0.9995	0.9954	0.9806	0.9456	0.8822	0.7873	0.6652	0.5269	0.3872	0.2607	0.1582	0.0846	0.0386	0.0143	0.0039	0.0007	0.0001	0.0000
	6	1.0000	0.9999	0.9993	0.9961	0.9857	0.9614	0.9154	0.8418	0.7393	0.6128	0.4731	0.3348	0.2127	0.1178	0.0544	0.0194	0.0046	0.0005	0.0000
	7	1.0000	1.0000	0.9999	0.9994	0.9972	0.9905	0.9745	0.9427	0.8883	0.8062	0.6956	0.5618	0.4167	0.2763	0.1576	0.0726	0.0239	0.0043	0.0002
	8	1.0000	1.0000	1.0000	0.9999	0.9996	0.9983	0.9944	0.9847	0.9644	0.9270	0.8655	0.7747	0.6533	0.5075	0.3512	0.2054	0.0922	0.0256	0.0022
	9	1.0000	1.0000	1.0000	1.0000	1.0000	0.9998	0.9992	0.9972	0.9921	0.9807	0.9579	0.9166	0.8487	0.7472	0.6093	0.4417	0.2642	0.1109	0.0196
	10	1.0000	1.0000	1.0000	1.0000	1.0000	1.0000	0.9999	0.9997	0.9989	0.9968	0.9917	0.9804	0.9576	0.9150	0.8416	0.7251	0.5565	0.3410	0.1184
	11	1.0000	1.0000	1.0000	1.0000	1.0000	1.0000	1.0000	1.0000	0.9999	0.9998	0.9992	0.9978	0.9943	0.9862	0.9683	0.9313	0.8578	0.7176	0.4596
	12	1.0000	1.0000	1.0000	1.0000	1.0000	1.0000	1.0000	1.0000	1.0000	1.0000	1.0000	1.0000	1.0000	1.0000	1.0000	1.0000	1.0000	1.0000	1.0000
13	0	0.5133	0.2542	0.1209	0.0550	0.0238	0.0097	0.0037	0.0013	0.0004	0.0001	0.0000	0.0000	0.0000	0.0000	0.0000	0.0000	0.0000	0.0000	0.0000
	1	0.8646	0.6213	0.3983	0.2336	0.1267	0.0637	0.0296	0.0126	0.0049	0.0017	0.0005	0.0001	0.0000	0.0000	0.0000	0.0000	0.0000	0.0000	0.0000
	2	0.9755	0.8661	0.6920	0.5017	0.3326	0.2025	0.1132	0.0579	0.0269	0.0112	0.0041	0.0013	0.0003	0.0001	0.0000	0.0000	0.0000	0.0000	0.0000
	3	0.9969	0.9658	0.8820	0.7473	0.5843	0.4206	0.2783	0.1686	0.0929	0.0461	0.0203	0.0078	0.0025	0.0007	0.0001	0.0000	0.0000	0.0000	0.0000
	4	0.9997	0.9935	0.9658	0.9009	0.7940	0.6543	0.5005	0.3530	0.2279	0.1334	0.0698	0.0321	0.0126	0.0040	0.0010	0.0002	0.0000	0.0000	0.0000
	5	1.0000	0.9991	0.9925	0.9700	0.9198	0.8346	0.7159	0.5744	0.4268	0.2905	0.1788	0.0977	0.0462	0.0182	0.0056	0.0012	0.0002	0.0000	0.0000
	6	1.0000	0.9999	0.9987	0.9930	0.9757	0.9376	0.8705	0.7712	0.6437	0.5000	0.3563	0.2288	0.1295	0.0624	0.0243	0.0070	0.0013	0.0001	0.0000
	7	1.0000	1.0000	0.9998	0.9988	0.9944	0.9818	0.9538	0.9023	0.8212	0.7095	0.5732	0.4256	0.2841	0.1654	0.0802	0.0300	0.0075	0.0009	0.0000
	8	1.0000	1.0000	1.0000	0.9998	0.9990	0.9960	0.9874	0.9679	0.9302	0.8666	0.7721	0.6470	0.4995	0.3457	0.2060	0.0991	0.0342	0.0065	0.0003
	9	1.0000	1.0000	1.0000	1.0000	0.9999	0.9993	0.9975	0.9922	0.9797	0.9539	0.9071	0.8314	0.7217	0.5794	0.4157	0.2527	0.1180	0.0342	0.0031
	10	1.0000	1.0000	1.0000	1.0000	1.0000	0.9999	0.9997	0.9987	0.9959	0.9888	0.9731	0.9421	0.8868	0.7975	0.6674	0.4983	0.3080	0.1339	0.0245
	11	1.0000	1.0000	1.0000	1.0000	1.0000	1.0000	1.0000	0.9999	0.9995	0.9983	0.9951	0.9874	0.9704	0.9363	0.8733	0.7664	0.6017	0.3787	0.1354
	12	1.0000	1.0000	1.0000	1.0000	1.0000	1.0000	1.0000	1.0000	1.0000	0.9999	0.9996	0.9987	0.9963	0.9903	0.9762	0.9450	0.8791	0.7458	0.4867
	13	1.0000	1.0000	1.0000	1.0000	1.0000	1.0000	1.0000	1.0000	1.0000	1.0000	1.0000	1.0000	1.0000	1.0000	1.0000	1.0000	1.0000	1.0000	1.0000

续表

n	y	$p=0.05$	0.10	0.15	0.20	0.25	0.30	0.35	0.40	0.45	0.50	0.55	0.60	0.65	0.70	0.75	0.80	0.85	0.90	0.95
14	0	0.4877	0.2288	0.1028	0.0440	0.0178	0.0068	0.0024	0.0008	0.0002	0.0001	0.0000	0.0000	0.0000	0.0000	0.0000	0.0000	0.0000	0.0000	0.0000
	1	0.8470	0.5846	0.3567	0.1979	0.1010	0.0475	0.0205	0.0081	0.0029	0.0009	0.0003	0.0001	0.0000	0.0000	0.0000	0.0000	0.0000	0.0000	0.0000
	2	0.9699	0.8416	0.6479	0.4481	0.2811	0.1608	0.0839	0.0398	0.0170	0.0065	0.0022	0.0006	0.0001	0.0000	0.0000	0.0000	0.0000	0.0000	0.0000
	3	0.9958	0.9559	0.8535	0.6982	0.5213	0.3552	0.2205	0.1243	0.0632	0.0287	0.0114	0.0039	0.0011	0.0002	0.0000	0.0000	0.0000	0.0000	0.0000
	4	0.9996	0.9908	0.9533	0.8702	0.7415	0.5842	0.4227	0.2793	0.1672	0.0898	0.0426	0.0175	0.0060	0.0017	0.0003	0.0000	0.0000	0.0000	0.0000
	5	1.0000	0.9985	0.9885	0.9561	0.8883	0.7805	0.6405	0.4859	0.3373	0.2120	0.1189	0.0583	0.0243	0.0083	0.0022	0.0004	0.0000	0.0000	0.0000
	6	1.0000	0.9998	0.9978	0.9884	0.9617	0.9067	0.8164	0.6925	0.5461	0.3953	0.2586	0.1501	0.0753	0.0315	0.0103	0.0024	0.0003	0.0000	0.0000
	7	1.0000	1.0000	0.9997	0.9976	0.9897	0.9685	0.9247	0.8499	0.7414	0.6047	0.4539	0.3075	0.1836	0.0933	0.0383	0.0116	0.0022	0.0002	0.0000
	8	1.0000	1.0000	1.0000	0.9996	0.9978	0.9917	0.9757	0.9417	0.8811	0.7880	0.6627	0.5141	0.3595	0.2195	0.1117	0.0439	0.0115	0.0015	0.0000
	9	1.0000	1.0000	1.0000	1.0000	0.9997	0.9983	0.9940	0.9825	0.9574	0.9102	0.8328	0.7207	0.5773	0.4158	0.2585	0.1298	0.0467	0.0092	0.0004
	10	1.0000	1.0000	1.0000	1.0000	1.0000	0.9998	0.9989	0.9961	0.9886	0.9713	0.9368	0.8757	0.7795	0.6448	0.4787	0.3018	0.1465	0.0441	0.0042
	11	1.0000	1.0000	1.0000	1.0000	1.0000	1.0000	0.9999	0.9994	0.9978	0.9935	0.9830	0.9602	0.9161	0.8392	0.7189	0.5519	0.3521	0.1584	0.0301
	12	1.0000	1.0000	1.0000	1.0000	1.0000	1.0000	1.0000	0.9999	0.9997	0.9991	0.9971	0.9919	0.9795	0.9525	0.8990	0.8021	0.6433	0.4154	0.1530
	13	1.0000	1.0000	1.0000	1.0000	1.0000	1.0000	1.0000	1.0000	1.0000	0.9999	0.9998	0.9992	0.9976	0.9932	0.9822	0.9560	0.8972	0.7712	0.5123
	14	1.0000	1.0000	1.0000	1.0000	1.0000	1.0000	1.0000	1.0000	1.0000	1.0000	1.0000	1.0000	1.0000	1.0000	1.0000	1.0000	1.0000	1.0000	1.0000
15	0	0.4633	0.2059	0.0874	0.0352	0.0134	0.0047	0.0016	0.0005	0.0001	0.0000	0.0000	0.0000	0.0000	0.0000	0.0000	0.0000	0.0000	0.0000	0.0000
	1	0.8290	0.5490	0.3186	0.1671	0.0802	0.0353	0.0142	0.0052	0.0017	0.0005	0.0001	0.0000	0.0000	0.0000	0.0000	0.0000	0.0000	0.0000	0.0000
	2	0.9638	0.8159	0.6042	0.3980	0.2361	0.1268	0.0617	0.0271	0.0107	0.0037	0.0011	0.0003	0.0001	0.0000	0.0000	0.0000	0.0000	0.0000	0.0000
	3	0.9945	0.9444	0.8227	0.6482	0.4613	0.2969	0.1727	0.0905	0.0424	0.0176	0.0063	0.0019	0.0005	0.0001	0.0000	0.0000	0.0000	0.0000	0.0000
	4	0.9994	0.9873	0.9383	0.8358	0.6865	0.5155	0.3519	0.2173	0.1204	0.0592	0.0255	0.0093	0.0028	0.0007	0.0001	0.0000	0.0000	0.0000	0.0000
	5	0.9999	0.9978	0.9832	0.9389	0.8516	0.7216	0.5643	0.4032	0.2608	0.1509	0.0769	0.0338	0.0124	0.0037	0.0008	0.0001	0.0000	0.0000	0.0000
	6	1.0000	0.9997	0.9964	0.9819	0.9434	0.8689	0.7548	0.6098	0.4522	0.3036	0.1818	0.0950	0.0422	0.0152	0.0042	0.0008	0.0001	0.0000	0.0000
	7	1.0000	1.0000	0.9994	0.9958	0.9827	0.9500	0.8868	0.7869	0.6535	0.5000	0.3465	0.2131	0.1132	0.0500	0.0173	0.0042	0.0006	0.0000	0.0000
	8	1.0000	1.0000	0.9999	0.9992	0.9958	0.9848	0.9578	0.9050	0.8182	0.6964	0.5478	0.3902	0.2452	0.1311	0.0566	0.0181	0.0036	0.0003	0.0000
	9	1.0000	1.0000	1.0000	0.9999	0.9992	0.9963	0.9876	0.9662	0.9231	0.8491	0.7392	0.5968	0.4357	0.2784	0.1484	0.0611	0.0168	0.0022	0.0001
	10	1.0000	1.0000	1.0000	1.0000	0.9999	0.9993	0.9972	0.9907	0.9745	0.9408	0.8796	0.7827	0.6481	0.4845	0.3135	0.1642	0.0617	0.0127	0.0006
	11	1.0000	1.0000	1.0000	1.0000	1.0000	0.9999	0.9995	0.9981	0.9937	0.9824	0.9576	0.9095	0.8273	0.7031	0.5387	0.3518	0.1773	0.0556	0.0055

续表

n	y	$p=0.05$	0.10	0.15	0.20	0.25	0.30	0.35	0.40	0.45	0.50	0.55	0.60	0.65	0.70	0.75	0.80	0.85	0.90	0.95
	12	1.0000	1.0000	1.0000	1.0000	1.0000	1.0000	0.9999	0.9997	0.9989	0.9963	0.9893	0.9729	0.9383	0.8732	0.7639	0.6020	0.3958	0.1841	0.0362
	13	1.0000	1.0000	1.0000	1.0000	1.0000	1.0000	1.0000	1.0000	0.9999	0.9995	0.9983	0.9948	0.9858	0.9647	0.9198	0.8329	0.6814	0.4510	0.1710
	14	1.0000	1.0000	1.0000	1.0000	1.0000	1.0000	1.0000	1.0000	1.0000	1.0000	0.9999	0.9995	0.9984	0.9953	0.9866	0.9648	0.9126	0.7941	0.5367
	15	1.0000	1.0000	1.0000	1.0000	1.0000	1.0000	1.0000	1.0000	1.0000	1.0000	1.0000	1.0000	1.0000	1.0000	1.0000	1.0000	1.0000	1.0000	1.0000
16	0	0.4401	0.1853	0.0743	0.0281	0.0100	0.0033	0.0010	0.0003	0.0001	0.0000	0.0000	0.0000	0.0000	0.0000	0.0000	0.0000	0.0000	0.0000	0.0000
	1	0.8108	0.5147	0.2839	0.1407	0.0635	0.0261	0.0098	0.0033	0.0010	0.0003	0.0001	0.0000	0.0000	0.0000	0.0000	0.0000	0.0000	0.0000	0.0000
	2	0.9571	0.7892	0.5614	0.3518	0.1971	0.0994	0.0451	0.0183	0.0066	0.0021	0.0006	0.0001	0.0000	0.0000	0.0000	0.0000	0.0000	0.0000	0.0000
	3	0.9930	0.9316	0.7899	0.5981	0.4050	0.2459	0.1339	0.0651	0.0281	0.0106	0.0035	0.0009	0.0002	0.0000	0.0000	0.0000	0.0000	0.0000	0.0000
	4	0.9991	0.9830	0.9209	0.7982	0.6302	0.4499	0.2892	0.1666	0.0853	0.0384	0.0149	0.0049	0.0013	0.0003	0.0000	0.0000	0.0000	0.0000	0.0000
	5	0.9999	0.9967	0.9765	0.9183	0.8103	0.6598	0.4900	0.3288	0.1976	0.1051	0.0486	0.0191	0.0062	0.0016	0.0003	0.0000	0.0000	0.0000	0.0000
	6	1.0000	0.9995	0.9944	0.9733	0.9204	0.8247	0.6881	0.5272	0.3660	0.2272	0.1241	0.0583	0.0229	0.0071	0.0016	0.0002	0.0000	0.0000	0.0000
	7	1.0000	0.9999	0.9989	0.9930	0.9729	0.9256	0.8406	0.7161	0.5629	0.4018	0.2559	0.1423	0.0671	0.0257	0.0075	0.0015	0.0002	0.0000	0.0000
	8	1.0000	1.0000	0.9998	0.9985	0.9925	0.9743	0.9329	0.8577	0.7441	0.5982	0.4371	0.2839	0.1594	0.0744	0.0271	0.0070	0.0011	0.0001	0.0000
	9	1.0000	1.0000	1.0000	0.9998	0.9984	0.9929	0.9771	0.9417	0.8759	0.7728	0.6340	0.4728	0.3119	0.1753	0.0796	0.0267	0.0056	0.0005	0.0000
	10	1.0000	1.0000	1.0000	1.0000	0.9997	0.9984	0.9938	0.9809	0.9514	0.8949	0.8024	0.6712	0.5100	0.3402	0.1897	0.0817	0.0235	0.0033	0.0001
	11	1.0000	1.0000	1.0000	1.0000	1.0000	0.9997	0.9987	0.9951	0.9851	0.9616	0.9147	0.8334	0.7108	0.5501	0.3698	0.2018	0.0791	0.0170	0.0009
	12	1.0000	1.0000	1.0000	1.0000	1.0000	1.0000	0.9998	0.9991	0.9965	0.9894	0.9719	0.9349	0.8661	0.7541	0.5950	0.4019	0.2101	0.0684	0.0070
	13	1.0000	1.0000	1.0000	1.0000	1.0000	1.0000	1.0000	0.9999	0.9994	0.9979	0.9934	0.9817	0.9549	0.9006	0.8029	0.6482	0.4386	0.2108	0.0429
	14	1.0000	1.0000	1.0000	1.0000	1.0000	1.0000	1.0000	1.0000	0.9999	0.9997	0.9990	0.9967	0.9902	0.9739	0.9365	0.8593	0.7161	0.4853	0.1892
	15	1.0000	1.0000	1.0000	1.0000	1.0000	1.0000	1.0000	1.0000	1.0000	1.0000	0.9999	0.9997	0.9990	0.9967	0.9900	0.9719	0.9257	0.8147	0.5599
	16	1.0000	1.0000	1.0000	1.0000	1.0000	1.0000	1.0000	1.0000	1.0000	1.0000	1.0000	1.0000	1.0000	1.0000	1.0000	1.0000	1.0000	1.0000	1.0000
17	0	0.4181	0.1668	0.0631	0.0225	0.0075	0.0023	0.0007	0.0002	0.0000	0.0000	0.0000	0.0000	0.0000	0.0000	0.0000	0.0000	0.0000	0.0000	0.0000
	1	0.7922	0.4818	0.2525	0.1182	0.0501	0.0193	0.0067	0.0021	0.0006	0.0001	0.0000	0.0000	0.0000	0.0000	0.0000	0.0000	0.0000	0.0000	0.0000
	2	0.9497	0.7618	0.5198	0.3096	0.1637	0.0774	0.0327	0.0123	0.0041	0.0012	0.0003	0.0001	0.0000	0.0000	0.0000	0.0000	0.0000	0.0000	0.0000
	3	0.9912	0.9174	0.7556	0.5489	0.3530	0.2019	0.1028	0.0464	0.0184	0.0064	0.0019	0.0005	0.0001	0.0000	0.0000	0.0000	0.0000	0.0000	0.0000
	4	0.9988	0.9779	0.9013	0.7582	0.5739	0.3887	0.2348	0.1260	0.0596	0.0245	0.0086	0.0025	0.0006	0.0001	0.0000	0.0000	0.0000	0.0000	0.0000
	5	0.9999	0.9953	0.9681	0.8943	0.7653	0.5968	0.4197	0.2639	0.1471	0.0717	0.0301	0.0106	0.0030	0.0007	0.0001	0.0000	0.0000	0.0000	0.0000

续表

n	y	$p = 0.05$	0.10	0.15	0.20	0.25	0.30	0.35	0.40	0.45	0.50	0.55	0.60	0.65	0.70	0.75	0.80	0.85	0.90	0.95
	6	1.0000	0.9992	0.9917	0.9623	0.8929	0.7752	0.6188	0.4478	0.2902	0.1662	0.0826	0.0348	0.0120	0.0032	0.0006	0.0001	0.0000	0.0000	0.0000
	7	1.0000	0.9999	0.9983	0.9891	0.9598	0.8954	0.7872	0.6405	0.4743	0.3145	0.1834	0.0919	0.0383	0.0127	0.0031	0.0005	0.0000	0.0000	0.0000
	8	1.0000	1.0000	0.9997	0.9974	0.9876	0.9597	0.9006	0.8011	0.6626	0.5000	0.3374	0.1989	0.0994	0.0403	0.0124	0.0026	0.0003	0.0000	0.0000
	9	1.0000	1.0000	1.0000	0.9995	0.9969	0.9873	0.9617	0.9081	0.8166	0.6855	0.5257	0.3595	0.2128	0.1046	0.0402	0.0109	0.0017	0.0001	0.0000
	10	1.0000	1.0000	1.0000	0.9999	0.9994	0.9968	0.9880	0.9652	0.9174	0.8338	0.7098	0.5522	0.3812	0.2248	0.1071	0.0377	0.0083	0.0008	0.0000
	11	1.0000	1.0000	1.0000	1.0000	0.9999	0.9993	0.9970	0.9894	0.9699	0.9283	0.8529	0.7361	0.5803	0.4032	0.2347	0.1057	0.0319	0.0047	0.0001
	12	1.0000	1.0000	1.0000	1.0000	1.0000	0.9999	0.9994	0.9975	0.9914	0.9755	0.9404	0.8740	0.7652	0.6113	0.4261	0.2418	0.0987	0.0221	0.0012
	13	1.0000	1.0000	1.0000	1.0000	1.0000	1.0000	0.9999	0.9995	0.9981	0.9936	0.9816	0.9536	0.8972	0.7981	0.6470	0.4511	0.2444	0.0826	0.0088
	14	1.0000	1.0000	1.0000	1.0000	1.0000	1.0000	1.0000	0.9999	0.9997	0.9988	0.9959	0.9877	0.9673	0.9226	0.8363	0.6904	0.4802	0.2382	0.0503
	15	1.0000	1.0000	1.0000	1.0000	1.0000	1.0000	1.0000	1.0000	1.0000	0.9999	0.9994	0.9979	0.9933	0.9807	0.9499	0.8818	0.7475	0.5182	0.2078
	16	1.0000	1.0000	1.0000	1.0000	1.0000	1.0000	1.0000	1.0000	1.0000	1.0000	1.0000	0.9998	0.9993	0.9977	0.9925	0.9775	0.9369	0.8332	0.5819
	17	1.0000	1.0000	1.0000	1.0000	1.0000	1.0000	1.0000	1.0000	1.0000	1.0000	1.0000	1.0000	1.0000	1.0000	1.0000	1.0000	1.0000	1.0000	1.0000
18	0	0.3972	0.1501	0.0536	0.0180	0.0056	0.0016	0.0004	0.0001	0.0000	0.0000	0.0000	0.0000	0.0000	0.0000	0.0000	0.0000	0.0000	0.0000	0.0000
	1	0.7735	0.4503	0.2241	0.0991	0.0395	0.0142	0.0046	0.0013	0.0003	0.0001	0.0000	0.0000	0.0000	0.0000	0.0000	0.0000	0.0000	0.0000	0.0000
	2	0.9419	0.7338	0.4797	0.2713	0.1353	0.0600	0.0236	0.0082	0.0025	0.0007	0.0001	0.0000	0.0000	0.0000	0.0000	0.0000	0.0000	0.0000	0.0000
	3	0.9891	0.9018	0.7202	0.5010	0.3057	0.1646	0.0783	0.0328	0.0120	0.0038	0.0010	0.0002	0.0000	0.0000	0.0000	0.0000	0.0000	0.0000	0.0000
	4	0.9985	0.9718	0.8794	0.7164	0.5187	0.3327	0.1886	0.0942	0.0411	0.0154	0.0049	0.0013	0.0003	0.0000	0.0000	0.0000	0.0000	0.0000	0.0000
	5	0.9998	0.9936	0.9581	0.8671	0.7175	0.5344	0.3550	0.2088	0.1077	0.0481	0.0183	0.0058	0.0014	0.0003	0.0000	0.0000	0.0000	0.0000	0.0000
	6	1.0000	0.9988	0.9882	0.9487	0.8610	0.7217	0.5491	0.3743	0.2258	0.1189	0.0537	0.0203	0.0062	0.0014	0.0002	0.0000	0.0000	0.0000	0.0000
	7	1.0000	0.9998	0.9973	0.9837	0.9431	0.8593	0.7283	0.5634	0.3915	0.2403	0.1280	0.0576	0.0212	0.0061	0.0012	0.0002	0.0000	0.0000	0.0000
	8	1.0000	1.0000	0.9995	0.9957	0.9807	0.9404	0.8609	0.7368	0.5778	0.4073	0.2527	0.1347	0.0597	0.0210	0.0054	0.0009	0.0001	0.0000	0.0000
	9	1.0000	1.0000	0.9999	0.9991	0.9946	0.9790	0.9403	0.8653	0.7473	0.5927	0.4222	0.2632	0.1391	0.0596	0.0193	0.0043	0.0005	0.0000	0.0000
	10	1.0000	1.0000	1.0000	0.9998	0.9988	0.9939	0.9788	0.9424	0.8720	0.7597	0.6085	0.4366	0.2717	0.1407	0.0569	0.0163	0.0027	0.0002	0.0000
	11	1.0000	1.0000	1.0000	1.0000	0.9998	0.9986	0.9938	0.9797	0.9463	0.8811	0.7742	0.6257	0.4509	0.2783	0.1390	0.0513	0.0118	0.0012	0.0000
	12	1.0000	1.0000	1.0000	1.0000	1.0000	0.9997	0.9986	0.9942	0.9817	0.9519	0.8923	0.7912	0.6450	0.4656	0.2825	0.1329	0.0419	0.0064	0.0002
	13	1.0000	1.0000	1.0000	1.0000	1.0000	1.0000	0.9997	0.9987	0.9951	0.9846	0.9589	0.9058	0.8114	0.6673	0.4813	0.2836	0.1206	0.0282	0.0015

续表

n	y	$p=0.05$	0.10	0.15	0.20	0.25	0.30	0.35	0.40	0.45	0.50	0.55	0.60	0.65	0.70	0.75	0.80	0.85	0.90	0.95
	14	1.0000	1.0000	1.0000	1.0000	1.0000	1.0000	1.0000	0.9998	0.9990	0.9962	0.9880	0.9672	0.9217	0.8354	0.6943	0.4990	0.2798	0.0982	0.0109
	15	1.0000	1.0000	1.0000	1.0000	1.0000	1.0000	1.0000	1.0000	0.9999	0.9993	0.9975	0.9918	0.9764	0.9400	0.8647	0.7287	0.5203	0.2662	0.0581
	16	1.0000	1.0000	1.0000	1.0000	1.0000	1.0000	1.0000	1.0000	1.0000	0.9999	0.9997	0.9987	0.9954	0.9858	0.9605	0.9009	0.7759	0.5497	0.2265
	17	1.0000	1.0000	1.0000	1.0000	1.0000	1.0000	1.0000	1.0000	1.0000	1.0000	1.0000	0.9999	0.9996	0.9984	0.9944	0.9820	0.9464	0.8499	0.6028
	18	1.0000	1.0000	1.0000	1.0000	1.0000	1.0000	1.0000	1.0000	1.0000	1.0000	1.0000	1.0000	1.0000	1.0000	1.0000	1.0000	1.0000	1.0000	1.0000
19	0	0.3774	0.1351	0.0456	0.0144	0.0042	0.0011	0.0003	0.0001	0.0000	0.0000	0.0000	0.0000	0.0000	0.0000	0.0000	0.0000	0.0000	0.0000	0.0000
	1	0.7547	0.4203	0.1985	0.0829	0.0310	0.0104	0.0031	0.0008	0.0002	0.0000	0.0000	0.0000	0.0000	0.0000	0.0000	0.0000	0.0000	0.0000	0.0000
	2	0.9335	0.7054	0.4413	0.2369	0.1113	0.0462	0.0170	0.0055	0.0015	0.0004	0.0001	0.0000	0.0000	0.0000	0.0000	0.0000	0.0000	0.0000	0.0000
	3	0.9868	0.8850	0.6841	0.4551	0.2631	0.1332	0.0591	0.0230	0.0077	0.0022	0.0005	0.0001	0.0000	0.0000	0.0000	0.0000	0.0000	0.0000	0.0000
	4	0.9980	0.9648	0.8556	0.6733	0.4654	0.2822	0.1500	0.0696	0.0280	0.0096	0.0028	0.0006	0.0001	0.0000	0.0000	0.0000	0.0000	0.0000	0.0000
	5	0.9998	0.9914	0.9463	0.8369	0.6678	0.4739	0.2968	0.1629	0.0777	0.0318	0.0109	0.0031	0.0007	0.0001	0.0000	0.0000	0.0000	0.0000	0.0000
	6	1.0000	0.9983	0.9837	0.9324	0.8251	0.6655	0.4812	0.3081	0.1727	0.0835	0.0342	0.0116	0.0031	0.0006	0.0001	0.0000	0.0000	0.0000	0.0000
	7	1.0000	0.9997	0.9959	0.9767	0.9225	0.8180	0.6656	0.4878	0.3169	0.1796	0.0871	0.0352	0.0114	0.0028	0.0005	0.0000	0.0000	0.0000	0.0000
	8	1.0000	1.0000	0.9992	0.9933	0.9713	0.9161	0.8145	0.6675	0.4940	0.3238	0.1841	0.0885	0.0347	0.0105	0.0023	0.0003	0.0000	0.0000	0.0000
	9	1.0000	1.0000	0.9999	0.9984	0.9911	0.9674	0.9125	0.8139	0.6710	0.5000	0.3290	0.1861	0.0875	0.0326	0.0089	0.0016	0.0001	0.0000	0.0000
	10	1.0000	1.0000	1.0000	0.9997	0.9977	0.9895	0.9653	0.9115	0.8159	0.6762	0.5060	0.3325	0.1855	0.0839	0.0287	0.0067	0.0008	0.0000	0.0000
	11	1.0000	1.0000	1.0000	1.0000	0.9995	0.9972	0.9886	0.9648	0.9129	0.8204	0.6831	0.5122	0.3344	0.1820	0.0775	0.0233	0.0041	0.0003	0.0000
	12	1.0000	1.0000	1.0000	1.0000	0.9999	0.9994	0.9969	0.9884	0.9658	0.9165	0.8273	0.6919	0.5188	0.3345	0.1749	0.0676	0.0163	0.0017	0.0000
	13	1.0000	1.0000	1.0000	1.0000	1.0000	0.9999	0.9993	0.9969	0.9891	0.9682	0.9223	0.8371	0.7032	0.5261	0.3322	0.1631	0.0537	0.0086	0.0002
	14	1.0000	1.0000	1.0000	1.0000	1.0000	1.0000	0.9999	0.9994	0.9972	0.9904	0.9720	0.9304	0.8500	0.7178	0.5346	0.3267	0.1444	0.0352	0.0020
	15	1.0000	1.0000	1.0000	1.0000	1.0000	1.0000	1.0000	0.9999	0.9995	0.9978	0.9923	0.9770	0.9409	0.8668	0.7369	0.5449	0.3159	0.1150	0.0132
	16	1.0000	1.0000	1.0000	1.0000	1.0000	1.0000	1.0000	1.0000	0.9999	0.9996	0.9985	0.9945	0.9830	0.9538	0.8887	0.7631	0.5587	0.2946	0.0665
	17	1.0000	1.0000	1.0000	1.0000	1.0000	1.0000	1.0000	1.0000	1.0000	1.0000	0.9998	0.9992	0.9969	0.9896	0.9690	0.9171	0.8015	0.5797	0.2453
	18	1.0000	1.0000	1.0000	1.0000	1.0000	1.0000	1.0000	1.0000	1.0000	1.0000	1.0000	0.9999	0.9997	0.9989	0.9958	0.9856	0.9544	0.8649	0.6226
	19	1.0000	1.0000	1.0000	1.0000	1.0000	1.0000	1.0000	1.0000	1.0000	1.0000	1.0000	1.0000	1.0000	1.0000	1.0000	1.0000	1.0000	1.0000	1.0000

续表

n	y	$p=0.05$	0.10	0.15	0.20	0.25	0.30	0.35	0.40	0.45	0.50	0.55	0.60	0.65	0.70	0.75	0.80	0.85	0.90	0.95
20	0	0.3585	0.1216	0.0388	0.0115	0.0032	0.0008	0.0002	0.0000	0.0000	0.0000	0.0000	0.0000	0.0000	0.0000	0.0000	0.0000	0.0000	0.0000	0.0000
	1	0.7358	0.3917	0.1756	0.0692	0.0243	0.0076	0.0021	0.0005	0.0001	0.0000	0.0000	0.0000	0.0000	0.0000	0.0000	0.0000	0.0000	0.0000	0.0000
	2	0.9245	0.6769	0.4049	0.2061	0.0913	0.0355	0.0121	0.0036	0.0009	0.0002	0.0000	0.0000	0.0000	0.0000	0.0000	0.0000	0.0000	0.0000	0.0000
	3	0.9841	0.8670	0.6477	0.4114	0.2252	0.1071	0.0444	0.0160	0.0049	0.0013	0.0003	0.0000	0.0000	0.0000	0.0000	0.0000	0.0000	0.0000	0.0000
	4	0.9974	0.9568	0.8298	0.6296	0.4148	0.2375	0.1182	0.0510	0.0189	0.0059	0.0015	0.0003	0.0000	0.0000	0.0000	0.0000	0.0000	0.0000	0.0000
	5	0.9997	0.9887	0.9327	0.8042	0.6172	0.4164	0.2454	0.1256	0.0553	0.0207	0.0064	0.0016	0.0003	0.0000	0.0000	0.0000	0.0000	0.0000	0.0000
	6	1.0000	0.9976	0.9781	0.9133	0.7858	0.6080	0.4166	0.2500	0.1299	0.0577	0.0214	0.0065	0.0015	0.0003	0.0000	0.0000	0.0000	0.0000	0.0000
	7	1.0000	0.9996	0.9941	0.9679	0.8982	0.7723	0.6010	0.4159	0.2520	0.1316	0.0580	0.0210	0.0060	0.0013	0.0002	0.0000	0.0000	0.0000	0.0000
	8	1.0000	0.9999	0.9987	0.9900	0.9591	0.8867	0.7624	0.5956	0.4143	0.2517	0.1308	0.0565	0.0196	0.0051	0.0009	0.0001	0.0000	0.0000	0.0000
	9	1.0000	1.0000	0.9998	0.9974	0.9861	0.9520	0.8782	0.7553	0.5914	0.4119	0.2493	0.1275	0.0532	0.0171	0.0039	0.0006	0.0000	0.0000	0.0000
	10	1.0000	1.0000	1.0000	0.9994	0.9961	0.9829	0.9468	0.8725	0.7507	0.5881	0.4086	0.2447	0.1218	0.0480	0.0139	0.0026	0.0002	0.0000	0.0000
	11	1.0000	1.0000	1.0000	0.9999	0.9991	0.9949	0.9804	0.9435	0.8692	0.7483	0.5857	0.4044	0.2376	0.1133	0.0409	0.0100	0.0013	0.0001	0.0000
	12	1.0000	1.0000	1.0000	1.0000	0.9998	0.9987	0.9940	0.9790	0.9420	0.8684	0.7480	0.5841	0.3990	0.2277	0.1018	0.0321	0.0059	0.0004	0.0000
	13	1.0000	1.0000	1.0000	1.0000	1.0000	0.9997	0.9985	0.9935	0.9786	0.9423	0.8701	0.7500	0.5834	0.3920	0.2142	0.0867	0.0219	0.0024	0.0000
	14	1.0000	1.0000	1.0000	1.0000	1.0000	1.0000	0.9997	0.9984	0.9936	0.9793	0.9447	0.8744	0.7546	0.5836	0.3828	0.1958	0.0673	0.0113	0.0003
	15	1.0000	1.0000	1.0000	1.0000	1.0000	1.0000	1.0000	0.9997	0.9985	0.9941	0.9811	0.9490	0.8818	0.7625	0.5852	0.3704	0.1702	0.0432	0.0026
	16	1.0000	1.0000	1.0000	1.0000	1.0000	1.0000	1.0000	1.0000	0.9997	0.9987	0.9951	0.9840	0.9556	0.8929	0.7748	0.5886	0.3523	0.1330	0.0159
	17	1.0000	1.0000	1.0000	1.0000	1.0000	1.0000	1.0000	1.0000	1.0000	0.9998	0.9991	0.9964	0.9879	0.9645	0.9087	0.7939	0.5951	0.3231	0.0755
	18	1.0000	1.0000	1.0000	1.0000	1.0000	1.0000	1.0000	1.0000	1.0000	1.0000	0.9999	0.9995	0.9979	0.9924	0.9757	0.9308	0.8244	0.6083	0.2642
	19	1.0000	1.0000	1.0000	1.0000	1.0000	1.0000	1.0000	1.0000	1.0000	1.0000	1.0000	1.0000	0.9998	0.9992	0.9968	0.9885	0.9612	0.8784	0.6415
	20	1.0000	1.0000	1.0000	1.0000	1.0000	1.0000	1.0000	1.0000	1.0000	1.0000	1.0000	1.0000	1.0000	1.0000	1.0000	1.0000	1.0000	1.0000	1.0000

注: 对于 n 大于 20, 其二项分布的 r 分位数 y_r 可以近似使用 $y_r = np + z_r\sqrt{np(1-p)}$ 得到, 这里 z_r 是表 A1 中标准正态分布的 r 分位数.

附表 3　χ^2 检验的临界值表

$$P\{\chi^2 \geqslant \chi_n^2(1-\alpha)\} = \alpha$$

n	$\alpha = 0.25$	0.1	0.05	0.025	0.01	0.005	0.001
1	1.323	2.706	3.841	5.024	6.635	7.879	10.83
2	2.773	4.605	5.991	7.378	9.210	10.60	13.82
3	4.108	6.251	7.815	9.348	11.35	12.84	16.27
4	5.385	7.779	9.488	11.14	13.28	14.86	18.47
5	6.626	9.236	11.07	12.83	15.09	16.75	20.52
6	7.841	10.65	12.59	14.45	16.81	18.55	22.46
7	9.037	12.02	14.07	16.01	18.48	20.28	24.32
8	10.22	13.36	15.51	17.54	20.09	21.96	26.12
9	11.39	14.68	16.92	19.02	21.67	23.59	27.88
10	12.55	15.99	18.31	20.48	23.21	25.19	29.59
11	13.70	17.28	19.68	21.92	24.73	26.76	31.26
12	14.85	18.55	21.03	23.34	26.22	28.30	32.91
13	15.98	19.81	22.36	24.74	27.69	29.82	34.53
14	17.12	21.06	23.69	26.12	29.14	31.32	36.12
15	18.25	22.31	25.00	27.49	30.58	32.80	37.70
16	19.37	23.54	26.30	28.85	32.00	34.27	39.25
17	20.49	24.77	27.59	30.19	33.41	35.72	40.79
18	21.61	25.99	28.87	31.53	34.81	37.16	42.31
19	22.72	27.20	30.14	32.85	36.19	38.58	43.82
20	23.83	28.41	31.41	34.17	37.57	40.00	45.32
21	24.93	29.62	32.67	35.48	38.93	41.40	46.80
22	26.04	30.81	33.92	36.78	40.29	42.80	48.27
23	27.14	32.01	35.17	38.08	41.64	44.18	49.73
24	28.24	33.20	36.42	39.36	42.98	45.56	51.18
25	29.34	34.38	37.65	40.65	44.31	46.93	52.62
26	30.43	35.56	38.89	41.92	45.64	48.29	54.05
27	31.53	36.74	40.11	43.19	46.96	49.64	55.48
28	32.62	37.92	41.34	44.46	48.28	50.99	56.89
29	33.71	39.09	42.56	45.72	49.59	52.34	58.30
30	34.80	40.26	43.77	46.98	50.89	53.67	59.70
40	45.62	51.81	55.76	59.34	63.69	66.77	73.40
50	56.33	63.17	67.50	71.42	76.15	79.49	86.66
60	66.98	74.40	79.08	83.30	88.38	91.95	99.61
70	77.58	85.53	90.53	95.02	100.4	104.2	112.3
80	88.13	96.58	101.9	106.6	112.3	116.3	124.8
90	98.65	107.6	113.1	118.1	124.1	128.3	137.2
100	109.1	118.5	124.3	129.6	135.8	140.2	149.4
$z_{1-\alpha}$	0.675	1.282	1.645	1.960	2.326	2.576	3.090

注: $n > 100$, 使用近似值 $\chi_n^2(1-\alpha) = (z_{1-a} + \sqrt{2n-1})^2/2$, 或者更精确的值 $\chi_n^2(1-\alpha) = n\left(1 - \frac{2}{9n} + z_{1-\alpha}\sqrt{\frac{2}{9n}}\right)^3$, 这里 $z_{1-\alpha}$ 是标准正态分布的 $1-\alpha$ 分位数, 它列在了表的最后一行.

附表 4 符号检验的临界值表

$$P\{S^+ \leqslant b\} \leqslant \alpha$$

n \ b \ α	0.01	0.05	0.10	n \ b \ α	0.01	0.05	0.10	n \ b \ α	0.01	0.05	0.10
4			4	21	17	15	14	38	27	25	24
5		5	5	22	17	16	15	39	28	26	24
6		6	6	23	18	16	16	40	28	26	25
7	7	7	6	24	19	17	16	41	29	27	26
8	8	7	7	25	19	18	17	42	29	27	26
9	9	8	7	26	20	18	17	43	30	28	27
10	10	9	8	27	20	19	18	44	31	28	27
11	10	9	9	28	21	19	18	45	31	29	28
12	11	10	9	29	22	20	19	46	32	30	28
13	12	10	10	30	22	20	20	47	32	30	29
14	12	11	10	31	23	21	20	48	33	31	29
15	13	12	11	32	24	22	21	49	34	31	30
16	14	12	12	33	24	22	21	50	34	32	31
17	14	13	12	34	25	23	22				
18	15	13	13	35	25	23	22				
19	15	14	13	36	26	24	23				
20	16	15	14	37	26	24	23				

附表 5 Wilcoxon 符号秩检验的临界值表

$$P\{W^+ \geqslant w(1-\alpha, n)\} = \alpha$$

n	α				n	α			
	0.05	0.025	0.01	0.005		0.05	0.025	0.01	0.005
5	15	—	—	—	18	124	131	139	144
6	19	21	—	—	19	137	144	153	158
7	25	26	28	—	20	150	158	167	173
8	31	33	35	36	21	164	173	182	189
9	37	40	42	44	22	178	187	198	205
10	45	47	50	52	23	193	203	214	222
11	53	56	59	61	24	209	219	231	239
12	61	65	69	71	25	225	236	249	257
13	70	74	79	82	26	241	253	267	276
14	80	84	90	93	27	259	271	286	295
15	90	95	101	105	28	276	290	305	315
16	101	107	113	117	29	295	309	325	335
17	112	119	126	130	30	314	328	345	356

注: 令 $w(\alpha, n) = \dfrac{1}{2}n(n+1) - w(1-\alpha, n)$, 则 $P\{W^+ \leqslant w(\alpha, n)\} = \alpha$.

附表 6　Wilcoxon 秩和检验的临界值表

$$P\{W \leqslant c_\alpha\} = \alpha$$

n_1	n_2	α			
		0.05	0.025	0.01	0.005
3	3	6	—	—	—
4	3	6	—	—	—
	4	11	10	—	—
5	2	3	—	—	—
	3	7	6	—	—
	4	12	11	10	—
	5	19	17	16	15
6	2	3	—	—	—
	3	8	7	—	—
	4	13	12	11	10
	5	20	18	17	16
	6	28	26	24	23
7	2	3	—	—	—
	3	8	7	6	—
	4	14	13	11	10
	5	21	20	18	16
	6	29	27	25	24
	7	39	36	34	32
8	2	4	3	—	—
	3	9	8	6	—
	4	15	14	12	11
	5	23	21	19	17
	6	31	29	27	25
	7	41	38	35	34
	8	51	49	45	43
9	2	4	3	—	—
	3	10	8	7	6
	4	16	14	13	11
	5	24	22	20	18
	6	33	31	28	26
	7	43	40	37	35
	8	54	51	47	45
	9	66	62	59	56
10	2	4	3	—	—
	3	10	9	7	6
	4	17	15	13	12
	5	26	23	21	19
	6	35	32	29	27
	7	45	42	39	37
10	8	56	53	49	47
	9	69	65	61	58
	10	82	78	74	71
11	2	4	3	—	—
	3	11	9	7	6
	4	18	16	14	12
	5	27	24	22	20
	6	37	34	30	28
	7	47	44	40	38
	8	59	55	51	49
	9	72	68	63	61
	10	86	81	77	73
	11	100	96	91	87
12	2	5	4	—	—
	3	11	10	8	7
	4	19	17	15	13
	5	28	26	23	21
	6	38	35	32	30
	7	49	46	42	40
	8	62	58	53	51
	9	75	71	66	63
	10	89	84	79	76
	11	104	99	94	90
	12	120	115	109	105
13	2	5	4	3	—
	3	12	10	8	7
	4	20	18	15	13
	5	30	27	24	22
	6	40	37	33	31
	7	52	48	44	41
	8	64	60	56	53
	9	78	73	68	65
	10	92	88	82	79
	11	108	103	97	93
	12	125	119	113	109
	13	142	136	130	125
14	2	6	4	3	—
	3	13	11	8	7
	4	21	19	16	14

续表

n_1	n_2	α 0.05	0.025	0.01	0.005	n_1	n_2	α 0.05	0.025	0.01	0.005
14	5	31	28	25	22	17	3	15	12	10	8
	6	42	38	34	32		4	25	21	18	16
	7	54	50	45	43		5	35	32	28	25
	8	67	62	58	54		6	47	43	39	36
	9	81	76	71	67		7	61	56	51	47
	10	96	91	85	81		8	75	70	64	60
	11	112	106	100	96		9	90	84	78	74
	12	129	123	116	112		10	106	100	93	89
	13	147	141	134	129		11	123	117	110	105
	14	166	160	152	147		12	142	135	127	122
15	2	6	4	3	—		13	161	154	146	140
	3	13	11	9	8		14	182	174	165	159
	4	22	20	17	15		15	203	195	186	180
	5	33	29	26	23		16	225	217	207	201
	6	44	40	36	33		17	249	240	230	223
	7	56	52	47	44	18	2	7	5	3	—
	8	69	65	60	56		3	15	13	10	8
	9	84	79	73	69		4	26	22	19	16
	10	99	94	88	84		5	37	33	29	26
	11	116	110	103	99		6	49	45	40	37
	12	133	127	120	115		7	63	58	52	49
	13	152	145	138	133		8	77	72	66	62
	14	171	164	156	151		9	93	87	81	76
	15	192	184	176	171		10	110	103	96	92
16	2	6	4	3	—		11	127	121	113	108
	3	14	12	9	8		12	146	139	131	125
	4	24	21	17	15		13	166	158	150	144
	5	34	30	27	24		14	187	179	170	163
	6	46	42	37	34		15	208	200	190	184
	7	58	54	49	46		16	231	222	212	206
	8	72	67	62	58		17	255	246	235	228
	9	87	82	76	72		18	280	270	259	252
	10	103	97	91	86	19	1	1	—	—	—
	11	120	113	107	102		2	7	5	4	3
	12	138	131	124	119		3	16	13	10	9
	13	156	150	142	136		4	27	23	19	17
	14	176	169	161	155		5	38	34	30	27
	15	197	190	181	175		6	51	46	41	38
	16	219	211	202	196		7	65	60	54	50
17	2	6	5	3	—		8	80	74	68	64

续表

n_1	n_2	α 0.05	0.025	0.01	0.005	n_1	n_2	α 0.05	0.025	0.01	0.005
19	9	96	90	83	78	20	6	53	48	43	39
	10	113	107	99	94		7	67	62	56	52
	11	131	124	116	111		8	83	77	70	66
	12	150	143	134	129		9	99	93	85	81
	13	171	163	154	148		10	117	110	102	97
	14	192	183	174	168		11	135	128	119	114
	15	214	205	195	189		12	155	147	138	132
	16	237	228	218	210		13	175	167	158	151
	17	262	252	241	234		14	197	188	178	172
	18	287	277	265	258		15	220	210	200	193
	19	313	303	291	283		16	243	234	223	215
20	1	1	—	—	—		17	268	258	246	239
	2	7	5	4	3		18	294	283	271	263
	3	17	14	11	9		19	320	309	297	289
	4	28	24	20	18		20	348	337	324	315
	5	40	35	31	28						

注: ① 有两个样本, Wilcoxon 秩和检验临界值表中的秩和 W 是容量比较小的那一个样本的秩和. 用 n_2 表示容量比较小的那一个样本的样本容量, 用 n_1 表示容量比较大的那一个样本的样本容量.

② 令 $c_{1-\alpha}=n_2(n+1)-c_\alpha$, 其中 $n=n_1+n_2$, 则 $P\{W\geqslant c_{1-\alpha}\}=\alpha$.

附表 7　平方秩检验的临界值表

$$P\{T<c_\alpha\}\leqslant\alpha \text{ 和 } \{T>c_\alpha\}\leqslant 1-\alpha$$

n_2	α	$n_1=3$	4	5	6	7	8	9	10
3	0.005	14	14	14	14	14	14	21	21
	0.01	14	14	14	14	21	21	26	26
	0.025	14	14	21	26	29	30	35	41
	0.05	21	21	26	30	38	42	49	54
	0.10	26	29	35	42	50	59	69	77
	0.90	65	90	117	149	182	221	260	305
	0.95	70	101	129	161	197	238	285	333
	0.975	77	110	138	170	213	257	308	362
	0.99	77	110	149	194	230	285	329	394
	0.995	77	110	149	194	245	302	346	413
4	0.005	30	30	30	39	39	46	50	54
	0.01	30	30	39	46	50	51	62	66
	0.025	30	39	50	54	63	71	78	90
	0.05	39	50	57	66	78	90	102	114
	0.10	50	62	71	85	99	114	130	149
	0.90	111	142	182	222	270	321	375	435
	0.95	119	154	197	246	294	350	413	476
	0.975	126	165	206	255	311	374	439	510
	0.99	126	174	219	270	334	401	470	545
	0.995	126	174	230	281	351	414	494	567

续表

n_2	α	$n_1=3$	4	5	6	7	8	9	10
5	0.005	55	55	66	75	79	88	99	110
	0.01	55	66	75	82	90	103	115	127
	0.025	66	79	88	100	114	130	145	162
	0.05	75	88	103	120	135	155	175	195
	0.10	87	103	121	142	163	187	212	239
	0.90	169	214	264	319	379	445	514	591
	0.95	178	228	282	342	410	479	558	639
	0.975	193	235	297	363	433	508	592	680
	0.99	190	246	310	382	459	543	631	727
	0.995	190	255	319	391	478	559	654	754
6	0.005	91	104	115	124	136	152	167	182
	0.01	91	115	124	139	155	175	191	210
	0.025	115	130	143	164	184	208	231	255
	0.05	124	139	164	187	211	239	268	299
	0.10	136	163	187	215	247	280	315	352
	0.90	243	300	364	435	511	592	679	772
	0.95	255	319	386	463	545	634	730	831
	0.975	259	331	406	486	574	670	771	880
	0.99	271	339	424	511	607	706	817	935
	0.995	271	346	431	526	624	731	847	970
7	0.005	140	155	172	195	212	235	257	280
	0.01	155	172	191	212	236	260	287	315
	0.025	172	195	217	245	274	305	338	372
	0.05	188	212	240	274	308	344	384	425
	0.10	203	236	271	308	350	394	440	489
	0.90	335	107	487	572	665	764	871	984
	0.95	347	428	515	608	707	814	929	1051
	0.975	356	443	536	635	741	856	979	1108
	0.99	364	456	560	664	779	900	1032	1172
	0.995	371	467	571	683	803	929	1067	1212
8	0.005	204	236	260	284	311	340	368	401
	0.01	221	249	276	309	340	372	408	445
	0.025	279	276	311	345	384	425	468	513
	0.05	268	300	340	381	426	473	524	576
	0.10	285	329	374	423	476	531	590	652
	0.90	447	536	632	735	846	965	1091	1224
	0.95	464	560	664	776	896	1023	1159	1303
	0.975	476	579	689	807	935	1071	1215	1368
	0.99	485	599	716	840	980	1124	1277	1442
	0.995	492	604	731	863	1005	1156	1319	1489
9	0.005	304	325	361	393	429	466	508	549
	0.01	321	349	384	423	464	508	553	601
	0.025	342	380	423	469	517	570	624	682
	0.05	365	406	457	510	567	626	689	755

续表

n_2	α	$n_1=3$	4	5	6	7	8	9	10
9	0.10	390	444	501	561	625	694	766	843
	0.90	581	689	803	925	1056	1195	1343	1498
	0.95	601	717	840	972	1112	1261	1420	1587
	0.975	615	741	870	1009	1158	1317	1485	1662
	0.99	624	757	900	1049	1209	1377	1556	1745
	0.995	629	769	916	1073	1239	1417	1601	1798
10	0.005	406	448	486	526	573	610	672	725
	0.01	425	470	513	561	613	667	725	785
	0.025	457	505	560	616	677	741	808	879
	0.05	486	539	601	665	734	806	889	963
	0.10	514	580	649	724	801	885	972	1064
	0.90	742	866	1001	1144	1296	1457	1627	1806
	0.95	765	901	1045	1197	1360	1533	1715	1907
	0.975	778	925	1078	1241	1413	1596	1788	1991
	0.99	793	949	1113	1286	1470	1664	1869	2085
	0.995	798	961	1130	1314	1505	1708	1921	2145

注: 对于超过 10 的 n_2 或 n_1, 平方秩检验统计量的 p 分位数 c_p 可由

$$c_p=\frac{1}{6}n_2(n+1)(2n+1)+z_p\sqrt{n_1n_2(n+1)(2n+1)(8n+1)/180}$$

近似得到, 其中 z_p 是标准正态分布的 p 分位数, 可从附表 1 获得, $n=n_1+n_2$.

附表 8 Kruskal-Wallis 检验的临界值表

$$P\{H\geqslant c_{1-\alpha}\}=\alpha$$

n_1	n_2	n_3	α 0.05	α 0.01	n_1	n_2	n_3	α 0.05	α 0.01	n_1	n_2	n_3	α 0.05	α 0.01
3	3	3	5.600	7.200	5	5	1	5.127	7.309	6	5	5	5.729	8.028
3	3	2	5.361	—	5	4	4	5.657	7.760	6	5	4	5.661	7.936
3	3	1	5.143	—	5	4	3	5.656	7.445	6	5	3	5.602	7.590
3	2	2	4.714	—	5	4	2	5.273	7.205	6	5	2	5.338	7.376
4	4	4	5.692	7.577	5	4	1	4.985	6.955	6	5	1	4.990	7.182
4	4	3	5.598	7.144	5	3	3	5.648	7.079	6	4	4	5.681	7.795
4	4	2	5.455	7.036	5	3	2	5.251	6.909	6	4	3	5.610	7.500
4	4	1	4.967	6.667	5	3	1	4.960	—	6	4	2	5.340	7.340
4	3	3	5.791	6.745	5	2	2	5.160	6.533	6	4	1	4.947	7.106
4	3	2	5.444	6.444	5	2	1	5.000	—	6	3	3	5.615	7.410
4	3	1	5.208	—	6	6	6	5.801	8.222	6	3	2	5.348	6.970
4	2	2	5.333	—	6	6	5	5.765	8.124	6	3	1	4.855	6.873
5	5	5	5.780	8.000	6	6	4	5.724	8.000	6	2	2	5.345	6.655
5	5	4	5.666	7.823	6	6	3	5.625	7.725	6	2	1	4.822	—
5	5	3	5.705	7.578	6	6	2	5.410	7.467					
5	5	2	5.338	7.338	6	6	1	4.945	7.121					

注: 有三个样本, 它们的样本容量分别为 n_1, n_2 和 n_3. 表中的 n_1, n_2, n_3 由大到小排列, 即 $n_1\geqslant n_2\geqslant n_3$. 如果问题中的 n_1, n_2, n_3 不是由大到小排列, 例如 $n_1=2, n_2=5, n_3=3$, 我们只需要将 (2, 5, 3) 调整为 (5, 3, 2), 在 $n_1=5, n_2=3, n_3=2$ 时查表得到的 Kruskal-Wallis 检验的临界值就是 $n_1=2, n_2=5, n_3=3$ 时的临界值.

附表 9 Jonckheere-Terpstra 检验的临界值表

(A)

$P\{J \geqslant c_{1-\alpha}\} = \alpha$

n_1	n_2	n_3	α 0.05	α 0.01	n_1	n_2	n_3	α 0.05	α 0.01	n_1	n_2	n_3	α 0.05	α 0.01
2	2	2	11	—	3	3	3	22	25	4	5	7	59	66
2	2	3	14	16	3	3	4	26	29	4	5	8	65	72
2	2	4	17	19	3	3	5	30	34	4	6	6	60	67
2	2	5	20	23	3	3	6	34	39	4	6	7	67	74
2	2	6	23	26	3	3	7	39	43	4	6	8	73	81
2	2	7	26	29	3	3	8	43	48	4	7	7	74	82
2	2	8	29	33	3	4	4	31	35	4	7	8	81	89
2	3	3	18	20	3	4	5	36	40	4	8	8	88	98
2	3	4	21	24	3	4	6	40	45	5	5	5	54	60
2	3	5	25	28	3	4	7	45	50	5	5	6	61	67
2	3	6	28	32	3	4	8	50	56	5	5	7	67	74
2	3	7	32	36	3	5	5	41	46	5	5	8	74	81
2	3	8	36	40	3	5	6	46	52	5	6	6	68	75
2	4	4	26	29	3	5	7	52	58	5	6	7	75	83
2	4	5	30	33	3	5	8	57	64	5	6	8	82	90
2	4	6	34	38	3	6	6	52	58	5	7	7	82	91
2	4	7	38	43	3	6	7	58	65	5	7	8	90	99
2	4	8	42	47	3	6	8	64	71	5	8	8	98	108
2	5	5	35	39	3	7	7	65	72	6	6	6	75	83
2	5	6	39	44	3	7	8	71	79	6	6	7	83	92
2	5	7	44	49	3	8	8	79	87	6	6	8	91	100
2	5	8	49	54	4	4	4	36	40	6	7	7	91	101
2	6	6	45	50	4	4	5	42	46	6	7	8	100	110
2	6	7	50	56	4	4	6	47	52	6	8	8	108	119
2	6	8	55	62	4	4	7	52	58	7	7	7	100	110
2	7	7	56	62	4	4	8	58	64	7	7	8	109	120
2	7	8	62	69	4	5	5	48	53	7	8	8	118	130
2	8	8	69	76	4	5	6	54	59	8	8	8	128	140

注: ① 有三个样本, 它们的样本容量分别为 n_1, n_2 和 n_3. 表中的 n_1, n_2, n_3 由小到大排列, 即 $n_1 \leqslant n_2 \leqslant n_3$. 如果问题中的 n_1, n_2, n_3 不是由小到大排列, 我们只需要先将它们由小到大排列再查表即可.

② 令 $c_\alpha = n_1n_2 + n_1n_3 + n_2n_3 - c_{1-\alpha}$, 则 $P\{J \leqslant c_\alpha\} = \alpha$.

(B)

$P\{J \geqslant c_{1-\alpha}\} = \alpha$

n_1	n_2	n_3	n_4	n_5	α 0.05	α 0.01	n_1	n_2	n_3	n_4	n_5	n_6	α 0.05	α 0.01
2	2	2	2		19	22	5	5	5	5	5		160	174
3	3	3	3		40	44	6	6	6	6	6		226	244
4	4	4	4		67	73	2	2	2	2	2	2	43	47
5	5	5	5		100	110	3	3	3	3	3	3	90	98
6	6	6	6		141	154	4	4	4	4	4	4	154	167
2	2	2	2	2	30	33	5	5	5	5	5	5	234	252
3	3	3	3	3	62	69	6	6	6	6	6	6	330	354
4	4	4	4	4	106	116								

注: ① 表 9 列出 k 组样本容量都相等, 即当 $n_1 = n_2 = \cdots = n_k$ 时的 Jonckheere-Terpstra 检验的临界值, 其中 $k = 4, 5, 6$.

② 令 $c_\alpha = k(k-1)n^2/2 - c_{1-\alpha}$, 则 $P\{J \leqslant c_\alpha\} = \alpha$.

附表 10　Friedman 检验的临界值表

$$P\{Q \geqslant c_{1-\alpha}\} = \alpha$$

k	b	α 0.05	α 0.01	k	b	α 0.05	α 0.01	k	b	α 0.05	α 0.01
3	3	6.000	—	3	13	6.000	9.385	5	2	7.600	8.000
	4	6.500	8.000		14	6.143	9.000		3	8.533	10.133
	5	6.400	8.400		15	6.400	8.933		4	8.800	11.200
	6	7.000	9.000	4	2	6.000	—		5	8.960	11.680
	7	7.143	8.857		3	7.400	9.000		6	9.067	11.867
	8	6.250	9.000		4	7.800	9.600		7	9.143	12.114
	9	6.222	8.667		5	7.800	9.960		8	9.200	12.300
	10	6.200	9.600		6	7.600	10.200	6	2	9.143	9.714
	11	6.545	9.455		7	7.800	10.371		3	9.860	11.760
	12	6.167	9.500		8	7.650	10.350				

注: k 是处理个数, b 是区组个数.

附表 11　Page 检验的临界值表

$$P\{L \geqslant c_{1-\alpha}\} = \alpha$$

k	b	α 0.05	α 0.01	k	b	α 0.05	α 0.01	k	b	α 0.05	α 0.01
3	2	28	—	4	8	214	220	6	11	852	869
	3	41	42		9	240	246		12	928	946
	4	54	55		10	266	272	7	2	252	261
	5	66	68		11	292	288		3	370	382
	6	79	81		12	317	324		4	487	501
	7	91	93	5	2	103	106		5	603	620
	8	104	106		3	150	155		6	719	737
	9	116	119		4	197	204		7	835	855
	10	128	131		5	244	251		8	950	972
	11	141	144		6	291	299		9	1065	1088
	12	153	156		7	338	346		10	1180	1205
	13	165	169		8	384	393		11	1295	1321
	14	178	181		9	431	441		12	1410	1437
	15	190	194		10	477	487	8	2	362	376
	16	202	206		11	523	534		3	532	549
	17	215	218		12	570	581		4	701	722
	18	227	231	6	2	166	173		5	869	893
	19	239	243		3	244	252		6	1037	1083
	20	251	256		4	321	331		7	1204	1232
4	2	58	60		5	397	409		8	1371	1401
	3	84	87		6	474	486		9	1537	1569
	4	111	114		7	550	563		10	1703	1736
	5	137	141		8	625	640		11	1868	1905
	6	163	167		9	701	717		12	2035	2072
	7	189	193		10	777	793				

注: ① k 是处理个数, b 是区组个数.

② 令 $c_\alpha = bk(k+1)^2/2 - c_{1-\alpha}$, 则 $P\{P \leqslant c_\alpha\} = \alpha$.

附表 12 Spearman 秩相关检验的临界值表

$$P\{r_s \geqslant c_{1-\alpha}\} = \alpha$$

$\alpha(2)$	0.50	0.20	0.10	0.05	0.02	0.01	0.005	0.002	0.001
$\alpha(1)$	0.25	0.10	0.05	0.025	0.01	0.005	0.0025	0.001	0.0005
n									
4	0.600	1.000	1.000						
5	0.500	0.800	0.900	1.000	1.000				
6	0.371	0.657	0.829	0.886	0.943	1.000	1.000		
7	0.321	0.571	0.714	0.786	0.893	0.929	0.964	1.000	1.000
8	0.310	0.524	0.643	0.738	0.833	0.881	0.905	0.952	0.976
9	0.267	0.483	0.600	0.700	0.783	0.833	0.867	0.917	0.933
10	0.248	0.455	0.564	0.648	0.745	0.794	0.330	0.879	0.903
11	0.236	0.127	0.536	0.618	0.709	0.755	0.800	0.845	0.873
12	0.217	0.406	0.503	0.587	0.678	0.727	0.769	0.818	0.846
13	0.209	0.385	0.484	0.560	0.648	0.703	0.747	0.791	0.824
14	0.200	0.367	0.464	0.538	0.626	0.679	0.723	0.771	0.802
15	0.189	0.354	0.446	0.521	0.604	0.654	0.700	0.750	0.779
16	0.182	0.341	0.429	0.503	0.582	0.635	0.679	0.729	0.762
17	0.176	0.328	0.414	0.485	0.566	0.615	0.662	0.713	0.748
18	0.170	0.317	0.401	0.472	0.550	0.600	0.643	0.695	0.728
19	0.165	0.309	0.391	0.460	0.535	0.584	0.628	0.677	0.712
20	0.161	0.299	0.380	0.447	0.520	0.570	0.612	0.662	0.696
21	0.156	0.292	0.370	0.435	0.508	0.556	0.599	0.648	0.681
22	0.152	0.284	0.361	0.425	0.496	0.544	0.586	0.634	0.667
23	0.148	0.278	0.353	0.415	0.486	0.532	0.573	0.622	0.654
24	0.144	0.271	0.344	0.406	0.476	0.521	0.562	0.610	0.642
25	0.142	0.265	0.337	0.398	0.466	0.511	0.551	0.598	0.630
26	0.138	0.259	0.331	0.390	0.457	0.501	0.541	0.587	0.619
27	0.136	0.255	0.324	0.382	0.448	0.491	0.531	0.577	0.608
28	0.133	0.250	0.317	0.375	0.440	0.483	0.522	0.567	0.598
29	0.130	0.245	0.312	0.368	0.433	0.475	0.513	0.558	0.589
30	0.128	0.240	0.306	0.362	0.425	0.467	0.504	0.549	0.580
31	0.126	0.236	0.301	0.356	0.418	0.459	0.496	0.541	0.571
32	0.124	0.232	0.296	0.350	0.412	0.452	0.489	0.533	0.563
33	0.121	0.229	0.291	0.345	0.405	0.446	0.482	0.525	0.554
34	0.120	0.225	0.287	0.340	0.399	0.439	0.475	0.517	0.547
35	0.118	0.222	0.283	0.335	0.394	0.435	0.468	0.510	0.539
36	0.116	0.219	0.279	0.330	0.388	0.427	0.462	0.504	0.533
37	0.114	0.216	0.295	0.325	0.383	0.421	0.456	0.197	0.526
38	0.113	0.212	0.271	0.321	0.378	0.415	0.450	0.491	0.519
39	0.111	0.210	0.267	0.317	0.373	0.410	0.444	0.485	0.513
40	0.110	0.207	0.264	0.313	0.368	0.405	0.439	0.479	0.507
41	0.108	0.204	0.261	0.309	0.364	0.400	0.433	0.473	0.501
42	0.107	0.202	0.257	0.305	0.359	0.395	0.428	0.468	0.495
43	0.105	0.199	0.254	0.331	0.355	0.391	0.423	0.463	0.490
44	0.104	0.197	0.251	0.298	0.351	0.386	0.419	0.458	0.484
45	0.103	0.194	0.248	0.294	0.347	0.382	0.414	0.453	0.479
46	0.102	0.192	0.246	0.291	0.343	0.378	0.110	0.448	0.474

续表

$\alpha(2)$	0.50	0.20	0.10	0.05	0.02	0.01	0.005	0.002	0.001
$\alpha(1)$	0.25	0.10	0.05	0.025	0.01	0.005	0.0025	0.001	0.0005
n									
47	0.101	0.190	0.243	0.288	0.340	0.374	0.405	0.443	0.469
48	0.100	0.188	0.240	0.285	0.336	0.370	0.401	0.439	0.465
49	0.098	0.186	0.238	0.282	0.333	0.366	0.397	0.434	0.460
50	0.097	0.184	0.235	0.279	0.329	0.363	0.393	0.430	0.456
51	0.096	0.182	0.233	0.276	0.326	0.359	0.390	0.426	0.451
52	0.095	0.183	0.231	0.274	0.373	0.356	0.386	0.422	0.447
53	0.095	0.179	0.228	0.271	0.320	0.352	0.382	0.418	0.443
54	0.094	0.177	0.226	0.268	0.317	0.349	0.379	0.414	0.439
55	0.093	0.175	0.224	0.266	0.314	0.346	0.375	0.411	0.435
56	0.092	0.174	0.222	0.264	0.311	0.343	0.372	0.407	0.432
57	0.091	0.172	0.221	0.261	0.308	0.340	0.369	0.404	0.428
58	0.090	0.171	0.218	0.259	0.306	0.337	0.366	0.400	0.424
59	0.089	0.169	0.216	0.257	0.303	0.331	0.363	0.397	0.421
60	0.089	0.168	0.214	0.255	0.300	0.331	0.360	0.391	0.418
61	0.088	0.166	0.213	0.252	0.298	0.329	0.357	0.391	0.414
62	0.087	0.165	0.211	0.250	0.296	0.326	0.354	0.388	0.411
63	0.086	0.163	0.209	0.248	0.293	0.323	0.351	0.385	0.408
64	0.086	0.162	0.207	0.246	0.291	0.321	0.348	0.382	0.405
65	0.085	0.161	0.206	0.244	0.289	0.318	0.346	0.379	0.402
66	0.084	0.160	0.204	0.243	0.287	0.316	0.343	0.376	0.399
67	0.684	0.158	0.203	0.241	0.284	0.314	0.341	0.373	0.396
68	0.083	0.157	0.201	0.239	0.282	0.311	0.338	0.370	0.393
69	0.082	0.156	0.200	0.237	0.280	0.309	0.336	0.368	0.390
70	0.082	0.155	0.193	0.235	0.278	0.307	0.333	0.365	0.388
71	0.081	0.154	0.197	0.234	0.276	0.305	0.331	0.363	0.385
72	0.081	0.153	0.195	0.232	0.274	0.303	0.329	0.360	0.382
73	0.080	0.152	0.194	0.230	0.272	0.301	0.327	0.358	0.380
74	0.080	0.151	0.193	0.229	0.271	0.299	0.324	0.355	0.377
75	0.079	0.150	0.191	0.227	0.269	0.297	0.322	0.353	0.375
76	0.078	0.149	0.190	0.226	0.267	0.295	0.320	0.351	0.372
77	0.078	0.148	0.189	0.224	0.265	0.293	0.318	0.349	0.370
78	0.077	0.147	0.188	0.223	0.264	0.291	0.316	0.346	0.368
79	0.077	0.146	0.186	0.221	0.262	0.239	0.314	0.344	0.365
80	0.076	0.145	0.185	0.220	0.260	0.287	0.312	0.342	0.363
81	0.076	0.144	0.184	0.219	0.259	0.285	0.310	0.340	0.361
82	0.075	0.143	0.183	0.217	0.257	0.284	0.308	0.338	0.359
83	0.075	0.142	0.182	0.216	0.255	0.282	0.306	0.336	0.357
84	0.074	0.141	0.181	0.215	0.254	0.280	0.305	0.334	0.355
85	0.074	0.140	0.180	0.213	0.252	0.279	0.303	0.332	0.353
86	0.074	0.139	0.179	0.212	0.251	0.277	0.301	0.330	0.351
87	0.073	0.139	0.177	0.211	0.250	0.276	0.299	0.328	0.349
88	0.073	0.138	0.176	0.210	0.248	0.274	0.298	0.327	0.347
89	0.072	0.137	0.175	0.209	0.247	0.272	0.296	0.325	0.345

续表

$\alpha(2)$	0.50	0.20	0.10	0.05	0.02	0.01	0.005	0.002	0.001
$\alpha(1)$	0.25	0.10	0.05	0.025	0.01	0.005	0.0025	0.001	0.0005
n									
90	0.072	0.136	0.174	0.207	0.245	0.271	0.294	0.323	0.343
91	0.072	0.135	0.173	0.206	0.244	0.269	0.293	0.321	0.341
92	0.071	0.135	0.173	0.205	0.243	0.268	0.291	0.319	0.339
93	0.071	0.134	0.172	0.204	0.241	0.267	0.290	0.318	0.338
94	0.070	0.133	0.171	0.203	0.240	0.265	0.288	0.316	0.336
95	0.070	0.133	0.170	0.202	0.239	0.264	0.287	0.314	0.334
96	0.070	0.132	0.169	0.201	0.238	0.262	0.285	0.313	0.332
97	0.069	0.131	0.168	0.200	0.236	0.261	0.284	0.311	0.331
98	0.069	0.130	0.167	0.199	0.235	0.260	0.282	0.310	0.329
99	0.068	0.130	0.166	0.198	0.234	0.258	0.281	0.308	0.327
100	0.068	0.129	0.165	0.197	0.233	0.257	0.279	0.307	0.326

注: 当检验为双边检验时, 用 $\alpha(2)$ 分位数, 即当统计量值大于 $\alpha(2)$ 分位数或小于 $\alpha(2)$ 分位数的负值时, 拒绝 H_0.

附表 13　Kendall τ 相关检验的临界值表

$$P\{K \geqslant c_{1-\alpha}\} = \alpha$$

n \ α	0.005		0.010		0.025		0.050		0.100	
	k	r^*	k	r^*	k	r^*	k	r^*	k	r^*
4	8	1.000	8	1.000	8	1.000	6	1.000	6	1.000
5	12	1.000	10	1.000	10	1.000	8	0.800	8	0.800
6	15	1.000	13	0.867	13	0.867	11	0.733	9	0.600
7	19	0.905	17	0.810	15	0.714	13	0.619	11	0.524
8	22	0.786	20	0.714	18	0.643	16	0.571	12	0.429
9	26	0.722	24	0.667	20	0.556	18	0.500	14	0.389
10	29	0.644	27	0.600	23	0.511	21	0.467	17	0.378
11	33	0.600	31	0.564	27	0.491	23	0.418	19	0.345
12	38	0.576	36	0.545	30	0.455	26	0.394	20	0.303
13	44	0.564	40	0.513	34	0.436	28	0.359	24	0.308
14	47	0.516	43	0.473	37	0.407	33	0.363	25	0.275
15	53	0.505	49	0.467	41	0.390	35	0.333	29	0.276
16	58	0.483	52	0.433	46	0.383	38	0.217	30	0.250
17	64	0.471	58	0.426	50	0.368	42	0.309	34	0.250
18	69	0.451	63	0.412	53	0.346	45	0.294	37	0.242
19	75	0.439	67	0.392	57	0.333	49	0.287	39	0.228
20	80	0.421	72	0.379	62	0.326	52	0.274	42	0.221
21	86	0.410	78	0.371	66	0.314	56	0.267	44	0.210
22	91	0.394	83	0.351	71	0.307	61	0.264	47	0.203
23	99	0.391	89	0.352	75	0.296	65	0.257	51	0.202
24	104	0.377	94	0.341	80	0.290	68	0.246	54	0.196
25	110	0.367	100	0.333	86	0.287	72	0.240	58	0.193
26	117	0.360	107	0.329	91	0.280	77	0.237	61	0.138
27	125	0.356	113	0.322	95	0.271	81	0.231	63	0.179
28	130	0.344	118	0.312	100	0.265	86	0.228	68	0.180
29	138	0.340	126	0.310	106	0.261	90	0.222	70	0.172
30	145	0.333	131	0.301	111	0.255	95	0.218	75	0.172
31	151	0.325	137	0.295	117	0.252	99	0.213	77	0.166
32	160	0.323	144	0.290	122	0.246	104	0.210	82	0.165
33	166	0.314	152	0.288	128	0.242	108	0.205	86	0.163
34	175	0.312	157	0.280	133	0.237	113	0.201	89	0.159
35	181	0.304	165	0.277	139	0.234	117	0.197	93	0.156
36	190	0.302	172	0.273	146	0.232	122	0.194	96	0.152
37	198	0.297	178	0.267	152	0.228	128	0.192	100	0.150
38	205	0.292	185	0.263	157	0.223	133	0.189	105	0.149
39	213	0.287	193	0.260	163	0.220	139	0.188	109	0.147
40	222	0.285	200	0.256	170	0.218	144	0.185	112	0.144

注: 其中 $r^* = \dfrac{2k}{n(n-1)}$, k 对应检验统计量 k, r^* 对应检验统计量 τ.